地産地消の歴史地理

有薗正一郎

古今書院

はしがき

「近世から20世紀前半までの日本は、個性を持つ地域群からなる＜ United Regions of Japan ＞であった。」これが近世〜近代の農耕技術と庶民の日常食から地域性を明らかにする作業を40年余りおこなってきた私の解釈です。＜ United Regions of Japan ＞を強いて日本語訳すれば、「日本地域連合国」でしょうか。私は東三河地域に住む「日本地域連合国」庶民の1人です。

日本の国民が日常暮らしている領域の南北幅は北緯24度から45度、気候区では亜熱帯から亜寒帯まで広がっており、陸地の標高は海水面から3,000 mを超える高山まであって、傾斜地と平坦地が交互に配置し、降水量は地形と季節ごとに異なります。これらの諸因子が組み合わさって、農耕技術と庶民の日常食に影響を及ぼし、地域ごとに多様な農耕技術と庶民の日常食の諸形態を生み出したと、私は解釈しています。

これら2つの解釈を踏まえて、この本の表題を『地産地消の歴史地理』としました。「地産地消」とは、一般には「ある土地で生産した食材をその土地で消費すること」だと、消費者の視点から解釈される場合が多いように思われます。

しかし、私は「地産地消」を「地域（ある指標の下でひとつにまとまる領域）の性格に適応する技術で農作物を作り、その地域で食べること」、すなわち生産と消費を対等に結合させた語句だと解釈しています。細かく定義すれば、「地産」は「適地適産」、すなわち「地域の性格に適応して構築された農耕の技術で生産をおこなうことと、その成果である農産物」、「地消」は「適地適消」、すなわち「その農産物を生産地で日常の食材として消費すること」です。

これが、この本の表題を『地産地消の歴史地理』とした理由です。第1～8章は「地産」、第9～17章は「地消」の枠内で、採りあげた地域の近世以降の性格を明らかにすべく記述しました。

この本には、ここ10年ほどの間に私がおこなった地域の性格を明らかにする諸作業の内容を記述しますので、対象にした各地域の性格を読みとっていただければさいわいです。なお、耕地で栽培中の作物名は片仮名で、それ以外の場合は漢字で記載します。

第I部では、近世に著作された農書類が記述する農耕技術を物差しに使って、「地産」の視点から地域の性格を明らかにした結果を記述します。

第1章には、第I部の第2～8章を読んでいただくのに役立ちそうな予備知識を記述しました。地理学の基本的用語である地域差と地域性の意味の違い、近世農書との出会い、地域性を明らかにしうる農書の選択手順、地域農書はどのような視点で著作されているか、どの地域農書も記述する農耕技術の内容、地域農書から私が学んだことの、6項目を記述してあります。

第2章では、近世には水田4枚のうち3枚で、冬期は田に水を入れておく「冬水田んぼ」の使い方をしていたことと、その理由を地域農書の著者たちの環境観から拾って記述しました。水田でのイネ一毛作と冬期湛水は、低湿地の生態系に適応することで、労力と資材の投下量を減らすとともに、地力を維持して一定量の米を生産する合理的な技術でした。他方、畑では、日常の主食材である麦類が冬作物なので、除草作業も兼ねて、夏期にも作物を作付する二毛作をおこなっていたことを記述しました。

第3章では、近世にはいずれの地域も早稲を一定割合作付していたことと、その目的を記述しました。早稲作は、冷害など不時の災害に対する危険分散と農繁期の分散と米の端境期を短縮する目的でおこなわれていましたが、早稲は単位面積当り収量が少なかったので、イネの総作付面積の1～3割ほどであったことを、5つの地域を拾って説明しました。

第4章では、営農指導者が自ら農書を板行して普及させようとした先進地の農耕技術を農民たちが受け入れず、在来の農法を固守した事例として、三河田原藩領を採りあげて記述しました。< United Regions of Japan > だった近世には、地域性を無視した指導をおこなっても普及しなかったことを示す事例です。

第5章では、三河国吉田（現在の愛知県豊橋市）郊外に立地する寺院の自作地における近世末〜近代初頭の耕作景観を、院主の日記から復原して記述しました。大きくは、水田ではイネの一毛作、畑ではムギを軸にする多毛作とミカン栽培をおこない、季節の巡りに伴って多様な景観が展開していました。

第6章には、第5章で記述した寺院の下男が、下肥の素材になる人糞尿を吉田城下の特定の家へ汲みに行った回数がわかる表と、いずれの時期にどの作物へ下肥を施用したかがわかる表を作って載せました。私はこの種の資料を見たことがないので、表の解釈は読者諸兄にお任せすることにします。

第7章では、1884 〜 85（明治17 〜 18）年に愛知県下の各村が作成した『地籍字分全図（地籍図）』と『地籍帳』を使って、「稲干場」と称される地目が、愛知県豊橋市域の中部と南部のどのような地形の場所に立地していたかを記述しました。大半の稲干場は田と傾斜地の境目の傾斜地側に立地していたので、稲干場とは刈りとった穂付きの稲束を地干しする場であったと、私は解釈しています。

第8章では、美作国江見に住む人が1823 〜 24（文政6 〜 7）年頃に著作したと考えられる『江見農書』の耕作技術の地域性を記述しました。『江見農書』は、苗木の植え方の要領を冒頭に記述するなど、山間盆地の耕作技術がわかる資料です。私は『江見農書』を2009年に翻刻しました。この章は私が『江見農書』から読みとったことの解説文です。

第Ⅱ部には、近世〜近代の庶民の日常食材に関わる記録類を使って、庶民は地域の性格に適応して「地消」の暮らしをしていたと、私が解釈した

8事例を記述しました。

第9章は第Ⅱ部の総論です。1880（明治13）年頃に作成された庶民の日常食材の割合に関する資料「人民常食種類比例」が記載する国別の米と麦の割合を相関図に描き、米の割合が高い国と麦の割合が高い国と米麦以外にも主食材がある国の3類型に区分できることを示しました。相関図には、前著『近世庶民の日常食－百姓は米を食べられなかったか－』でとりあげた領域（国）と、この本の第11～16章でとりあげる領域（国）が、どの類型のどのあたりに位置するかを示してあります。確認されたうえで、各章をお読みください。

第10章では、近代の農民が日常食べた麦飯の米と麦の割合を、統計を使って推計する作業と、麦飯の米と麦の割合について記述する諸文献の妥当性を統計と対比する方法で考察する作業をおこない、明らかになったことを記述しました。

第11章では、耕地の大半が水田である越後平野の庶民の日常食材の種類および割合と、炊き方を記述しました。越後国は米の構成比が高い国のひとつです

第12章には、近代三河国庶民の日常食について記述しました。三河国は米と麦の構成比がほぼ等しい領域のひとつですが、日常食材の割合で類型を設定すると、米と麦を混ぜて炊く麦飯を食べていた平坦地および緩傾斜地と、麦飯に粉ものが加わる渥美半島および山間部の、2つの類型が併存していたことがわかりました。

第13章には、近代尾張国庶民の日常食材について記述しました。尾張国は麦の構成比が高い領域のひとつです。尾張国には木曽三川下流域に広い平野があるのに、「人民常食種類比例」では、麦飯の素材の構成比は米より麦のほうが高いです。この章では、「人民常食種類比例」が記載する数値の妥当性の是非を検討しました。

第14章では、ふたたび尾張国をとりあげて、庶民が食べた麦飯中の米と麦の割合を、統計資料と木曽三川下流域に立地する集落の事例を用いて

説明しました。

第15章は、近代香川県庶民の日常食について記述しました。近世～近代を生きた庶民の日常食に関心を持つ私には、香川県（讃岐国）は不可解な領域のひとつでした。ここは耕地面積中の水田の構成比（水田率）は高いのに、日常食材中の麦の割合が高い領域だったからです。この疑問を、人口密度と耕地の利用回数（耕地利用率）が高いことから解いてみました。香川県民は、水田を1年に2回使う方法（二毛作）で、夏作物のイネと冬作物のムギを作り、高い人口密度を支えていたのです。

第16章には、近代出雲国庶民の日常食について記述しました。中国地方の山陰側には日常食材中の米の割合が高い国がいくつかあります。そのひとつである出雲国は、冬季の積雪のために水田裏作が困難であり、低湿な平野の水田でイネの一毛作をおこなっていたので、米の割合が高かったことを記述しました。

第17章では、16世紀後半～20世紀前半に日本を訪れた外国人が、日本の庶民の日常食について記述した文献を30種類ほど拾い、彼らが観察した日本の庶民の大半は、米を主な食材にしていたことを明らかにしました。

なお、硬い話だけでは疲れるので、休憩をとっていただくために、「話の小箱」を6つ挟んであります。ここは気楽に読んでください。

「似たような話の繰り返しだ」と思われるでしょうが、各章の表題をご覧になって、関心を持たれた章だけでも目を通していただければさいわいです。

2016年　立春

目　次

第Ⅱ部　庶民の日常食の歴史地理

第Ⅰ部
農耕技術の歴史地理

第1章

農耕技術から地域性を探る

第1節　地域差と地域性の違い

筆者は、近世の農耕技術を記述する農書類を物差しに使って、それぞれの地域が固有に持つ性格すなわち地域性を明らかにする作業を、40年余りおこなってきた。

特定の事象に関心を持つ人は、世間の人々にはわかりにくい用語を使うことがある。地理学徒が使う地域差と地域性も､その中のひとつであろう。また、地域差と地域性は区別されることなく安易に使われる場合が多いように思われる。地域差と地域性は地理学の研究目的に関わる用語なので、例え話を用いて、筆者の解釈を次に記述する。

地域差は陸上競技場の競争路を走る人々で説明できる。走者の数に応じて設定された競争路は、いずれも等しい距離と土地条件になるように整備されるので、走行条件はまったく等しいのに、一斉に走り出した走者たちは、終着点では第1位から最下位までの順位がつく。ただし、同一の走行条件下の差なので、敗者は勝者の走法などの情報を参考にして工夫し、次回は前回の勝者を上回る走り方をすれば、順位が入れ替わる可能性がある。

陸上競技場の競争者を各地域に置き換えれば、ある指標を物差しに使った場合、同一の土地条件下でも「優れた地域」と「劣った地域」がある。そして、土地条件は均等なので、「劣った地域」は工夫すれば「優れた地域」になることができる。すなわち、地域差とはある時点に同一条件下でおこなう地域間競争の結果なのである。

地域差を生み出す因子のひとつがマスメディアである。20世紀前半までの日本は、個性を持つ諸地域からなる＜United Regions of Japan＞だったが、その後、マスメディアの普及（ラジオは1925（大正14）年、テレビは1953（昭和28）年）によって、同一の情報が全国へ均等に提供されるようになり、同一条件の競争路を各地域がひたすら走って優劣を競う国になってしまった。

他方、地域性は広い公園をそれぞれ散策する人々で説明できる。広い公園内には、庭園や池や散歩道など、多様な施設があり、公園を訪れる人々は、それぞれの好みに合う施設を使って楽しむ。そこには、誰の使い方が正しいとか、どの人がもっとも楽しんでいるといった、優劣や順位をつける基準はまったくない。各人がそれぞれの好みに合わせて、「わが道を行く」楽しみ方をしている。

地域性は他の地域と比べた場合の個性ではあるが、個性を優劣の視点で比較することはできない。すなわち、地域性はそれぞれの地域が固有に持つ性格であり、それぞれが歩む固有の道があるので、「優れた地域」「劣った地域」という発想では扱えない。

20世紀前半までの日本は個性を持つ地域の集まりだったが、20世紀後半は各地域が優劣で順位付けられる地域差で位置付けられていた時代であったと、筆者は考える。21世紀以降はふたたび地域性の発想の下で人々が暮らしていくことを望みたい。

第2節　近世農書との出会い

筆者は20歳台の前半までは今の農村と農業に関心を持っていた。そして、他の産業と比べると、衰退しつつあるように見えた当時の農業は、これからどのような道を歩めばよいかを模索していた。

それを考える資料のひとつとして、筆者は都道府県を統計単位にした近代以降の耕地利用率（1 枚の耕地へ 1 年間に作物を作付した回数）の推移表を作成した[1]。そして、やや幅はあるものの、いずれの都道府県も 20 世紀前半までの耕地利用率は 120 ～ 150％ほどだったが、1970 年には 100％台に下がっていることがわかった。すなわち、20 世紀前半までは 1 年のうちに 1 枚の耕地を 1.2 ～ 1.5 回使っていたが、1970 年には 1 回使う程度まで下がったのである。

この事実をどう解釈すればよいか。大きく捉えると「日本の農業技術史の中で、今の農業をどのように位置付ければよいか。地域ごとに歩む固有の道があるか」を考えるのに使える資料を探す日々がしばらく続いた。

そんな時に、大学生協の書籍売り場の棚に『古島敏雄著作集』（東京大学出版会、全 6 巻）が置いてあった。その中の第 6 巻『日本農業技術史』[2]をパラパラめくると、近世の章は「農書」と称される資料を使って、地域ごとの気候および土地条件を踏まえた、各地域が固有に持つ農耕技術が論述されていた。

近世農書は筆者が探し求めていた資料であった。そして、農書を読んでみようと思った。これが近世農書との出会いである。以来 40 年余り、筆者は近世農書が記述する農耕技術を物差しに使って、それらが記述された地域の性格を明らかにする作業をおこなってきた。

古島敏雄が『日本農業技術史』で引用した近世農書の大半は、『日本農民史料聚粋』[3]や『近世地方経済史料』[4]などに翻刻されていたので、それらを読む作業を始めた。また、1977 年から『日本農書全集』[5]が刊行されて、約 300 種の翻刻農書類を読めるようになった。さらに、筆者は三河国の農書『農業時の栞』[6]と美作国の農書『江見農書』[7]の翻刻と現代語訳をおこなった。『日本農業技術史』との巡り会いに始まり、それ以降は縁と幸運に恵まれた道を歩むことができたと考えている。

第3節　地域性を明らかにしうる農書

近世農書の分類法はいくつかある。その中のひとつが、地域性に適応する農耕技術の普及を目的にする地域農書と、記述された技術を広い領域に適用できる広域農書に分ける方法である。筆者は地域農書を研究対象にしてきた。

地域農書であるか否かを判断する条件は、拙著『近世農書の地理学的研究』(8) の65～66頁に掲載してある。とりわけ、農書の著者が言及する地域の範囲が明らかなことと、農書の著者が体得した農耕技術を言及する地域へ普及させることを目的にするか普及が可能なことが、重要な条件である。

地域農書には地域性に適応する農耕技術が記載されていることの一例を記述する。

北陸道加賀国の手取川扇状地の農書『耕稼春秋』(9) が記述する農耕技術の中で、北陸の気候条件と手取川扇状地の土地条件を明らかにしうる稲作技術が、「苗役」と称される、33日ほどの短い苗代期間である。関東地方から西の領域では、イネの苗代期間は20世紀中頃まで通常は45～55日だったので、『耕稼春秋』が記述する33日ほどの苗代期間は短い。

『耕稼春秋』は「苗植時分ハ古来より苗役過て植る　但苗役とハ蒔て三十三日を云」（前掲（9）40頁）と記述している。『耕稼春秋』の著者が情報を集めた領域は、手取川扇状地である。扇状地は粒径の大きい砂礫が堆積してできた地形で、堆積した砂礫の間を水が漏れるので、水田に使う場合、地表面を流下する水の量が浸透量を上回る時期に田植をおこなわねばならない。このような土地条件の所で田植をおこなえるのは、白山などの高山に積もった雪が溶けて、大量の水が河川を流下する5月上旬だけである。他方、熱帯原産のイネは温度が10℃以上になって発芽する。手取川扇状地で温度が10℃になるのは4月なので、これで苗代期間の始期と終期の枠が設定されて、苗代期間は30日余りの日数になる。

『耕稼春秋』が記述する33日ほどの短い苗代期間は、北陸における5月上旬の雪解け水の流下（気候条件）と扇状地性平野（土地条件）に適応し、かつ苗が移植できるだけの背丈に生長するのを待つ、苗代で育てる日数を最大限に引き延ばす技術であった。したがって、『耕稼春秋』は北陸の地域性を明らかにしうる農書である。

筆者は地域性を明らかにしうる農書の中から、『近世農書の地理学的研究』（前掲（8））で『会津農書』（岩代国会津盆地）・『耕作噺』（陸奥国津軽平野）・『軽邑耕作鈔』（陸中国北部）・『農業日用集』（三河国東部）・『農具揃』（飛騨国古川盆地）・『清良記』巻七（伊予国三間盆地）・『老農類語』（対馬国）を、『在来農耕の地域研究』[10]で『農業時の栞』（三河国平坦部）・『農稼録』（尾張国木曽三川河口部）を採りあげて、それらが記述する農耕技術を物差しにして、言及する地域の性格を明らかにしてきた。

他方、数は少ないが、地域性を考慮せずに、新たな技術を普及させるために著作された農書もある。その例をひとつ記述する。

『門田の栄』[11]は、大蔵永常が三河田原藩に御産物殖産方の職名で就職して、自らが望ましいと考える耕作技術を普及させるために、1835（天保6）年に板行した農書である。その中に灌漑水のかけひきができる乾田で二毛作をおこなう方法が記述されている。

しかし、当時の先進地であった畿内を模範にする技術は、三河田原藩領には普及しなかった。三河田原藩があった渥美半島の水田の大半は、河川の流路延長が短くて流量の変化が大きい土地条件に適応するために、1年中湛水しておく湿田であり、また農民たちは多くの労力を要する水田二毛作をおこなわなくても暮らしていけたからである。

大蔵永常は、『門田の栄』に記述した理想像を実現できないまま、5年後に失職して田原を去った。この話は第4章で記述する。

第４節　地域農書は「土地相応（環境への適応）」の視点で著作されている

地域農書には、地域の性格に適応する「土地相応」の技術、今風に表現すれば「環境へ適応」する技術が記述されている。ここでは、地域農書から読みとれる「環境への適応」の事例をひとつ採りあげて、地域農書の有用性を記述する。

イネは、成熟期の早晩を指標にして、早稲・中稲・晩稲の呼称で区分される。これらのうちで、生育日数が短い早稲は20世紀初頭までは単位面積当り収量は少なかったのに、いずれの地域も総水田面積中の1～3割に早稲を作付していた。

早稲を一定割合作付していた理由は、農繁期を分散することと、食材を入手する期間を広げることのほか、北日本では夏季の気温が上がらない年に起こりうる冷害への対応、西日本では熱帯原産のイネが生育しやすい気候条件下での栽培である。それぞれ一例を記述する。

陸奥国津軽平野の老農が著作した農書『耕作噺』(12)は「三歩一も五歩一も早稲作致し出穀ためし候べし」（前掲（12）25頁）と記述し、早稲を作付する7つの理由の第一番目に「冷気の年にて七月の節に水霜降る事有而も　早稲は克稔る」（同25頁）をあげている。ただし、「早稲は寒水冷気に負ざれ共　出穀晩稲に劣り」（同51頁）と、単位面積当り収量は少ないことを承知の上で、「環境への適応」のほうを優先している。

三河国の老農が著作したとされる『百姓伝記（ひゃくしょうでんき）』(13)は「わせかたの米ハ（中略）いつくいかなる国中にも多くつくる稲にあらす　され共米はわせ米中田米を上米と心得へし　陽気さかんなるうちに稲草出来　米となる故なり」（前掲（13）17巻316頁）と、気温が高い時期に育つ早稲は穫れる米の質がよいので、「環境への適応」の視点から、早稲を一定の面積作付することを奨励している。

1931（昭和6）年に多収穫早稲種「農林1号」が登録される前の早稲作

の目的と作付割合については、第3章で記述する。

第5節　どの農書も記述する農耕技術

農耕は大枠の気候条件と小枠の土地条件に適応しておこなう生業である。すなわち、気候条件の枠内で、土地条件に適応する農耕技術が生み出され、普及してきた。ここでは大枠の気候条件と農耕技術の地域性との因果関係について記述する。

植物は降水量が多い季節に生育する。また、人間が育てる植物が作物である。筆者は、ユーラシア大陸の各都市で降水量が多い季節と栽培植物の起源地との関わりを示す図を作ったことがある[(14)]。およそ東経70度線を境にして、ユーラシア大陸の西半分は冬雨型、東半分は夏雨型であることが図1でわかり（前掲（14）234頁）、図2からユーラシア大陸の西側は冬作物地域、東側は夏作物地域であることがわかる（同235頁）。

ユーラシア大陸の東端に位置する日本列島も夏雨地域に属するが、高温多雨の夏季は雑草も生えて、作物の生育を妨げるので、夏季は除草作業が欠かせない。このような気候条件の下で、日本列島では夏作物の栽培中に除草をおこなう農法がおこなわれてきた。

飯沼二郎[(15)]はこの農法を「中耕除草農業」と称して、ユーラシア大陸内の他地域の3農法（夏雨地域に属するが夏季の降水量が少ない中国華北の「中耕保水農業」、冬雨地域に属するが冬季の降水量が少ないので休閑中に保水作業をおこなう西アジアの「休閑保水農業」、冬雨地域に属して休閑中に除草作業をおこなう北欧の「休閑除草農業」）との相違を説明している（前掲（15）21-80頁）。

また、日本列島では一毛作、すなわち耕地で1年に1作をおこなう場合は夏作物を作ってきた。それは上記の気候条件に加えて、植物が生えていない耕地に作物を播種または移植するので、雑草より先に生長する作物が

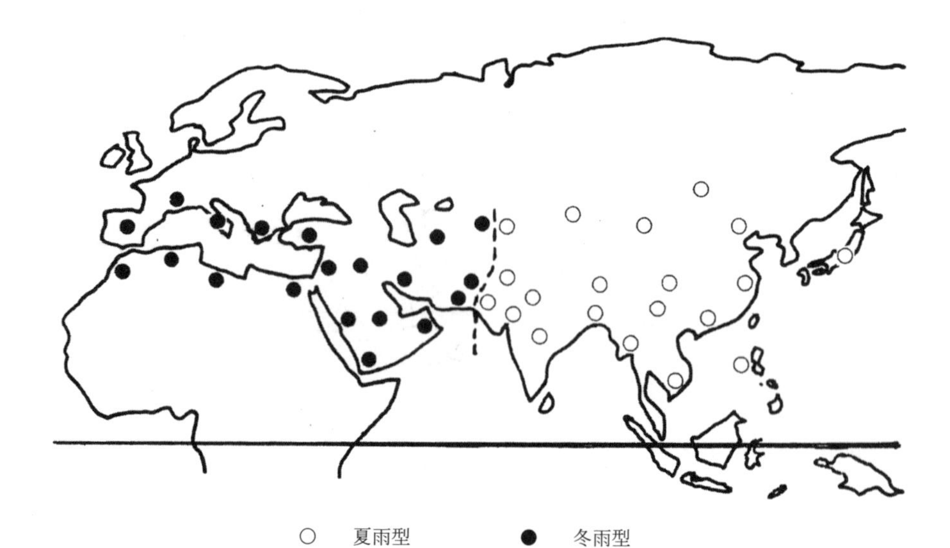

図1　ユーラシア各都市の降水型

注（14）で筆者が作成した図 15-1（234 頁）を転写した。
原資料は国立天文台編『理科年表』（1996 年版）である。
図中央の縦の鎖線が冬雨地域と夏雨地域の境界線で、東経 70 度線とほぼ一致する。
図の下端近くの横線は赤道である。

耕地を覆って雑草の繁茂を抑える効果があることに由来する。

近世にもっとも多く読まれたと思われる農書『農業全書』[16]に、精緻な中耕除草作業を奨励する「上の農人ハ　草のいまだ目に見えざるに中うちし芸り　中の農人ハ見えて後芸る也　みえて後も芸らざるを下の農人とす　是土地の咎人なり」（前掲（16）12 巻 85 頁）の文言がある。これは中国華北の中耕保水農業の技術を記述した『氾勝之書』[17]の誤読で、中国華北では保水のため、日本列島では除草のためなのだが、中耕作業をおこなうことでは共通しているので、『農業全書』が記述する中耕除草農業は日本の農民に受け入れられた。

近世に著作された農書のほぼ全てが「中耕除草農業」の技術を詳細に記述しているのは、夏季に大量の降水があり、高温になって雑草が繁茂しや

図2　栽培植物の起源地

注（14）で筆者が作成した図15-2（235頁）を転写した。
原資料は星川清親『栽培植物の起源と伝播』（二宮書店，1978）である。

すい日本列島の気候条件に適応する農法を普及させるためであった。その内容は拙著『農耕技術の歴史地理』[18]の18～19ページに記述してあるので、参照されたい。

第6節　農書から学んだこと

筆者は40年余り近世農書とつきあってきた。またここ四半世紀の間、休日には田畑で様々な作物たちと語り合って、農書の記述内容を肌で感じてきた。机上で読んだだけではわからない技術を、田畑でおこなってみて体得したことも幾度かあった。

筆者は「日本列島における近世以降の基本的な農耕技術の性格を端的な語句で表現せよ」と問われたら、「中耕除草農業です」と答えることにしている。遅くとも近世以来、日本の農家は耕地で作物を作りつつ除草作業をおこなうことで、一定の収量を確保してきたのである。第Ⅰ部ではその事例を7つ採りあげて記述する。

また、農業の将来展望について問われることがあれば、次のように答えようと思っている。

人間による農耕の営為は、数万年にわたって地表面を破壊し続けてきた。それでも、「農耕は生き物を育てる生業である」「土地相応（環境への適応）」「適時適作」「適地適作」「足るを知る（寡欲）」の視座で、土地に根ざす「地産」の技術を受け継いで暮らせば、人類は今後も存続できるであろう。

注

(1) 有薗正一郎（1975）「最近1世紀間の日本における耕地利用率の地域性に関する研究」人文地理 27-3，107-122 頁.
(2) 古島敏雄（1975）『日本農業技術史』（『古島敏雄著作集』第6巻）東京大学出版会，663 頁.
(3) 小野武夫編（1941）『日本農民史料聚粋　全11巻』巌松堂書店.
(4) 小野武夫編（1958）『近世地方経済史料　全10巻』吉川弘文館.
(5) 山田龍雄他編（1977-99）『日本農書全集　全72巻』農山漁村文化協会.
(6) 細井宜麻（1785）『農業時の栞』（有薗正一郎翻刻，1999，『日本農書全集』40，農山漁村文化協会，31-197 頁）.
(7) 著者未詳（1823-24）『江見農書』（有薗正一郎翻刻，2009，あるむ，77 頁）.
(8) 有薗正一郎（1986）『近世農書の地理学的研究』古今書院，301 頁.
(9) 土屋又三郎（1707）『耕稼春秋』（堀尾尚志翻刻，1980，『日本農書全集』4，農山漁村文化協会，3-318 頁）.
(10) 有薗正一郎（1997）『在来農耕の地域研究』古今書院，205 頁.
(11) 大蔵永常（1835）『門田の栄』（別所興一翻刻，1998，『日本農書全集』62，農山漁村文化協会，173-214 頁）.
(12) 中村喜時（1776）『耕作噺』（稲見五郎翻刻，1977，『日本農書全集』1，農山漁村文化協会，13-121 頁）.
(13) 著者未詳（1681-83）『百姓伝記』（岡光夫翻刻，1979，『日本農書全集』16，農山漁村文化協会，3-335 頁，同 17，3-336 頁）.
(14) 有薗正一郎（2001）「ナスとダイコンの故郷」（吉越昭久編『人間活動と環境変化』古今書院，233-240 頁）.
(15) 飯沼二郎（1975）『日本農業の再発見－歴史と風土から－』日本放送出版協会（NHK ブックス 226），248 頁.
(16) 宮崎安貞（1697）『農業全書』（山田龍雄ほか翻刻，1978,『日本農書全集』12, 農山漁村文化協会，3-392 頁，同 13，3-379 頁）.
(17) 氾勝之（紀元前 1 世紀後半）『氾勝之書』（石声漢翻刻，1979,『両漢農書選読』農業出版社，11-31 頁）.
(18) 有薗正一郎（2007）『農耕技術の歴史地理』古今書院，208 頁.

第2章

近世農書はなぜ水田の冬期湛水を奨励したか

第1節　はじめに

この章は、前著『農耕技術の歴史地理』(1) 第1章の第4節「水田二毛作への評価」（前掲（1）7-9頁）で記述した、水田への冬期湛水を奨励する農書をさらに拾って列挙する、増補稿である。

水田二毛作は、水田における生産力発展段階説の指標のひとつに使われてきた。例えば、ある高校「日本史」の教科書 (2) は、「（鎌倉時代の）蒙古襲来の前後から、農業の発展もみられた。畿内や西日本一帯では麦を裏作とする二毛作が普及していった。」（前掲（2）101頁）「（室町時代後期の）農業の特色は、（中略）土地の生産性を向上させる集約化・多角化が進められたことにあった。（中略）畿内では二毛作に加え、三毛作もおこなわれた。」（同125頁）と記述している。

前者は『中世法制史料集』(3) に収録されている1264（文永1）年の日付がある水田裏作麦への課税を禁ずる関東御教書（前掲（3）221頁）などの史料を根拠にし、後者は朝鮮からの使節を務めた宋希璟 (4) が1420（応永27）年に詠じた詩に、摂津国尼崎で「日本の農家は　秋に水田を耕して大小麦を種き　明年初夏に大小麦を刈りて苗種を種き　秋初に稲を刈りて木麦を種き　冬初に木麦を刈りて大小麦を種く　一水田に一年三たび種く」（前掲（4）144頁）と記述していることを根拠にしたものと思われる。他の高校「日本史」教科書も、ほぼ同じ文言を記述しているので、多くの日本人は、西日本では中世後半には水田二毛作が広くおこなわれていたと思っているようである。

しかし、実際には近世に入っても水田二毛作はほとんど普及していなかった。その根拠のひとつは、近世の営農技術書である農書の多くが、水田ではイネだけを作付する一毛作をおこなって、冬期は湛水しておき、畑では冬作物のムギ類を軸にする多毛作をおこなうことを奨励していることである。

農耕技術に関わる研究をおこなう人々は、近世農書類が記述する水田農耕技術を、近代以降の水田二毛作の広範な普及に至る、ひとつ前の段階であると位置付けてきた。

その例として、嵐嘉一[(5)]は「用水にさえ恵まれれば乾田化の可能な水田は著しく多かったのではなかろうか。（中略）低湿田と用水不備は稲作の集約化技術導入を阻止したという点できわめて重大な問題を孕んでいると思われる。」（前掲（5）22頁）と記述している。嵐の解釈は、一定量の用水を確保できれば、湿田を乾田にして二毛作をおこなうことを農法の発展と位置付ける、農耕技術に関わる研究者の解釈の一例である。

また、長憲次[(6)]は近世には水稲一毛作の段階にとどまっていた規定要因を5つあげ、なかでも自給肥料に依存せざるをえなかった段階のもとでの肥料の制約が重要な規定要因であったと記述している（前掲（6）88-89頁）。長によれば、水田二毛作の前提である水田の乾田化をおこなえば、消耗する地力を回復させるために大量の肥料を投下する必要があり、また耕起・砕土・除草などの作業に多くの労力がかかるが、近世にそれらを克服する技術が普及しなかった場所では、イネの一毛作段階でとどまっていたというのである。

水田におけるイネ一毛作に対する長の解釈は、農耕技術に関わる人々の従来の見解を代表している。また、この見解は、水田が乾田化されて施肥量の制約が緩むなどの条件が揃えば、水田二毛作は近世に普及したであろうとの推測に立っている。

しかし、『農商務統計表』の「田地作付区別」によれば、1884（明治17）年における全国総計の一毛作田率は 75％ [(7)] で（表 1）、近世末には総水田面積の少なくとも 4 分の 3 はイネ一毛作をおこなう場であったと考えられる。また、20 世紀前半における全国総計の一毛作田率は 57 ～ 65％で（表 1）、都道府県レベルでは 1950 年の値が 20 世紀前半のおよその状況を表している（表 2）。1950 年前後は耕地利用率がもっとも高い時期であったが [(8)]、それでも一毛作田はこれだけの割合を占めていた。

ただし、近世農書の著者たちは、冬は水田を遊ばせておくことを奨励したわけではない。筆者は、近世農書の著者たちは、灌漑排水技術の未発展や施肥量の制約などの枠内で、ひたすら生産力を向上させる視点からではなく、今の日本人が使う言葉で表現すれば、環境に適応しつつ一定量の米を生産する視点から、水田の冬期湛水を奨励し、多くの農民はその意を汲みとって水田でイネ一毛作をおこない、冬は水の出入口を管理して湛水に努めいていたとの仮説を持っている。

すなわち、近世農書の著者たちは、ある時点の農耕技術を生産力発展段階の中に位置付ける作業をおこなってきた近代以降の農耕技術の研究者た

表 1　日本における近代以降の一毛作田率の推移

年	田の面積（町歩）	一毛作田の面積（町歩）	一毛作田率（%）
1884（明治 17）	2,726,716	2,046,573	75
1903（明治 36）	2,815,695	1,816,676	65
1910（明治 43）	2,889,596	1,756,090	61
1920（大正 9）	3,013,570	1,795,772	60
1930（昭和 5）	3,165,848	1,971,651	62
1940（昭和 15）	3,155,088	1,802,200	57
1950（昭和 25）	2,875,925	1,874,041	65
1960（昭和 35）	2,964,502	2,040,129	69
1970（昭和 45）	3,045,727	2,692,923	88

1884 年は農商務省（1886）『農商務統計表』6 頁の「第一田地作付区別十七年調」から作成した。
1903 年以降は農政調査委員会（1977）『日本農業基礎統計』56-57 頁から作成した。

表2　1950年の都道府県別一毛作田率

都道府県名	田の面積（反歩）	一毛作田の面積（反歩）	一毛作田率（%）
北海道	1,508,838	1,487,928	99
青　森	671,280	669,385	100
岩　手	620,521	606,039	98
宮　城	997,701	979,674	98
秋　田	1,043,687	1,035,331	99
山　形	958,132	942,291	98
福　島	974,160	878,014	90
茨　城	908,473	852,269	94
栃　木	738,575	467,294	63
群　馬	331,567	127,011	38
埼　玉	568,231	484,782	85
千　葉	976,592	942,542	97
東　京	72,492	59,736	82
神奈川	173,117	130,620	75
新　潟	1,740,616	1,694,780	97
富　山	732,670	292,938	40
石　川	501,284	361,195	72
福　井	462,224	401,355	87
山　梨	167,313	68,058	41
長　野	732,865	461,710	63
岐　阜	602,724	316,269	52
静　岡	542,545	345,120	64
愛　知	845,262	423,293	50
三　重	661,025	358,280	54
滋　賀	525,938	282,153	45
京　都	365,645	191,592	52
大　阪	334,734	109,987	33
兵　庫	910,870	320,727	35
奈　良	273,886	115,272	42
和歌山	276,663	106,346	38
鳥　取	313,958	141,716	45
島　根	499,390	355,652	71
岡　山	821,564	351,517	43
広　島	689,322	386,128	56
山　口	668,125	238,622	36
徳　島	272,052	106,135	39
香　川	367,994	34,836	9
愛　媛	401,803	139,193	35
高　知	314,994	147,588	47
福　岡	980,541	165,005	17
佐　賀	505,194	112,662	22
長　崎	297,587	172,938	58
熊　本	727,142	196,197	27
大　分	524,619	224,073	43
宮　崎	447,367	184,006	41
鹿児島	522,840	226,698	43
全国総計	28,674,222	18,695,387	65

農林省統計調査部編『1960年世界農林業センサス市町村別統計書 NO.1- 46』（1961年，農林統計協会）から作成した。

図3　農書類の著作地分布図

図中の数字と下の数字は本文中の注番号である。

(9) 伊予国『清良記』　(10) 三河国『百姓伝記』　(11) 岩代国『会津農書』

(13) 加賀国『農事遺書』　(14) 加賀国『耕作大要』

(15) 安芸国『賀茂郡竹原東ノ村田畠諸耕作仕様帖』

(16) 尾張国『農業家訓記』　(17) 出雲国『農作自得集』

(18) 常陸国『農業順次』　(19) 三河国『農業時の栞』

(20) 若狭国『諸作手入之事・諸法度慎之事』　(21) 薩摩国『農業法』

(22) 上総国『家政行事』　(23) 遠江・駿河国『報徳作大益細伝記』

(24) 下野国『農家用心集』　(26) 紀伊国『地方の聞書』

(28) 加賀国『耕稼春秋』　(29) 加賀国『鶴来村旧記写』

(30) 安芸国『家業考』　(32) 三河国『浄慈院日別雑記』

(34) 若狭国『農業蒙訓』　(35) 尾張国『農稼録』

(36) 阿波国『農術鑑正記』　(42) 豊前国『農業日用集』

ちとは異なる視点から、水田でのイネ一毛作と冬期湛水を奨励したとの仮説である。この仮説が実証できれば、環境に適応する発想に戻る農法を模索しつつある21世紀型農業の指針のひとつになるであろう。

この章では、言及する地域へ普及が可能な農耕技術を記述した、地域に根ざす農書の中から、筆者が設定した仮説に関わる記述を拾い、およそ時間の経過順に並べて抜き書きする方式で、仮説の妥当性の是非を検討する。

この章でとりあげる24種類の農書が著作された場所の位置を、図3に示した。およその位置と分布を参照されたい。

第2節　水田でのイネ一毛作と冬期湛水を奨励する農書

伊予国の『清良記』[(9)]（1629-54年）は、稲刈り後も田に水を溜めておくことを奨励している。

稲を刈ても　跡の水を留置事第一なれと（前掲（9）106頁）

三河国の『百姓伝記』[(10)]（1681-83年）は、田では裏作をせずに、冬には田に水を入れておくことを奨励している。

真性地にして地ふかなる土おもきこわき田をハ　冬より正月に至てうち　寒中の水をつけてこをらせ　土をくさらせねかすへし（中略）しらぬあきなひせんよりハ　冬田に水をつゝめと世話に云り（前掲（10）17巻73頁）

『百姓伝記』の著者は、冬期湛水の効果として、田に陽気がこもること、水害と旱害を受けにくいこと、耕起時に反転させた稲株が腐りやすくなることの、3つをあげている。

水をつけをけハ　其田に陽気能包りて　稲を植て後能ミのる（中略）寒の水をつけたる田ハ　水旱にあひてつよく　冬水のかわきたる田ハ日にいたミ　水にいたむ事はやし　打て水をつけをくを　くれ田と云　上下へかへすによりて　古き稲毛もくさるなり（前掲（10）17

巻 73-74 頁）

『百姓伝記』の著者は、上記のような土地条件の場所以外の田でも、冬期湛水をおこなうよう奨励している。ただし、畑がほとんどない村では水田二毛作もやむをえないとも記述している。

田に麦を作　跡をまた田かへし稲を作る事　費多し　然共　田斗多くして畠なき村里ハ　両作つくるへし（前掲（10）17 巻 84 頁）

岩代国の『会津農書』[11]（1684 年）は、田で裏作をせずに、冬には水を入れておくことを奨励している。ただし、畑がほとんどない村では水田二毛作もやむをえないとも記述している。

山里田共に惣而田へハ冬水掛てよし（前掲（11）54 頁）

麦かり跡に晩稲殖てよし　又糯を殖てもよし　とかく麦田の稲ハ本田（一毛作田のこと）より悪し　されとも畑不足の処ハ蒔て養を多く入れは余り損もなし（同 64 頁）

東北地方の水田では、1950 年代でもイネの一毛作がおこなわれていた（表 2）。以後、この章では東北地方の農書からは記述を拾わないことにする。

『農業全書』[12]（1697 年）は、「麦蒔」「麦跡」（前掲（12）12 巻 141-142 頁）などと称する田以外では裏作をおこなわず、冬の間は水を入れておくことを奨励しているので、二毛作をおこなう田の面積は多くなかったと考えられる。

水田をバ水の干ざるやうに　冬よりよく包ミをくべし　深田の干われたるハ甚よからぬものなり　寒中ハ　猶よく水をためて　こほらせをきて春耕すべし（前掲（12）12 巻 57-58 頁）

稲田耕しの事　麦蒔の外ハ　秋耕してよき所もあり　沙地などハ早く犂　水を入くさらかしをきたるもよし　大かたハ春耕したるにしかず（同 12 巻 141 頁）

ただし、ムギとナタネの項目には、水田でイネとの二毛作をおこなう技術が記述されている。

麦地こしらへの事（中略）田ならば　早稲の跡を　うるおひよき内に犂返し（前掲（12）12巻152-153頁）

油菜　田圃に蒔て栄へ安く　虫も食ハず子多し（同12巻231頁）

加賀国の『農事遺書』[13]（1709年）はイネとイグサの水田二毛作の手順を記述しているが、イグサ以外の作物との水田二毛作の記述はない。

藺ハ成程上田ヨシ（中略）田ヲ刈仕廻テ　温カナル日早ク植タルヨシ（前掲（13）77-78頁）

イグサは湿地に生育する植物なので、冬期湛水と同じ状態になるが、イグサを作付した田は瘠せるので、イグサ苗の植付場所を毎年変えるよう指示している。

藺苗ハ跡瘠ルモノナリ　今歳東ニ置タラバ来年ハ西ニ置　各番ニ場ヲ変テ置ベシ（前掲（13）80頁）。

したがって、二毛作をおこなった水田の面積は極めて小さかったであろう。

同じく加賀国の『耕作大要』[14]（1781年）は、「田エ冬水ヲカケル　必ヨキコト也」（前掲（14）297頁）と記述している。

安芸国の『賀茂郡竹原東ノ村田畠諸耕作仕様帖』[15]（1709年）は、地方役人へ提出した東野村の耕作技術の報告書であり、晩稲を作付する湿田には冬は水を溜めておくことが記述されている。

晩田地拵之儀者　水田山田抔ハ年内ゟ水ため置　二月末ゟ取付　あぜ直し拵　三月上旬ゟ荒おこし仕　又　水ため置申候（前掲（15）11頁）

ただし、早稲と中稲を作付した田では冬期にムギを作っている（前掲（15）8-9頁）。

尾張国知多郡の人が書いたとされる『農業家訓記』[16]（1731年）は、「水田」と称する田には、稲刈り直後から水を入れておくことを奨励している。

水田稲刈跡に水はやく可包　遅く包めは土かたく成り　翌年打つとし

ろのるとに人足多くかゝり（中略）無油断水可包（前掲（16）379頁）

ここでも「麦田」（前掲（16）382頁）と称する二毛作田があったが、その割合は記述されていない。

出雲国の『農作自得集』[17]（1762年）は、乾田と湿田ともに裏作はおこなわず、湿田には水を入れておくことを奨励している。

田に高田底田の二つあり　高田は春耕して悉陽気をうけさせて（中略）底田は冬の中より古き畦の損所を繕ひ　春耕まで水をたもちおく事　是寒気を土中に移さず　冬至ゟ土中に立のぼる陽気を洩さぬ故ならん（前掲（17）195頁）

常陸国の『農業順次』[18]（1772年）には、イネ刈り後の水田に湛水するとの記述がある。

耕地不残稲刈上申候時　畔留メ仕候（前掲（18）55頁）

『農商務統計表』から1884（明治17）年の常陸国の一毛作田率を計算すると、82%になり（表3）、全国平均値75%に近い値であった。

三河国の『農業時の栞』[19]（1785年）は、冬には田に水を入れておくことを奨励している。ただし､記述内容は『農業全書』とほぼ同じである。

古(いにしへ)より云(いゝ)つたへにも　冬(ふゆ)田に水をかこへといふハ　水あれハ　下の土氷(こほ)らさる為(ため)也（前掲（19）135頁）

若狭国の『諸作手入之事・諸法度慎之事』[20]（1786年）は、湿田では稲刈り後に湛水すれば、除草と施肥の効果があると記述している。

（湿田では）いねかると　うゑ田のことくあせをして　かりかぶの見へぬやうに水をあてるへし　くさもはへず　山の木草のあくなかれてこゑになるへし（前掲（20）323頁）

ただし、「むぎあとあらおこしの事」の項目には、ムギ刈り後の田を犂で耕起して田植する手順が記述されているので、二毛作もおこなわれていた（前掲（20）324頁）。1884（明治17）年の若狭国の一毛作田率は60%であった（表3）。

近世薩摩藩領で著作された農書『農業法』[21]（年代未詳）は、砂の多

表3　1884（明治17）年の国別田地作付区別

国名	一毛作田 (反歩)	(%)	二毛作以上の田 (反歩)	(%)	不作付田 (反歩)	(%)	合計 (反歩)	(%)
山城	72,764	54	58,019	43	3,922	3	134,705	100
大和	88,336	26	247,328	74	258	0	335,922	100
河内	155,544	54	130,247	45	584	0	286,376	100
和泉	115,946	45	139,592	55	261	0	255,799	100
摂津	172,421	53	129,542	40	23,679	7	325,642	100
伊賀	61,389	54	51,436	46	217	0	113,042	100
伊勢	411,835	63	236,267	36	4,930	1	653,032	100
志摩	23,608	92	2,166	8	4	0	25,778	100
尾張	372,729	75	124,243	25	―	―	496,972	100
三河	324,470	93	24,422	7	―	―	348,892	100
遠江	283,511	98	5,242	2	1,339	0	292,827	100
駿河	233,916	80	57,125	20	1,786	0	290,092	100
甲斐	115,968	61	74,144	39	―	―	190,112	100
伊豆	65,171	85	11,648	15	155	0	76,974	100
相模	151,885	95	6,987	4	1,551	1	160,423	100
武蔵	892,832	95	50,354	4	1,140	1	944,326	100
安房	51,860	67	25,543	33	―	―	77,403	100
上総	428,141	100	―	―	―	―	428,141	100
下総	628,106	98	10,029	2	10	0	638,145	100
常陸	559,103	82	122,730	18	―	―	681,833	100
近江	425,783	67	209,714	33	―	―	635,497	100
美濃	317,550	59	219,890	41	1,228	0	538,668	100
飛驒	54,670	97	1,838	3	50	0	56,558	100
信濃	586,816	89	69,071	10	7,172	1	663,059	100
上野	147,549	51	141,763	49	―	―	289,312	100
下野	450,812	90	49,688	10	997	0	501,497	100
磐城	456,499	97	―	―	13,205	3	469,704	100
岩代	480,761	98	―	―	10,823	2	491,584	100
陸前	1,177,358	100	―	―	1,808	0	1,179,166	100
陸中	48,049	100	―	―	―	―	48,049	100
陸奥	576,831	100	―	―	―	―	576,831	100
羽前	712,038	99	―	―	5,575	1	717,613	100
羽後	1,037,355	100	―	―	793	0	1,038,148	100
若狭	41,643	60	27,762	40	―	―	69,405	100
越前	361,391	90	40,155	10	―	―	401,546	100
加賀	247,882	87	37,040	13	―	―	284,922	100
能登	217,726	96	8,483	4	―	―	226,209	100
越中	736,855	96	23,165	3	3,858	1	763,878	100
越後	1,688,034	99	―	―	6,183	1	1,704,217	100
佐渡	77,428	99	―	―	495	1	77,923	100
丹波	103,921	40	156,702	60	1,684	0	262,307	100
丹後	95,441	71	35,494	27	2,675	2	133,610	100
但馬	87,956	62	53,909	38	―	―	141,865	100
因幡	128,289	72	48,179	27	557	0	177,025	100
伯耆	171,540	45	212,409	55	856	0	384,805	100
出雲	305,177	95	9,694	3	7,010	2	321,881	100
石見	173,349	86	25,772	13	3,018	1	202,139	100
隠岐	13,259	95	―	―	635	5	13,894	100
播磨	243,022	73	91,027	27	―	―	334,049	100
美作	146,671	75	49,854	25	―	―	196,525	100

備　前	107,286	39	165,019	61	—	—	272,305	100
備　中	160,072	58	117,789	42	—	—	277,861	100
備　後	185,315	57	138,118	42	1,974	1	325,407	100
安　芸	205,067	51	199,257	49	1,078	0	405,402	100
周　防	136,467	53	121,903	47	488	0	58,858	100
長　門	135,376	53	115,354	46	2,536	1	253,266	100
紀　伊	291,531	61	187,657	39	1,814	0	481,002	100
淡　路	31,723	35	58,915	65	—	—	90,638	100
阿　波	167,575	65	70,423	27	18,508	7	256,506	100
讃　岐	152,394	40	228,591	60	—	—	380,985	100
伊　予	238,979	52	220,596	48	—	—	459,575	100
土　佐	274,883	78	68,559	19	8,455	2	351,897	100
筑　前	118,182	25	354,546	75	—	—	472,728	100
筑　後	30,531	10	274,778	90	—	—	305,309	100
豊　前	101,381	35	187,065	65	455	0	288,901	100
豊　後	188,734	53	169,282	47	909	0	358,925	100
肥　前	691,534	74	245,298	26	—	—	936,832	100
肥　後	87,178	15	494,011	85	—	—	581,189	100
日　向	298,082	81	71,872	19	—	—	369,954	100
大　隅	137,059	66	70,606	34	—	—	207,665	100
薩　摩	185,062	73	68,447	27	—	—	253,509	100
壱　岐	14,653	100	—	—	—	—	14,653	100
対　馬	5,474	100	—	—	—	—	5,474	100
合　計	20,465,728	75	6,646,760	24	154,675	1	27,267,163	100

農商務省総務局報告課（1886）『農商務省統計表』（復刻版）6頁の「第1 田地作付区別十七年調」から作成した。

い田と湿田には冬の間水を入れておくことを奨励している。

砂田牟田は秋すき起し　冬水を包ミ置　春になり仕付之考にて　水をおとし打起よし（前掲（21）246頁）

ただし、「麦田ハ麦取揚次第早速打起し」（前掲（21）247頁）との記述もあって、水田二毛作もおこなわれていた。

上総国の『家政行事』(22)（1841年）は、イネ刈り後の水田に泥水を入れることを奨励している。1884（明治17）年の上総国の一毛作田率は100%であった（表3）。

十月　田方刈取ノアト　ゴミ水通ス功夫アルベシ（前掲（22）271頁）

遠江・駿河国の『報徳作大益細伝記』(23)（1848-53年）は、乾田・湿田ともにイネの一毛作をおこない、湿田には冬期湛水することを奨励している。

かたき田は寒中迄ニから田ニ起す事（前掲（23）308頁）

淡水懸り場所和らき田も　寒中ゟ成丈深く址起しをいたし（中略）水ハ寒中ゟ懸置くべし（同309頁）

ただし、乾田の一部では裏作にムギを作付するとの記述もある（前掲（23）310頁）。

下野国で近世末に著作された『農家用心集』[(24)]（1866年）は、イネの田植後にムギ類を刈りとり、ムギ類の播種後にイネを刈りとると記述しているので、水田ではイネの一毛作がおこなわれていたことになる。ただし、水田に冬期湛水する記述はない。

田植済て（中略）大麦刈取（中略）半夏前ゟ小麦刈取てよし（中略）八月末ゟ九月土用迄小麦蒔（中略）秋土用ニ入（中略）大麦三度豆を蒔（中略）九月末ゟ十月に至稲を刈（前掲（24）413-416頁）

『農商務統計表』から1884（明治17）年の下野国の一毛作田率を計算すると、90%になる（表3）。

ここに抜き書きした農書の多くが水田二毛作についても記述しており、従来は農業生産力発展の視点から水田二毛作のほうが強調されてきた。しかし、いずれの農書もイネの一毛作を二毛作より先に記述しており、また1884（明治17）年の全国総計一毛作田率は75%（表1）であったことから、近世には少なくとも全水田面積の4分の3で一毛作がおこなわれていたと考えられる。

一毛作田の環境に適応しつつ地力を維持する技術が、冬期湛水であった。田の入水口と排水口を一定の高さに塞いでおけば湛水できたはずだが、そうしない農民もいたので、近世農書の著者たちは冬期湛水を奨励したのであろう。

既存の農耕技術よりも高い水準の技術が記載されているはずの農書から記述を拾ったが、近世の水田ではイネの一毛作が広くおこなわれ、冬期湛水が奨励されていたことが明らかになった。水田二毛作は中世にはおこなわれていたとされるが[(25)]、近世に入っても、多くの田では夏はイネの一毛作をおこない、冬は田面湛水が奨励されていたのである。

第3節　水田二毛作について記述する農書

稲作をおこなうには水が乏しくて十分な収量が得られない土地条件の場所の中には、米で足りない穀物の量をムギ類で補うために、水田二毛作が普及していた場所があった。

紀伊国伊都(いと)郡学文路(かむろ)村の大畑才蔵が元禄年間に記述した『地方の聞書』[26]（1688-1704年）の「種おろし」の項目に、水田でイネとムギを作る二毛作の記述がある。

> 五月　田ならしの事ハ　麦を刈候て跡をすきほし（中略）田植日三四日前ゟ水を入かきならし（中略）植申（前掲（26）26頁）
>
> 九十月　麦は（中略）田方稲のすきほし置（中略）種を蒔（同29-30頁）

古島敏雄[27]によれば、紀伊国伊都郡の河岸段丘上では、中世から水田二毛作がおこなわれていた記録がある（前掲（27）235-239頁）。河岸段丘面は地下水位が低いので、イネを作るための水が乏しく、少ない米の収穫量をムギ類で補ってきた場所である。『地方の聞書』は、そのような土地条件の場所で著作された農書である。

加賀国の『耕稼春秋』[28]（1707年）は、早稲と中晩稲を2年で輪作し、その間に隔年でムギ類かナタネを作付する水田二毛作をおこなうと記述している（前掲（28）37-71頁）。また、加賀藩領ではここ半世紀の間に裏作物のムギ類とナタネの作付面積が倍増したようだが、田畑とも二毛作を続けるには大量の肥料が必要だとも記述している。

> 御領国三州にて麦菜種承応改作の頃より　唯今田の歩数一倍程多く植る事口伝有　惣して一ケ年田畠一所に二作共すれハ　土の性ぬけて下地となる　是によりて糞も段々多入増也（前掲（28）71頁）

『耕稼春秋』は、手取川扇状地上での稲作技術を記述した農書である。

冬作物を挟む2年3作をおこなう理由のひとつは、扇状地の乏しい水利事情への適応であろう。

また、『耕稼春秋』と同じ時期の加賀国の記録『鶴来村旧記写』[29]（1683-97年）は、「山方は田地方少々にて御坐候に付（中略）菜種麦の儀はあからみ次第刈　田植申候　おも田よりおそく御座候ニ付　追付打割仕　植申候」（前掲（29）115頁）と記述している。これは耕地面積が小さい山間地に限られる水田二毛作で、ここでも「里方沼田」「おも田」と称する平坦地の田ではイネの一毛作をおこなっていた（同115頁）。

『家業考』[30]（1764-72年）は、安芸国の山間河谷に住んだ豪農が記述した歳時記式の農書であり、「九月ドヨウ　田の麦まき」には、面積7～8反歩の田に裏作ムギを作付すると記述されている。

　いな麦を道沖の田へ弐反斗もまいてよし　はだかハ五六反見合ニまくべし（前掲（30）113-114頁）

翻刻者の解題によれば、この豪農家の当時の自作面積は2町5～6反であった（前掲（30）179頁）。田畑の割合は記述されていないが、田畑半々とすれば、水田面積の6割ほどに裏作ムギを作付していたことになる。

『門田の栄』[31]（1835年）は、水田二毛作を奨励する近世農書の例である。『門田の栄』は、大蔵永常が三河田原藩に雇用された時に、営農のモデルとして板行した農書である。『門田の栄』には、摂津国の農夫が三河国と下総国の農夫に水田二毛作を奨める話が記述されている。

　少々(せうせう)の商(あきな)ひをして銀(かね)を儲(もう)けんより　田(た)に水(みづ)をはれなどゝハ　往昔(おほむかし)の人(ひと)のいひ出(いだ)せし事なるが　余(あま)りの戯言(たハこと)なり　かならず信用(しんよう)なく　二作取(ふたさくとる)やう心(こゝろ)がけ給へ　是(これ)　天道(てんたう)さまへの御奉公(ごほうこう)なり（前掲（31）207頁）

　東海道筋(とうかいだうすぢ)より関八州(くわんはっしう)を（中略）中深(ちうふけ)の田(た)の分(ぶん)のこらず畦(うね)を高(たか)くかきあげ　麦菜種(むぎなたね)を作(つく)るやう成(なり)なバ　百万(ひやくまん)町の新田(しんでん)をひらくにも勝(まさ)りて　国(こく)益(えき)と成(なる)事大ひなるべし（同211-212頁）

しかし、田原藩領を含む三河国東部では、19世紀後半に至っても水田二毛作は普及していない。三河国吉田（現在の豊橋市街地）の西郊にあった三河吉田藩領の寺院の院主が三代にわたって1813（文化10）～86（明治19）年に記述した日記『浄慈院日別雑記』[32]には、寺の自作田2か所でイネの一毛作をおこなっていたことが記述されている。

水田のうち、1か所は台地崖下の湧水帯に立地する田、もう1か所は氾濫原にあって灌漑水路から引水する田であった。後者の田は、水口を閉ざせば冬には畑作物を作付できたはずだが、そこでもイネの一毛作をおこなっていた。また2か所の田で毎年最初におこなう作業は、「畔懸」と称する畔塗りを含む畔の整形作業であった。畔塗りは畔に泥土を塗りつける作業であり、畔塗り前に田に水を入れるとの記述はないので、2か所の田ともに冬期は湛水しておいたことがわかる。『浄慈院日別雑記』は、冬期水田湛水をおこなっていた事実を証明する事例である。

この事実を、三河吉田藩領では水田二毛作を受け入れる技術水準に達していなかったと解釈することもできようが、当時の吉田は『門田の栄』の著者が普及させたい技術を受け入れなくても暮らせる領域であったと、筆者は解釈したい。

上に記述したことは、統計数値で証明できる。『農商務統計表』の「田地作付区別」によれば、1884（明治17）年の三河国における一毛作田率は93％であった（表3）。また、1894（明治27）年の三河国ムギ類作付面積のうち、田に作付したムギ類の割合は11％[33]だったので、ナタネなどの水田裏作物の作付面積を加えても、一毛作田率は8割を超えていたであろう。19世紀末までの三河国は、水田の8～9割でイネの一毛作をおこなって暮らせる領域だったのである。

若狭国の農書『農業蒙訓』[34]（1840年）は、稲作に直接関わる作業を優先して、イネの収量を増やすために、ムギは乾田面積の3割ほど作ればよいと記述している。

> 麦を作る人場を広く植へからず　十段の堅田ハ　三段にて手いれをよくすれば（中略）残り七段（中略）干田となして彼岸十日過より犂せ（中略）麦跡を俄に耕したるより（中略）田の出来かた格別也（前掲

（34）265-266 頁）

尾張国木曽三川河口部で著作された『農稼録』[35]（1859 年）は、冬期に水田に高畦を作り、高畦の上でオオムギかナタネを作ることを奨励している。

刈田穡過田面能乾きたるを打起しくね田にし　畦の上土能乾きたるを仔細に墾し畦作りして菜を殖る歟大麦を蒔べし（前掲（35）21 頁）

ただし、『農稼録』が冬期の高畦作りを奨励した本来の理由は、水田の土を乾かして地力を向上させる乾土効果で、来年作付するイネの収量を増やすことにあった。

近年ハ此畔田ならでハ米の取実少なしと皆人心にしミて　今ハ村中残なく畔田にする事にぞなりぬる（前掲（35）24 頁）

近世に水田で二毛作をおこなっていた場所では、何か事情があって、かつイネの生育と収量に支障が及ばない範囲内で、二毛作をおこなっていたのである。水田はイネを作る場であって、水田ではイネの一毛作をおこなうのが、近世農民の常識であった。

1723（享保 8）年に阿波国の農学者が著作した『農術鑑正記』[36]は、「近年功農水湿の地を堀上　油菜蚕豆を作り　定水田の外　何国も空地なし」（前掲（36）326-327 頁）と記述しているが、160 年後の 1884（明治 17）年でも阿波国における一毛作田率は 65%（表 3）、すなわち 3 枚の田のうち 2 枚は一毛作田であった。農書の著者がこうあってほしいと願う姿と、現実との隔たりがよくわかる事例である。

水田二毛作が普及し始めるのは、水を抜いた田を馬が引く犂で深く起こして耕土を厚くする「乾田馬耕」技術が普及していく、20 世紀に入ってからのことである[37]。

安室知[38]は、長野県善光寺平に立地する檀田村の水田で昭和初期におこなわれていたイネとムギとの精緻な二毛作システムを、聞きとりにもとづいて復原している。安室は「檀田では水田のほとんどに二毛作の麦（大麦・小麦）を栽培した」（前掲（38）8 頁）技術システムが普及した時期を、「少なくとも大正のころにはほとんどの水田および畦畔で、麦類および豆類が栽培されていたことは聞きとり調査から明らかである。おそらく、その起源は、用水灌漑の整備による乾田化の進行と稲作単一化の進展に時を同じくしていると思われる」（同23頁）と記述している。

『長野縣町村誌』[(39)]が記載する檀田村の1880（明治13）年の農産物生産量を見ると、米約324石に対して大麦と小麦の生産量は約32石（前掲(39) 388頁）で、米の1割ほどであった。したがって、檀田村で精緻な水田二毛作システムが構築されたのは、19世紀末から20世紀初頭のことである。

しかし、湿田の乾田化が二毛作田率の上昇に寄与した程度は大きくない。『日本農業基礎統計』[(40)]によれば、20世紀前半でも全国総計の一毛作田の面積比率は6割ほどであった（表1）。これは、乾田化工事後もイネの一毛作をおこない続ける田があったことを物語っている。

第4節　農書が畑多毛作を奨励する理由

いずれの農書も畑の多毛作については記述している。とりわけ冬作物を作付する畑では、必ず夏作物と組合わせる多毛作をおこなっていた。

その目的のひとつは、夏に雑草を繁茂させないためである。作物が畑を覆うことで雑草の繁茂を抑えるのである。多種類の畑作物を組合わせて順次作付する多毛作は、収穫総量の増大をもたらし、連作障害対策なども目的とするが、夏は高温多湿になる日本列島では、雑草の繁茂を抑えるために欠かせない技術なのである。

ただし、雑草がそれほど生えない冬期は、休耕することがあった。加賀国の『農事遺書』（1709年）は、2年に1度冬作物を作付しない、ムギ→ソバ→冬休耕→アワ・ヒエの2年3作を奨励している。

> 畠ハ隔(カク)年ニシテ更(カハ)ル更ル休(ヤス)マセタルガヨシ　当年麦(ムキ)ヲ蒔タル畠ハ　来年蕎麦蒔テ　其後并翌(ヨク)年ノ粟稗植ルマデ休マセ　此休ミタル畠ニハ亦

麦ヲ蒔テ（前掲（13）167 頁）

冬期の休耕なので、夏期休耕よりは雑草とりの負担は軽かったであろう。

先にあげた三河国吉田の『浄慈院日別雑記』（前掲（32））から、畑でおこなっていた多毛作の記述を拾うと、冬作物を作付した畑すべてに夏作物を作っている。88 頁の表 10 に農作業をおこなった日を現行暦で記載してあるので、ご覧いただきたい。冬作物がムギ類の場合は跡地にキビかゴマかダイズを作り、ムギより刈りとり日が早いナタネの場合は、跡地にアワ（前掲（32）Ⅱ 310 頁）かダイズ（同Ⅱ 377-378 頁）を作っていた。ムギ類の後にキビを作った畑でダイコンか葉菜類を作付した記述もあるので、冬作物のムギ類は 2 年で循環する輪作に組込んで作っていたようである。

また、1874（明治 7）年にはワタの跡地にムギ類を作付した記述がある（前掲（32）Ⅳ 149 頁）。ワタは播種日がムギ類の刈りとり日より早いので、ワタとムギ類の二毛作であれば、ムギ類の条間にワタの種子を筋蒔きしたのであろう。

以上のことから、浄慈院で手作りしていた 5 か所ほどの畑のうち、3 か所では冬にはムギ類とナタネを作り、夏にはムギ類とナタネの刈りとり後に作付できる多種類の夏作物を組合わせる二毛作か、隔年で冬は休閑する 2 年輪作がおこなわれていたことがわかる。すべての畑で夏作物を作った理由は、主な食材である米麦を補う食材を得る目的に加えて、夏期の雑草の繁茂を抑える効果があったからである。

第 5 節　考　察

ここまで読んで、「多くの農書は水田二毛作の技術を記述しているではないか」と思われた読者もおられるであろう。

近世の農耕技術に関心を持つ研究者は、農書の記述の中から、自分の解釈の裏付けになり得る箇所を拾って引用してきた。農耕技術は近世の間に段階的発展をとげたことを提唱する論攷の中から、その一例をあげよう。

徳永光俊[41]は、『百姓伝記』の作付方式を「湿田一毛作技術に代表される生産力段階にあった」（前掲（41）69頁）と位置付け、『耕稼春秋』では水田の「二毛作技術が確立しつつある」（同77頁）と記述し、近世の農業先進地で著作された『農業全書』では水田「二毛作中心」（同86頁）に発展していたと説いている。典型的な農業生産力の発展段階説に立つ解釈である。

しかし、『農商務統計表』の「田地作付区別」によれば、1884（明治17）年における全国総計の一毛作田率は75％（表1）で、総水田面積の4分の3はイネ一毛作をおこなう場であった。

それでは二毛作をおこなっていた4分の1の水田は、どのような土地条件を持つ場だったか。筆者は早稲の作付田で二毛作が多くおこなわれていたと考える。1930年代に始まる農林1号以降の多収穫早稲種が普及する以前の早稲は、単位面積当り収量が中稲や晩稲よりも少なかったが、不時の災害に対する危険分散のために、一定面積が作られていた。この早稲の収穫量不足分を冬作のムギ類で補っていたとの解釈である。作季から見ると、晩稲とムギ類などの裏作物を組合わせたほうが、作業の手順は楽に組めるのだが、そうしなかったのは、農民は「水田とはイネを作る場である」と位置付けていたからである。

早稲と組合わせる水田二毛作の事例として、先に『農業全書』（前掲（12）153頁）をあげた。また『清良記』には、早稲→蕎麦・小黍・葉菜類→早麦の順で作付する、水田三毛作の記述がある（前掲（9）48-49頁）。ここではさらに2つの事例を記述する。

安芸国の『賀茂郡竹原東ノ村田畠諸耕作仕様帖』（1709年）の舞台である東野村では、早稲と中稲を作付する田に冬期はムギを作り、晩稲を作付する田は湛水している。

　早稲方地拵之儀者　麦刈　其まゝ麦跡すき申候而水あて（前掲（15）8頁）

中田地拵之儀　麦刈申其まゝ麦跡すき申候而　二三日過水あて（同9頁）

晩田地拵之儀者　水田山田抔ハ年内ゟ水ため置（同11頁）

豊後国の『農業日用集』[42]（1760年）は、早稲田でオオムギを作り、湿田には冬中湛水することを奨励している。

早稲を作る田は水廻の能所に大麦を作る心掛よし（前掲（42）20頁）

ふけ田沼(ぬま)田ハ冬中　正二月迄の内　あわい能時分耕(たがや)し（中略）其儘(まゝ)水を溜(た)め置もあり（同24頁）

農耕技術の規範である農書が奨励する「麦田」すなわち水田での二毛作と、現実との隔たりは大きい。水田を畑として使うには技術が必要であり、また腹が満ちている限り、水田二毛作をする必要はないからである。乾田の生産力が湿田より高く評価されるようになるのは、人間の意図で水のかけひきができるようになった近代以降である。

農書の著者たちは、著書中の個別技術を後代の人々がどのように位置付けて引用するかを考えて著作したわけではないので、農書の著者たちの環境観を個別技術の記述ごとに拾い上げることはできない。したがって、我々は農書の著者たちの環境観を適切に見極めたうえで、個別技術を評価すべきであろう。水田二毛作については、農書の記述が短期間に実現したと過大評価しないほうがよい。

ちなみに、近世の支配階層は水田二毛作の実状をどの程度知っていたか。役人が地方(じかた)支配の参考に使った地方書のひとつである『地方凡例録』[43]（1791年-）は、巻之二下「土地善悪之事」で、一毛作と二毛作のいずれをおこなうかは、地域ごとに異なり、また同じ地域でも土地条件によって決まると記述している。

国に依て両毛作(レウゲサク)の場にて麦を蒔かず　地を休めて田作すれバ　殊の外能く出来　麦を取より増(マシ)の処もあり　又東海道筋は麦田に麦を蒔ざれバ　田作出来ざるなり　又稲を苅り　跡を耕し　冬水を絶へず掛け置て　春夏の足しにする処多し（中略）寒暖遅速土地の応不応一定(デウ)なら

ざれバ（中略）其国其処（トコロ）に於て土性の善悪（ゼンアク）　作物（サクモツ）の仕方を平日心掛け見覚へ（中略）百姓の苦楽豊窮（ホウキフ）賦税の強弱等をも厚く心を用ゆべきこと　地方を主とするものゝ要務なるべし（前掲（43）111頁）

『地方凡例録』の著者は、田が立地する場所の土地条件や地力に応じて、農民はイネの一毛作かイネと冬作物との二毛作のいずれかを選んでいると、寛大な解釈をしている。この文章を見るかぎり、地方役人は水田利用の実状を適確に把握していたようである。

また『日本農書全集』第Ⅱ期の編集委員は、近世農書が奨励する営農技術と地域の実状との隔たりを、次のように解釈している。

佐藤常雄[44]は、『日本農書全集』第Ⅱ期の＜地域農書＞「総合解題」に、「個々の地域農書に記述された農業技術が、当該地域および年代のごく一部の突出した特殊な事例にすぎないこともあり、地域農書の農業技術をもってすぐさま近世の小農技術体系を一般化することはできない」（前掲（44）25頁）と記述している。

徳永光俊[45]は、『日本農書全集』第Ⅱ期の＜農法普及＞「総合解題」で、「改良農法を記した農書を読みつなげて、江戸時代の農法を構想することは、当時の大多数の農民から見れば、相当進んだ農法を点と点でつないでしまうことになるだろう。（中略）改良農法は、大多数の農民に受容されて、はじめて在地農法として定着するのである」（前掲（45）14頁）と述べている。

近世農書が記述する水田二毛作は、佐藤が述べる「すぐさま一般化することはできない」技術、徳永が言う「在地農法として定着」しなかった農法のひとつなのである。筆者は、水田でのイネ一毛作と冬期湛水を奨励する農書のほうが、近世の水田耕作技術の一般的な姿を記述していると解釈したい。

第6節　おわりに

水田は夏期にイネを作付して米を作る場である。したがって、来年春の灌漑水を確保するとともに、水田の地力を維持して一定量の米を収穫するためには、冬期は湛水しておく必要があった。水田でのイネ一毛作と冬期湛水は、低湿地の生態系に適応することで、投下する労力と資材を減らすとともに、地力を維持する農法である。1884（明治17）年の一毛作田率75%からみて、近世には少なくとも水田面積の4分の3でイネ一毛作をおこなっていたと考えられる。

他方、畑では多毛作をおこなう必要があった。冬作物を育て、初夏に収穫した後、畑を休ませると、雑草が生えるので、雑草が繁茂しないように夏作物を作付したからである。

近世の水田ではイネの一毛作が広くおこなわれて冬期湛水が奨励され、畑では多毛作をおこなってきたのは、それぞれの環境に適応する人々の知恵であり、それを文字媒体で奨励したのが、農書の著者たちであった。したがって、第1節17頁に提示した仮説は成立する。

近世農書の著者たちは、今の日本人が使う言葉で表現すれば、環境への適応を前提に置き、その枠内で自らの営農経験を踏まえて最大限の収量を得る「地産」の技術を記述したと、筆者は考える。『農業全書』は上記の姿勢を「農人（のうにん）たるものハ　我身上（わがしんしやう）の分限（ぶんげん）をよくはかりて田畠（たはた）を作（つく）るべし」（前掲（12）12巻47頁）と表現している。これは時代の推移やその時々の歴史観を超えて、一貫して通用しうる視点である。水田の冬期湛水は、この視点に立つ営農技術のひとつであり、第3節で引用した近世末三河国の日記『浄慈院日別雑記』は、それを実証する事例である。

水のかけひきができるように改良した田での二毛作など、20世紀前半に普及する農耕技術を、その100年ほど前に提唱した大蔵永常が、蘭学の知識を援用して施肥技術を論じた『農稼肥培論』(1830-44年)[(46)]にも、「水田の麦なと蒔事のならさる田にハ　水をはり　水あかを溜て　肥しのたしにする事あり」（前掲（46）68頁）との記述がある。

また、乾田での二毛作を農法の発展と位置付けた嵐嘉一も、「用水不備のためわざわざ冬期湛水をおこなっていた湿田は、案外多かったのである。（中略）水田の土を肥やす意味で、ことさら冬水を掛ける慣習のところもいくらかみられた。この冬水慣行はわが国の中部・東北地方に多く」（前掲（5）23頁）と記述している。

近世農書の著者たちと同じ環境観に立って、今の農法に適用すれば、農業生産力を支えてきた化石燃料を基盤に置く既存資源が枯渇しても、環境の構成要素である多種類の生物たちが結果的に協力して、農業の生産力を維持してくれるであろう。

ちなみに、水田の不耕起とイネの無農薬栽培を組合わせる自然農法を提唱している岩澤信夫[(47)]は、冬は水田に水を入れておく冬期湛水の効果を、大量に増殖するイトミミズなど小型生物が土壌を肥やすことと、厚い軟泥層ができて太陽光線が水面下の土層に届きにくくなることによって雑草の発芽が抑えられることであり（前掲（47）66-69頁）、また水中の微生物が有害物質を体内にとり込んで、水質を浄化してくれる（同103-105頁）と記述している。この章の第2節で引用した『百姓伝記』など9つの農書は、水田でイネの一毛作をおこない、冬期は湛水しておくことを奨励している。冬期湛水すれば、岩澤が提唱する効果があることを体得していたからであろう。岩澤は、農地に労力と資材をとめどなく注ぎ込む、従来の「一所懸命」農法を捨てて、省エネ、省資源、既存の流通機構に頼らないマーケット重視のイネ作りをおこなうことを奨励している（同129頁）。これも学ぶべき視点であろう。

また岩澤は、湛水した田はアカトンボの卵が冬を越し、各種のカエルが卵を生む場であり、人間から見て害虫と天敵との数の均衡がとれている場であると記述し（前掲（47）89-94頁）、宇根豊[(48)]は「田んぼにただの草とただの虫がいることに意味がある」（前掲（48）42-64頁）と表現している。水田でのイネ一毛作と冬期湛水は、湿地生態系の循環の中でイネを育てる技術なのである。

ただし、今は冬期湛水は台地崖下の湧水や谷頭の沢水を使う水田でしかできない。広域灌漑用水は、非灌漑期には元栓を閉めるので、水が来ないからである。筆者は、冬期も一定の日数を置いて用水路に水を流し、個々の水田が引水できる灌漑方式に戻ることを提言したい。

この章は、水田でのイネ一毛作と冬期湛水を例にして、近世農書の著者たちの環境観を、環境への適応の視点から評価した試論である。このような視点から近世農書の位置付けをおこなった論攷は、これまでなかったと思われる。同学諸兄からの批判を待ちたい。

注

(1) 有薗正一郎（2007）『農耕技術の歴史地理』古今書院，208 頁.

(2) 石井進ほか（2011）『詳説日本史 改訂版』山川出版社，408 頁.

(3) 佐藤進一・池内義資編（1955）『中世法制史料集　第一巻　鎌倉幕府法』岩波書店，451 頁.

(4) 宋希璟（1420）『老松堂日本行録』（村井章介校注，1987，岩波書店，312 頁）.

(5) 嵐嘉一（1975）『近世稲作技術史』農山漁村文化協会，625 頁.

(6) 長憲次（1988）『水田利用方式の展開過程』農林統計協会，295 頁.

(7) 1884（明治 17）年は、農商務省総務局報告課（1886）『農商務統計表』（復刻版）の「第一　田地作付区別　十七年調」に記載されている、「一毛作段別、二毛作以上段別、不作付段別、合計」6 頁の総計欄から算出した。1903（明治 36）年以降は、農政調査委員会編（1977）『日本農業基礎統計』農林統計協会，56-57 頁から算出した。

(8) 有薗正一郎（1975）「最近 1 世紀間の日本における耕地利用率の地域性に関する研究」人文地理 27-3，107-122 頁.

(9) 土居水也（1629-54）『清良記（親民鑑月集）』（松浦郁郎・徳永光俊翻刻，1980，『日本農書全集』10，農山漁村文化協会，3-204 頁）.

(10) 著者未詳（1681-83）『百姓伝記』（岡光夫翻刻，1979，『日本農書全集』16，農山漁村文化協会，3-335 頁，同 17，3-336 頁）.

(11) 佐瀬与次右衛門（1684）『会津農書』（庄司吉之助翻刻，1982，『日本農書全集』

19，農山漁村文化協会，3-218 頁）.
(12) 宮崎安貞（1697）『農業全書』（山田龍雄ほか翻刻，1978，『日本農書全集』12，農山漁村文化協会，3-392 頁，同 13，3-379 頁）.
(13) 鹿野小四郎（1709）『農事遺書』（清水隆久翻刻，1978，『日本農書全集』5，農山漁村文化協会，3-193 頁）.
(14) 林六郎左衛門（1781）『耕作大要』（清水隆久翻刻，1997，『日本農書全集』39，農山漁村文化協会，247-299 頁）.
(15) 彦作（1709）『賀茂郡竹原東ノ村田畠諸耕作仕様帖』（濱田敏彦翻刻，1999，『日本農書全集』41，農山漁村文化協会，5-15 頁）.
(16) 著者未詳（1731）『農業家訓記』（江藤彰彦翻刻，1998，『日本農書全集』62，農山漁村文化協会，301-406 頁）.
(17) 森廣傳兵衛（1762）『農作自得集』（内藤正中翻刻，1978，『日本農書全集』9，農山漁村文化協会，191-227 頁）.
(18) 大関光弘（1772）『農業順次』（木塚久仁子翻刻，1995，『日本農書全集』38，農山漁村文化協会，47-88 頁）.
(19) 細井宜麻（1785）『農業時の栞』（有薗正一郎翻刻，1999，『日本農書全集』40，農山漁村文化協会，31-197 頁）.
(20) 所平（1786）『諸作手入之事・諸法度慎之事』（橋詰久幸翻刻，1997，『日本農書全集』39，農山漁村文化協会，317-352 頁）.
(21) 汾陽四郎兵衛（年代未詳）『農業法』（原口虎雄翻刻，1983，『日本農書全集』34，農山漁村文化協会，243-263 頁）.
(22) 富塚治郎右衛門主静（1841）『家政行事』（田上繁翻刻，1995，『日本農書全集』38，農山漁村文化協会，227-292 頁）.
(23) 安居院庄七（1848-53）『報徳作大益細伝記』（安達洋一郎翻刻，1995，『日本農書全集』63，農山漁村文化協会，289-324 頁）.
(24) 関根矢之助（1866）『農家用心集』（阿部昭翻刻，1996，『日本農書全集』68，農山漁村文化協会，391-420 頁）.
(25) 磯貝富士男（2002）『中世の農業と気候－水田二毛作の展開－』吉川弘文館，342 頁.
(26) 大畑才蔵（1688-1704）『地方の聞書』（安藤清一翻刻，1982，『日本農書全集』28，農山漁村文化協会，3-95 頁）.

(27) 古島敏雄（1975）『日本農業技術史』(『古島敏雄著作集』第6巻）東京大学出版会，663頁.
(28) 土屋又三郎（1707）『耕稼春秋』（堀尾尚志翻刻，1980,『日本農書全集』4，農山漁村文化協会，3-318頁）.
(29) 小野武夫（1941）『鶴来村旧記写』(『日本農民史料聚粋』11，巌松堂，105-121頁）.
(30) 丸屋甚七（1764-72）『家業考』（小都勇二翻刻，1978,『日本農書全集』9，農山漁村文化協会，3-171頁）.
(31) 大蔵永常（1835）『門田の栄』（別所興一翻刻，1998,『日本農書全集』62，農山漁村文化協会，173-214頁）.
(32) 渡辺和敏監修（2007-11）『浄慈院日別雑記』I-V，あるむ.
(33) 農商務大臣官房文書課（1896）『第十一次農商務統計表』（復刻版）の「麦作付反別及収穫高国別」に記載されている「作付反別」25頁の三河国欄から算出した。
(34) 伊藤正作（1840）『農業蒙訓』（藤野立恵翻刻，1978,『日本農書全集』5，農山漁村文化協会，235-290頁）.
(35) 長尾重喬（1859）『農稼録』（岡光夫翻刻，1981,『日本農書全集』23，農山漁村文化協会，3-128頁）.
(36) 砂川野水（1723）『農術鑑正記』（三好正芳・徳永光俊翻刻，1980,『日本農書全集』10，農山漁村文化協会，295-382頁）.
(37) 井上晴丸（1953）「農業における日本的近代の形成」（農業発達史調査会編『日本農業発達史－明治以降における－』1，第二章，中央公論社，110-111頁）.
(38) 安室知（1991）「水田で行われる畑作」信濃43-1，信濃史学会，1-26頁.
(39) 長野県編（1936）『長野縣町村誌 北信編』，564頁（復刻版，1973，名著出版）.
(40) 加用信文監修（1977）『改訂日本農業基礎統計』農政調査委員会，628頁．56頁に掲載されている「「農事統計」による一毛作・二毛作田別面積（明治36～昭和15年)」から算出した。
(41) 徳永光俊（1981）「近世農業生産力の確立をめぐって－近世前期農書の世界－」(岡光夫・三好正喜編『近世の日本農業』第二章，農山漁村文化協会，46-89頁）.
(42) 渡辺綱任（1760）『農業日用集』（中島三夫翻刻，1982,『日本農書全集』33，農山漁村文化協会，3-59頁）.
(43) 大石久敬（1791-)『地方凡例録』（大石慎三郎校訂，1969，近藤出版社，上巻，345頁）.

(44) 佐藤常雄（1994）「農書誕生－その背景と技術論－＜地域農書＞総合解題」（『日本農書全集』36，農山漁村文化協会，3-27頁）.

(45) 徳永光俊（1994）「農法の改良・普及・受容＜農法普及＞総合解題」（『日本農書全集』61，農山漁村文化協会，5-24頁）.

(46) 大蔵永常（1830-44）『農稼肥培論』（徳永光俊翻刻，1996，『日本農書全集』69，農山漁村文化協会，25-137頁）.

(47) 岩澤信夫（2010）『究極の田んぼ－耕さず肥料も農薬も使わない農業－』日本経済新聞出版社，209頁.

(48) 宇根豊（2005）『国民のための百姓学』家の光協会，215頁.

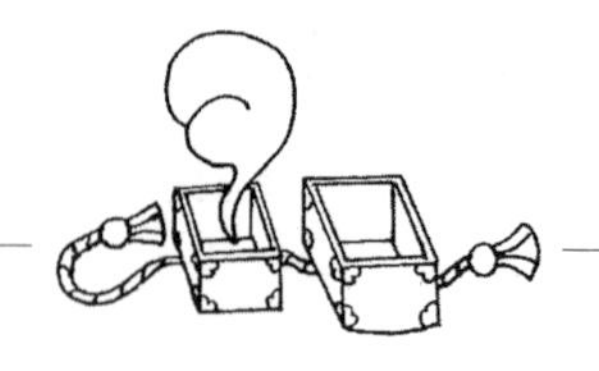

話の小箱（1）
近世農書から農耕技術の地域性を拾う

各地域の性格には、陸上競技場のトラックを走る人々に例えられる地域差と、広い公園内をそれぞれの好みで散策する人々に例えられる地域性があります。私は近世農書類が記述する農耕技術を物差しに使って、地域が持つ固有の性格、すなわち地域性を明らかにする作業を 40 年ほどおこなってきました。その例を 3 つあげてみます。

津軽国の『耕作噺（こうさくばなし）』は夏季の冷気による被害が小さい早稲を一定割合作付することを奨励し、加賀国『耕稼春秋（こうかしゅんじゅう）』は水が漏れる扇状地でも大量の雪解け水が得られる時期に田植することを奨励し、天明年間の冷夏期に著作された三河国『農業時の栞（のうぎょうときしおり）』は異常気象の年でも土地条件に応じてほどほどの収穫量を得る技術を記述しています。

他方、数は少ないのですが、地域性を無視して、先進地の技術を普及させるために著作された農書もあります。

三河田原藩に就職した大蔵永常（おおくらながつね）は、『門田の栄（かどたさかえ）』を板行して水田二毛作を奨励しましたが、農民たちは受け入れませんでした。水田二毛作は裏作に畑作物を作付するので、水のかけひきができる乾田でないとおこなえません。三河田原藩があった渥美半島は、尾根線が東西方向に通っているために、南北方向へ流れる川は流路延長が短く、流量の変化が大きいです。そこで、冬の間に田植時の水を溜めておく必要があったので、三河田原藩領では水田一毛作がおこなわれていました。三河田原藩領の農民たちは、渥美半島の土地条件に適応する耕作法を固守したのです。

農耕は、大枠の気候条件の中で小枠の土地条件に適応しておこなう、生業です。ユーラシア大陸の東端に位置する日本列島では、作物が育つ合間に耕地を浅く耕して雑草をとる中耕除草農業がおこなわれてきました。これは夏の降水量が多くて雑草が生えやすい日本列島の気候条件に適応する農法です。また、日本では一毛作をおこなう場合は夏作物を作ります。その理由のひとつは除草効果であり、さら地状態の耕地に作物の種を蒔くか苗を移植すれば、作物が雑草より先に生長して耕地を覆い、雑草の繁茂を抑えるからです。

近世農書類が記述する「農耕は生き物を育てる生業（なりわい）である」「土地相応（環境への適応）」「適時適作」「適地適作」「足るを知る（寡欲）」の視座で暮らせば、人類は地球上に長く存続できるだろうと私は考えます。

第3章

近世における早稲作の目的と早稲の作付割合

第1節　はじめに

日本における近年の水稲作の特徴は、早稲が総作付面積の7割ほど、とりわけ「コシヒカリ」が4割近くを占めることである（表4)。しかし、この動きが目立ち始めるのは、1960年代以降である。

「農林1号」の登録を契機にして1930年代に始まる多収穫早稲種が普及する以前の早稲は、単位面積当り収量が中稲や晩稲よりも少なかったが、不時の災害に対する危険分散のために、一定面積が作付されていた。東北日本では主に冷害、西南日本では主に風水害による米の収量減を抑えるために、早稲はどこでも一定の割合作付されていた。

表4　日本におけるコシヒカリの作付割合

年	作付面積 (ha)	作付比率 (%)	粳米中の順位
1957	6,312	0.2	49位
1965	123,770	4.7	3位
1975	164,626	6.8	3位
1985	361,358	17.1	1位
1995	541,579	28.8	1位
2005	556,345	38.0	1位

農業・食品産業技術総合研究機構 作物研究所の「イネ品種データベース」から作成した。

それでは、水稲の総作付面積の中で、早稲はどの程度の割合作付されていたか。この章では、近世の史料から、早稲を一定割合作付していた目的と早稲の作付割合がわかるか推定できる史料を拾い、検討する。このうち、4つの農書は、筆者が地方レベルの稲作農法を説明できると判断した史料である。

筆者が知る限り、遅くとも近世から20世紀前半までは、主として危険分散のために、早稲から晩稲まで多種類のイネが作付されていた。それに関わる研究事例の中から2つをあげて、要点を記述する。

古島敏雄は『日本農業技術史』(1) の中で、「稲品種を選ぶ規準としては、主としてその田の自然条件に恰適なものを作る」（前掲（1）384頁）、「品種の意識の中に、早・中・晩、という熟期に対する意識が、収穫の安定および多収穫という交錯する要求を裏に蔵して強く現われていると見られる」（同578頁）と記述している。古島の解釈を筆者の言葉で言い換えると、熟期が異なる複数のイネを農民が作付したのは、自然環境の枠内で最大限の収穫量を得るためであった。

国立農業試験場の技師であった嵐嘉一は、『近世稲作技術史』(2) の「第3章　わが国水稲作季の地域別動向に関する生態的考察」の冒頭で、近世以降の近畿地方以西の領域における稲作作季の動きを、「ひと口にいえば、藩政期以降のわが国暖地の稲作作季上の動きは、早中稲中心の概して田植期の早い部分の多かった状態から、早中稲の著しい後退とともに、晩稲の進出が目ざましく、田植期もこれと並行して引下げがみられた」（前掲（2）149頁）と、晩稲化であったと要約し、主に明治以降の資料を用いて、証明をおこなった。早・中・晩稲の中で、20世紀前半までは晩稲の単位面積当り収量がもっとも多く、晩稲化の目的は単位面積当り収量の向上にあったと、一般には解釈されているが、嵐は対象にした領域で大正後半期～昭和初期に早中稲から晩稲へ移行した理由のひとつとして、三化メイチュウなどの虫害対策をあげている（同150頁）。晩稲は、三化メイチュウなどによる虫害が下火になる、6月下旬から7月初旬に田植するからである。

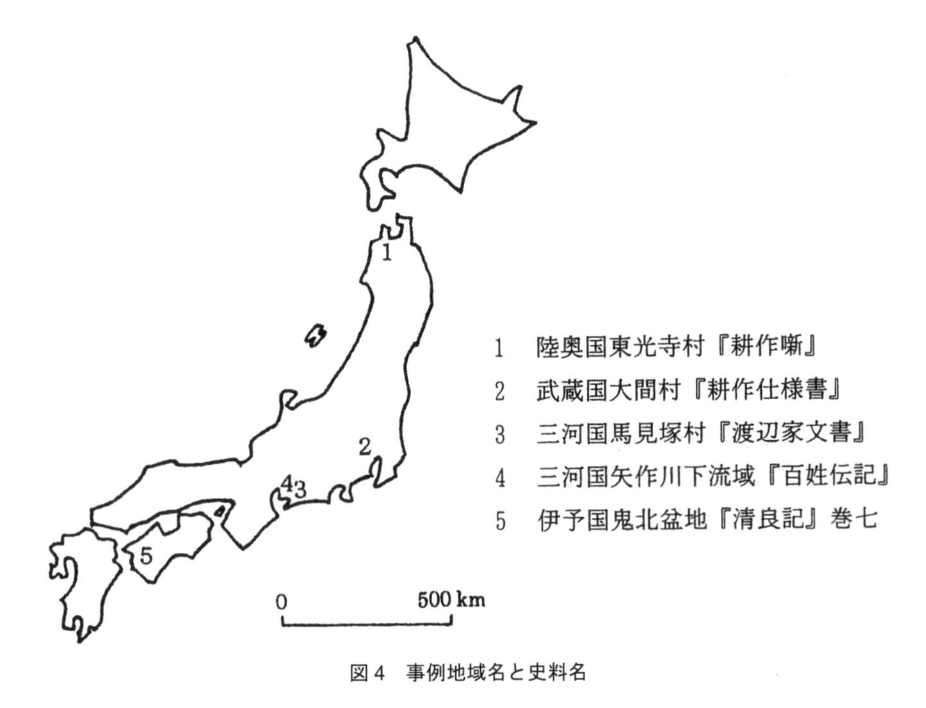

図4　事例地域名と史料名

この章では、4つの農書とひとつの村方文書から論題に関わる記述を拾う方法で結論を導き出し、それを踏まえて現在の稲作への提言をおこなう。図4に4つの農書とひとつの村方文書が作成された場所を記入したので、参照されたい。

第2節　農書が記述する早稲作の目的と早稲の作付割合

陸奥国津軽平野に立地する村で営農経験を積んだ老農の著作『耕作噺』(1776年)[(3)] は、「耕作は風土の勘弁第一也　先御国の風土は春遅く秋近く　夏中不時に冷気あり」（前掲（3）22頁）と記述し、このような風土への適応策として、早稲を水稲総作付面積の3分の1から5分の1作付することを奨励している。『耕作噺』の著者が住んだ東光寺村は、ほぼ水田だけの村であった（図5）。

三歩一も五歩一も早稲作致し　出穀ためし候べし（前掲（3）25頁）

著者は早稲を作る効果を7つあげている（前掲（3）25-26頁）。

第一　冷気の年にて七月の節に水霜降る事有而も　早稲は克稔る

第二　寒水掛りの田並水口へ植而も　出かゞみ時節に後れず　能稔る

第三　雨続き蒸暖等の不順気にも　早稲は時候の変にまけず　能稔る

第四　すいはく虫有而も　早稲は稔りはやき故　すいはく虫にもまけず

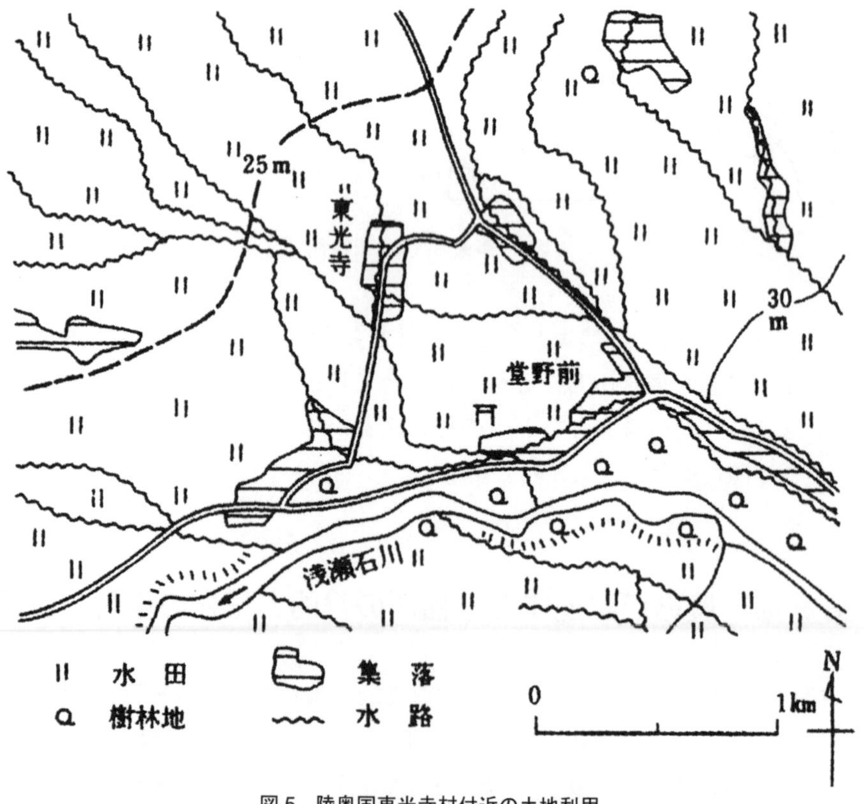

図5　陸奥国東光寺村付近の土地利用
有薗正一郎『近世農書の地理学的研究』（1986，古今書院）109頁を複写した。

第五　新穀迄飯米の取続不足なる農人達の秋飯米に間に合申候

第六　冷気の年に新穀早く出来　米直段よく　売払存の外利潤を得る事あり

第七　農家第一の秋仕舞に勝手あり

これら 7 つの効果は 4 つにまとめることができる。第 1 は不順な天候の年でも早稲は冷害・湿害・虫害を受けにくいこと、第 2 は稔りが早いので食料の端境期の飯米になること、第 3 は冷害による米不足の年に高く売れること、第 4 は各作業の時期が早いので秋の諸作業に余裕が生まれることである。

イネの作付可能期間が短い津軽平野では、早稲の播種から田植までの日程は中･晩稲より 5 ～ 6 日早い程度だったが、適時に適切な作業をすれば、ほどほどの収量が得られたようである。

早稲作は種蒔卸より植付まで中稲晩稲よりは五六日も早くし　手入をよくする時は出穀中稲晩稲に劣らず（前掲（3）27 頁）

早稲は冷害には強いが収量が少なく、晩稲は収量は多いが冷害に弱い欠点を持つ。

早稲は寒水冷気に負ざれ共　出穀晩稲に劣り　晩稲は出穀の増あれ共　冷気の年出かゞみ時節におくれ稔らず（前掲（3）51-52 頁）

そこで、どのような天候下でも一定量の収量が得られるように、早稲を一定割合作付するのだが、著者は早稲を作付する田の場所を毎年変えて、中稲・晩稲と輪作すれば、米の収量が増えるので、試してみることを奨励している。

早稲作致候田へ明年種物かへ中稲晩稲作致候へば　格別出来能出穀の増あり　何作物も再地を嫌と申て　同じ土地へ同じ種もの年々作致候得者　出来悪敷出穀不足いたす也　早稲は取実劣と斗心得而は耕作の勘弁知らずと云つべし　年々土地をかへ作致候得者　早稲晩稲共に出穀増の益あり　出穀ためし申べく鍛錬にもなる（前掲（3）26 ～ 27 頁）

早稲から晩稲までの耕作日数の幅は2週間ほどで、現行暦で9月末には晩稲の刈りとりも終わっていた（図6）。

武蔵国の『耕作仕様書』（1839-42年）[4]は、前年に早稲を作った田には晩稲を作付することを奨励し、3年目に早稲を作る場合は、多くの肥料を入れないと収量が落ちると記述している。

> 前年わせを作りたる田へ翌年おくを作るハよし　おくを作りたる跡へわせを植るにハ肥余けいに可入　すくなけれハ不出来也（前掲（4）216頁）

『耕作仕様書』は早稲を総水田面積中のどれだけの割合作るかを記述していないが、作付したイネ25種類のうち、早稲は4種類（前掲（4）219-222頁）なので、早稲の作付割合は2割ほどだったと思われる。早稲の食

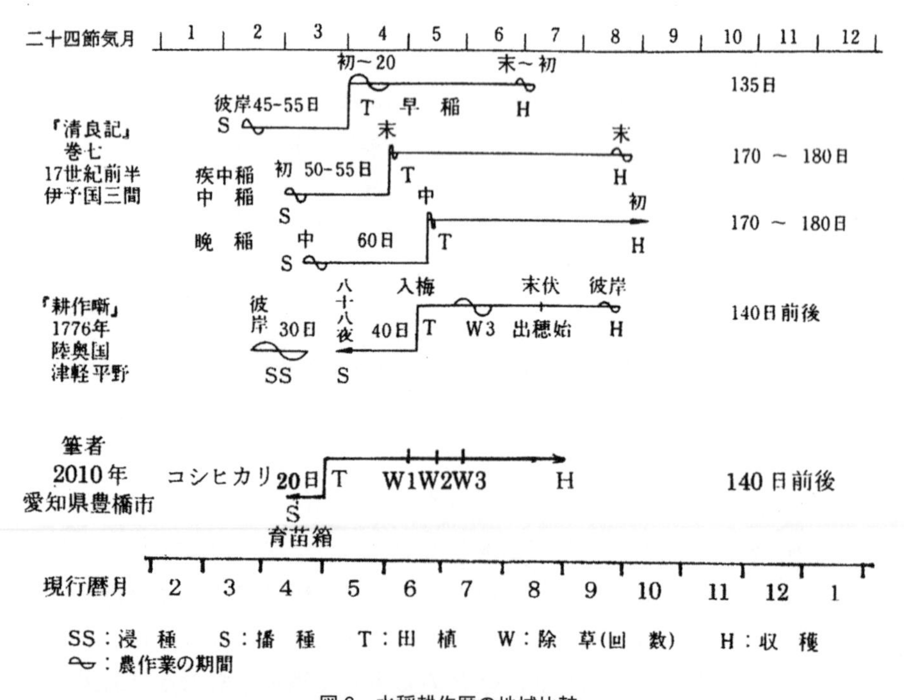

図6　水稲耕作暦の地域比較

有薗正一郎『近世農書の地理学的研究』（1986，古今書院）195頁の第40図に加筆した。

味は様々で、2種類は湿田で作っていた。

一、わせとそんもち　風味大上々　小丈　秋ひかんの頃刈取

一、三十わせ　又くりわせともいふ　風味吉　同時に刈取

一、ゑのしま　風味中　わせ　水田によし　腰強し

一、いかるご　風味悪し　わせ　沼田に作る稲也　丈四五尺ニなる
　　出来方まこもの如し

三河国の『百姓伝記』(1681-83年)[5]は、農作物の食材としての長短を記述する「万粮集」で、食品としての早稲について、次のように記述している。

わせかたの米ハ（中略）いつくいかなる国中にも多くつくる稲にあらす　され共米はわせ米中田米を上米と心得へし　陽気さかんなるうちに稲草出来　米となる故なり（前掲（5）316頁）

早稲の作付比率の記述はないが、上の文中に「多くつくる稲にあらす」とあるように、中稲・晩稲と並べた場合、イネの総作付面積の3分の1より少なかったようである。

伊予国の『清良記』巻七（1629-54年）[6]は、戦国時代末の耕作技術の一端がわかる史料である。伊予国宇和島の北東に位置する鬼北盆地の一部を領有していた土居清良（どいきよよし）は、土佐国や豊後国の大規模領主たちからの攻撃を受けるたびに、籠城して敵が引きあげるのを待つ戦術で対処していた。侵入してきた敵勢は、生育中の作物を刈りとったり踏み荒らす、『清良記』巻七が「乱取」（前掲（6）6頁）と称する戦術で、土居勢の戦意を削いでいたので、土居清良は「(収穫を）早くして少々悪敷共　敵に被取れんゟは我か取たる方然るへし」(同7頁）と、農作業の日程を早めて、敵勢が到着する前に収穫を済ます農法を奨励した。この農法の中に、総水田面積の3割に早稲を作付する技術があった。

『清良記』巻七は、在郷武士が経営する面積1町歩の田のうち、3反歩の「麦跡」と称された田で、早稲を軸にする多毛作をおこなっていたことを記述している。

二月彼岸に（早稲の）種子蒔　四月初ゟ同月廿日時分迄に植仕廻　六月末七月の初めに苅て　其跡の田地には蕎麦を蒔　小秬小菜を蒔て九月末に取て　其跡へ早麦を作り（前掲（6）48-49 頁）。

早稲の収穫量は中・晩稲よりも少なかったと思われるが、早稲の刈りとり後にソバか小キビか葉菜類を作ってから、早生ムギを作付して、早稲だけでは足りない収量を他の作物で補っていた。

『清良記』巻七 が早稲を軸にする三毛作を奨励する第 1 の目的は、敵勢が収穫前の作物を刈りとったり踏み荒らす「乱取」への対抗措置であったが、平時は稲作に関わる各作業が一時期に集中することを緩め、米の端境期をなるべく縮める効果があったことも記述している。

此三度の作　何も左程閙敷なき時分時分に仕付て熟しけるも其如く成るによりて　こなし時も　女の隙有てよし　末の隙を奪わす　人手の支る事なし（中略）米の稀なる時出来て　切れめの専度を続く（前掲（6）49 頁）。

他方、総水田面積の 7 割を占めた中稲と晩稲は、裏作にムギ類を組込める耕作暦で作付されていたにもかかわらず、中稲と晩稲を作付する田ではイネの一毛作をおこなっていた。田はイネを作る場なのである。

伊予国鬼北盆地で早・中・晩稲ともに作付していたのは、灌漑水が十分に得られなかったからであると考えられる。図 7 に示すように、鬼北盆地には多数の溜池がある。「溜池台帳」によれば、いずれの溜池も近世以降に作られているので、中世までは潅漑水の確保に苦労していたと考えられる。これに戦国時代末期の食料を確保するための対策が加わって、『清良記』巻七 は早稲作を奨励したのであろう。

西南日本に位置する伊予国はイネの生育可能期間が長い。その期間の中で、『清良記』巻七 は早稲を中・晩稲より 35 ～ 45 日短い日数で刈りとると記述する（図 6）。早稲作の後、ムギを播種する前にソバか小キビか葉菜類を作付したのは、ムギを早く蒔くと年内に出穂して温度不足で結実しないことと、早稲の刈りとりからムギを蒔くまでの間に雑草を生やさない

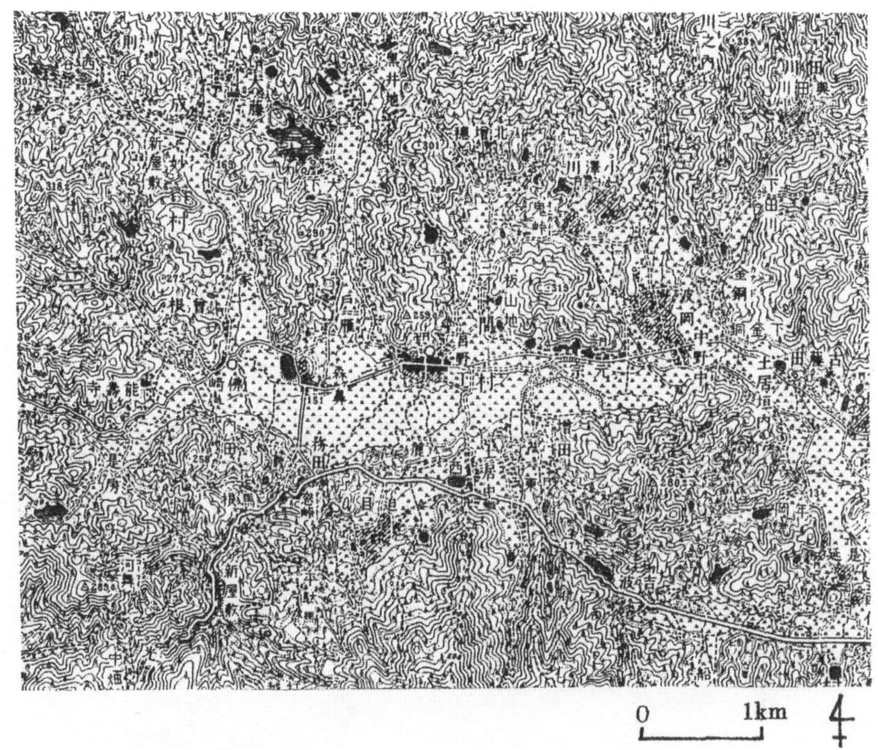

図7　伊予国鬼北盆地における溜池の分布と土地利用

縮尺5万分の1地形図「宇和島」（明治37年測図）を85%に縮小複写した。

ためでもあったと、筆者は解釈する。

なお、ここで筆者がとりあげた4つの農書は、近世における早稲作の目的と作付割合を説明するのにもっとも適切であると、筆者が判断した史料である。他地域の農書が早稲作の目的と早稲の作付割合をどのように記述しているかを知りたい読者は、『日本農書全集』の『収録農書一覧 分類索引』[7] に「わせ」の項目（前掲（7）458頁）があって、巻数と記載ページが列挙されているので、検索して上記4農書の記述と対照されたい。

営農の規範である農書が奨励した、早稲を一定割合作付して不時の災害に備える営農法の効果は、地方役人や農民も認識していたようである。冷害による不作が予想される年には、早稲を一定割合することを奨励した事例をひとつあげよう。

1783（天明3）年夏の低温と日照不足による飢饉の実情を記録した、磐城国相馬藩家臣の報告書『天明救荒録』[8]は、早稲作の効果を次のように記述している。

冷気勝の年にて　稲出来方後れべきと思ふ年柄は　田の水を早く干して宜し　箇様の年柄は早稲方は宜しきものなり　晩稲程宜しからず　平年は晩稲程取箇宜しけれども雨年は実り宜しからざるものなれば　早き方の稲は取実薄けれども　いつも早稲方中稲晩稲と分量程よく仕付る方　丈夫と心得べしと　同人（浮田村西又右衛門）書伝へ置けり（前掲（8）60頁）

第3節　村方文書が記述する早稲の作付割合

三河国『三州渥美郡馬見塚村渡辺家文書 貢租二』[9]の1652（慶安5）年『辰之年田方名寄帳』（前掲（9）47-64頁）と1654（承応3）年『午之年田形名寄帳』（同75-81頁）には、17名の耕作者ごとに「早田」と「晩田」の作付面積が記載されている。それぞれの年ごとに集計すると、馬見塚村の「早田」すなわち早稲作付田の割合は、『辰之年田方名寄帳』が水稲作付面積10町3反8畝15歩中の21%、『午之年田形名寄帳』が5町2反8畝11歩中の12%であった。17世紀中頃の三河国渥美郡馬見塚村では、水稲総作付面積の1～2割に早稲が作付されていたようである。

図8は19世紀後半の馬見塚村近辺の土地利用がわかる図である。馬見塚村近辺は田と畑が相半ばする場所であった。また、図9は1884（明治17）年に作成された馬見塚村の地籍図の一部である。この図には田と畑が混在する場所が多数ある。したがって、馬見塚村の領域内は微妙な高低差があり、村人は田に水を入れるために、微妙に高い所の土を削り、横に積

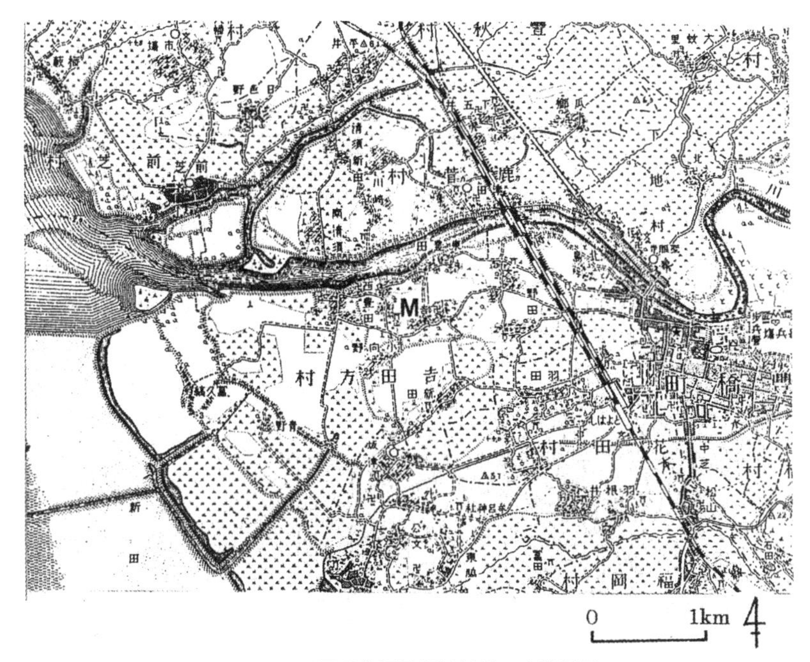

図 8　三河国渥美馬見塚村付近の土地利用

縮尺 5 万分の 1 地形図「豊橋」（明治 23 年測図）を 75%に縮小複写し、記号Mを加筆した。
図中央の記号 M の左側に西豊田と記載されている場所が馬見塚村である。

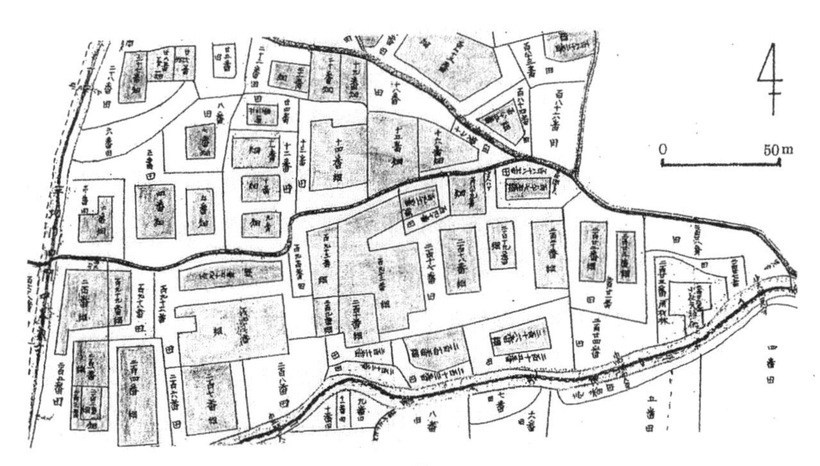

図 9　馬見塚村の土地利用

明治 17 年 12 月調『地籍字分全図　渥美郡西豊田村』に記載されている馬見塚村の一部を縮小複写した。

み上げて、田の水懸りを調整していたことが読みとれる。

田の水懸りを調整するもうひとつの方法が、イネを早・中・晩稲のいずれも作付して、大量の水が必要な田植前後の用水需要を分散させることである。17世紀中頃の馬見塚村で総作付面積の1～2割を占めていた早稲は、水懸りを調整するために作付されていたと考えられる。すなわち、早稲作は田植の時期を分散させることで、少ない用水量に適応する村人の知恵であったと、筆者は解釈する。

第4節　結　論

この章では、早稲を作付する目的と作付割合を近世の農書と記録から拾い、次のことを明らかにした。

第一に、早稲を作付する共通の目的は、不時の災害に対する危険分散、稲作に関わる部分作業期間の分散、米の端境期の短縮であった。不時の災害には、冷害・暴風雨・虫害などの自然災害のほか、戦時期の敵勢による生育中の作物収奪などの人為災害もあった。また、早稲は単位面積当り収量が中稲や晩稲よりも少なかったので、東北地方北部以外の地域では、減収分を冬期にムギ類を作って食料を補う場合が多かったことも明らかになった。

第二に、水田面積中の早稲の作付割合は、営農の規範である農書では2～3割、事実を記載する村方文書では1～2割であったことが明らかになった。

現実の作付割合が規範より低かったのはなぜか。三河国の『百姓伝記』が「いつくいかなる国中にも多くつくる稲にあらす」（前掲（5）316頁）と記述したように、近世の農民は、単位面積当り収量が中晩稲より少ない早稲作に、消極的なイメージを持っていたからであろう。したがって、早稲田という地名が、早稲のみを作付する田であったことに由来する場合は、水利などの制約下で、早稲しか作付できない田であることを示していたと、筆者は解釈する。すなわち、近世の早稲は、土地条件に適応する営農の都合と不時の災害へ対応するための方法として、作付されていたとの解釈である。

第 5 節　現在の水稲作への提言

以上の論を踏まえて、ここでは現在の水稲作への提言を記述する。

1959 年の伊勢湾台風による甚大な被害と、コシヒカリなど今の日本人の食味に合う多収穫早稲種の普及が重なって、今はどこでも早稲が多く作付され、イネの作付総面積中に早稲が占める割合は 7 割を超えている。

しかし、近世以降の水稲作の動きを少しは知り、ここ 20 年余り 1 反歩ほどの田でイネ作りをしてきた筆者には、この状況は異常に思える。これからも我々日本人の主食であり続けるであろう米は、遅くとも近世以降の祖先たちがそうしてきたように、いかなる災害に遭遇しても、一定の収穫量を保つことを第一の目的にして生産すべきである。そのためには、早稲から晩稲まで多種類のイネを作付することが、もっとも有効な方法である。

今作られている早稲種の中で、作付割合がもっとも高い品種「コシヒカリ」は、厳密に言えば様々な病虫害に抵抗できるように改良された品種「コシヒカリ群」の総称である。したがって、病虫害で収穫量が極端に減っても、病虫害に対抗できる翌年用の種子は、農業試験場などの人工環境施設で育成すれば、ある程度の量は確保できると思われるが、今年の減収分は昨年までの在庫米と輸入米で凌がざるをえない。

また、今の早稲の耕作暦では裏作で麦を作ることはできない。早稲の田植期が麦の収穫期より早いからであり、近年の早稲作化現象は、水田二毛作の道を閉ざしている。筆者が作っている「コシヒカリ」の耕作暦は、その典型である（図 6）。

2011年3月11日の東日本大震災は、現代日本の生活様式とエネルギーシステムの脆(もろ)さを曝(さら)け出した。筆者は、早稲の作付割合が高いことは、現代日本の食料生産システムの脆さを露呈していると考える。人口が70億人を超えた今の地球上の食料需給システムでは、近い将来に災害が起こった場合、被災による農産物の減収分を金（輸入）で補う余裕はほとんどないであろう。

その対応策として、ひとつの地域の中で早稲から晩稲まで多種類のイネを作る、1世紀前の食料生産システムへ回帰する選択肢を日本国民が選ぶことを、筆者は提言したい。日本の農耕技術の性格を究明する作業に40年とりくんできた筆者から、日本国民への真摯(しんし)な提言である。

注

(1) 古島敏雄（1975）『日本農業技術史』(『古島敏雄著作集』第6巻）東京大学出版会，663頁．

(2) 嵐嘉一（1975）『近世稲作技術史』農山漁村文化協会，625頁．

(3) 中村喜時（1776）『耕作噺』（稲見五郎翻刻，1977,『日本農書全集』1，農山漁村文化協会，13-121頁)．

(4) 福島貞雄（1839-42）『耕作仕様書』（葉山禎作翻刻，1980,『日本農書全集』22，農山漁村文化協会，201-294頁)．

(5) 著者未詳（1681-83）『百姓伝記』（岡光夫翻刻，1979,『日本農書全集』17，農山漁村文化協会，3-336頁)．

(6) 土居水也（1629-54）『清良記（親民鑑月集)』（松浦郁郎・徳永光俊翻刻，1980,『日本農書全集』10，農山漁村文化協会，3-204頁)．

(7) 農山漁村文化協会 書籍編集部編（2001）『収録農書一覧　分類索引』(『日本農書全集』別巻，農山漁村文化協会，938頁)．

(8) 紺野基重（1784）『天明救荒録』（荒川秀俊編，1963,『近世気象災害志』, 地人書館，233頁)．

(9) 愛知大学綜合郷土研究所編（1999）『三州渥美郡馬見塚村渡辺家文書　貢租二（綜合郷土研究所資料叢書第七集)』愛知大学，454頁．

第4章

三河田原藩領の農民はなぜ大蔵永常が奨励した水田二毛作をおこなわなかったか

第1節　問題の所在

大蔵永常は、三河田原藩の江戸家老であった渡辺崋山の推挙を受けて、1834（天保5）年に御産物殖産方の職名で三河田原藩へ就職した。長年にわたって修得し、多数の著書に記述してきた農耕の技術を、農民へ直接指導できる職を、永常は67歳にして初めて得たのである。彼は自分の理想像を実現すべく、勇んで三河田原藩へ赴任したと思われる。

大蔵永常が田原藩在任中の5年間に指導した営農技術の中に、稲束の掛け干しと水田二毛作が含まれており、これらは乾田でおこなえる技術である。大蔵永常は就職した翌年の1835（天保6）に板行した『門田の栄』(1)で、田を乾田にする土木作業の手順と、乾田にした田での稲束の掛け干しと二毛作の技術を記述している。

大蔵永常は、田原藩で殖産技術の指導と資金調達に従事したが、業績をほとんど上げ得ないまま、5年後に解雇される。そして、失職後に遠江国浜松で著作した『広益国産考』(2)では、乾田化作業と乾田での二毛作をおこなおうとしなかった田原藩領の農民の固陋さを嘆いている。

また、稲束の掛け干し技術も普及しなかった。田原藩領が大半を占める渥美半島では、刈りとり直後に脱穀して籾を干す方法から、乾いた場所で地干しする方法に変わったことについては、筆者が報告しているので、参照されたい(3)。

殖産指導を5年にわたっておこなった大蔵永常が、田原藩領に定着させた技術は、結果として稲束の地干し法だけであったと、筆者は考えている。

大蔵永常の殖産指導が成就しなかった理由の解釈は、多くの先学がおこなっており、その多くが、殖産の成果を急ぐ渡辺崋山をはじめとする藩の官僚たちとの見解の対立と、それが原因と思われる殖産事業への官僚たちの非協力ぶりをあげている。

田村栄太郎[(4)]と別所興一[(5)]の見解は、その一例である。田村は「永常は藩専売の敗因を、広益国産考第一巻で二例を挙げて説明してゐる。一は藩直営工場の不利、二は藩吏が成績を挙げるに急であり、かつ係官の転任の早いことを挙げてゐる。これは共に田原藩のことであらう」（前掲(4)28頁）と記述し、別所は「藩財政の復興のために新しい農業技術の導入を考えていた崋山と、領主（大名）の利益よりも私人（個々の農民）の利益を優先させる考え方の永常とは、協力できる面もあったが、根本的には相容れなかったのではなかろうか。」（前掲（5）228頁）と述べている。

他方、大蔵永常と三河田原藩領の農民との間にも、田の耕作技術に関わる対立と、永常の営農指導に対する農民たちの反発があったと考えられる。その内容は多々あったと思われるが、筆者がもっとも関心を持つのは、大蔵永常が『門田の栄』で奨励した乾田化と乾田での二毛作が普及しなかったことである。

田原藩領の農民はなぜ大蔵永常が普及させようとした水田二毛作を受け入れなかったのか。この章ではこの課題に的を絞り、当時の三河田原藩領の農耕技術と農民たちの環境観を指標にして、筆者の解釈を記述する。

第2節　大蔵永常が奨励した水田二毛作の内容と三河田原藩領の農民の対応

大蔵永常は、1834（天保5）年に御産物殖産方の職名で三河田原藩へ就職し、藩領内の営農指針とすべく、翌年の1835（天保6）年に『門田の栄』を板行する。『門田の栄』の内容は、東海道の宮宿から桑名宿に向かう船に乗り合わせた4人の農夫の農耕技術談義であり、摂津国の農夫は農耕技術の先進地の代表者、九州の兼業農夫は中進地の代表者、三河国と下総国の農夫は後進地の代表者の役割を担っている。

4人の農耕技術談義の中で、三河国の農夫は、水田一毛作の現状を世俗の諺を引用しつつ、次のように述べている。

> 水の中に入刈て　其水ハおとす事なく　田植る迄置事也　世間にいふ　少々の金を設けんより　冬田に水をはれといへるを守り　乾かせハ麦をまくによき田までも　水を溜おく也（前掲（1）190頁）

それに対し、摂津国の農夫は、次のように俗諺を否定し、水田二毛作を天命だとして奨励する。

> 少々の商ひをして銀を儲けんより　田に水をはれなどゝハ　往昔の人のいひ出せし事なるが　余りの戯言なり　かならず信用なく　二作取やう心がけ給へ　是　天道さまへの御奉公なり（前掲（1）207頁）

とりわけ「下作するもの」すなわち小作人たちへ、イネの後作にムギかナタネを作る、水田二毛作を奨励している。

> 深田にもあらざる田に水をはり置　一作ばかり取るハ何事ぞや　下作をするものハ　稲ばかりを作りてハ　徳分ハなきもの也　間作の麦か菜種を作らざれバ　得分ハなし（前掲（1）192頁）

また、冬期に排水できない田は、稲刈り後に土を積み上げ、田植前に崩す高畦にして、高畦の上で裏作物を作れば、作付面積が増えるので、新田開発するのと同じ効果があると記述する。

> 東海道筋より関八州を（中略）中深の田の分のこらず畦を高くかきあげ　麦菜種を作るやう成なバ　百万町の新田をひらくにも勝りて　国益と成事大ひなるべし（前掲（1）211-212頁）

ただし、水田二毛作をおこなうには、イネの裏作で作るムギやナタネは畑作物なので、それらの作物を作付する期間は排水して畑と同じ土地条件になるように、灌漑水のかけひきができる乾田にしておく必要がある。『門田の栄』は、『農具便利論』[6]（233-236 頁）を引用して、乾田化作業の方法と手順を記述している（前掲（1）207-208 頁）。

他方、三河国の農夫は、乾田にしない理由を在所の気候条件で説明している。

> 田を乾かす事　至極尤に承り候へども　我等が在所にてハ　左様になりかたきわけあり　西南ハ伊勢の方にあたり　山なく　大灘なれバ　九月にいたりてハ　此方より　日々吹風つよくして　稲を吹あらすゆゑ　田水をおとせバ　藁乾くがゆゑ　稲の穂乾きて　風の為に吹切られて　籾を田の中へふきちらす　故に水田にいたし置ざれバ　大きに損毛多きによて　水ハ落す事なし（前掲（1）199-200 頁）

記述される地名から、これは渥美半島の秋から冬の気候を説明しており、適切な解釈である。三河国の農夫は、「土地相応」「環境への適応」の視点から、水田一毛作は合理的な「地産」の技術であることを主張しているのである。

また、摂津国の農夫も、排水できない湿田では、冬期湛水して水垢を肥料にすればよいと述べている。

> 水のおとしやうなき深田ハ　致しかたなけれバ　其まゝおくべし　夫ハ　水あかたまりて　肥しとなるべし（前掲（1）206 頁）

三河国の農民が水田一毛作に固執する理由は他にもあった。『門田の栄』板行の 4 年後、大蔵永常は解雇された後、遠江国浜松で著作し、1859（安政 6）年に板行した『広益国産考』では、水田二毛作をおこなおうとしなかった田原藩領の農民たちの対応を嘆いているが、その中で三河国の農民が水田一毛作にこだわる理由を記述している。

> 予三州にて二毛とる事をすゝめけれバ　農人いふ　此所の地面ハ　冬より水をはりおかざれバ　五月田植前に犂て水を入てハ　中々土砕く

> る事なしといへり（中略）兔角に云ぬけ用ひず（前掲（2）410頁）

ちなみに、『門田の栄』は、摂津国の農夫が三河国で見たという、湛水状態の田で刈ったイネを家に運んで脱穀して、籾を干す作業風景を記述している。

> 拙者若きとき諸用ありて三州へ参り　所々へ逗留せし事ありしが　頃ハ凡九十月なりき　先稲を刈を見るに　皆水田の中に入て刈　家に持かへり　切株の末だぬれて水の垂るを其まゝ扱て干あげ　籾ずりし田ハ乾す事なく　水を入て　麦を蒔事なし（前掲（1）186頁）

三河国の農夫が披露した水田一毛作は、当時の三河国の環境に適応する妥当な技術だったのである。

第3節　田原藩領ではその後も水田一毛作をおこなっていた

渥美半島の大半は田原藩領であり、田原藩の所領域と豊橋市を除く渥美郡の領域はほぼ一致する。表5は、渥美郡における20世紀前半の一毛作田率の推移である。渥美半島では、日本でもっとも耕地利用率が高かった1950年前後でも、水田のほぼ9割で一毛作をおこなっていたことがわかる。大蔵永常が田原藩で技術指導していた時から100年後も、渥美郡では水田二毛作は普及していないのである。

なぜか。東から西に向かって突き出ている渥美半島では、河川は南北方向へ流れるので、いずれも流路延長が短い（図10）。流路延長が短い河川は、降水量の影響を強く受けて、流量の変化が大きいので、水を必要とする時期に田へ水を灌漑できない場合がある。渥美半島の農民は、このような環境へ適応する方法として、水田に冬期湛水して、イネの一毛作をおこなっていたのである。渥美半島では、大蔵永常が田原藩を去って1世紀余り後の20世紀中頃でも、水田一毛作がおこなわれていたことを、表5が証明している。

表5　愛知県渥美郡における一毛作田率の推移

年	田の面積（町歩）	一毛作田の面積（町歩）	一毛作田率（%）
1910（明治43）年	5,364	4,226	79
1929（昭和4）年	5,993	4,065	62
1940（昭和15）年	3,965	2,242	57
1950（昭和25）年	2,425	2,213	91
田原町	612	592	97
神戸村	228	214	94
野田村	289	171	59
赤羽根町	409	398	97
伊良湖岬村	256	255	100
福江町	427	399	93
泉　村	204	184	90
1951（昭和26）年	3,566	3,269	92

1910・29・40・51年は『愛知県統計書』から算出した。
1950年は『1960年世界農林業センサス市町村別統計書 NO.23 愛知県』から算出した。

筆者は、近世田原藩領の水田利用に関わる史料を持たないので、三河国南部の史料を列挙する。いずれも水田では一毛作をおこなうことを奨励するか、一毛作をおこなっていたことがわかる史料である。

矢作川中下流域に住んでいた人が著作したとされている『百姓伝記』(7)（1681-83年）は、水田一毛作と冬期湛水を奨励している。

しらぬあきなひせんよりハ　冬田に水をつゝめと世話に云り（前掲(7) 17巻73頁）

田に麦を作　跡をまた田かへし稲を作る事　費多し（同84頁）

吉田（今の豊橋市）魚町に鎮座する安海（あくみ）熊野社の社主であった鈴木梁満（やなまろ）が記述した農事記録『農業日用集』(8)（1805年）によれば、稲刈り前に麦蒔きをおこなっているので、鈴木梁満は水田一毛作をおこなっていたと考えられる。

田ハ五月はんげ前後に植る（中略）稲の刈入ハ　秋の土用明て刈（前

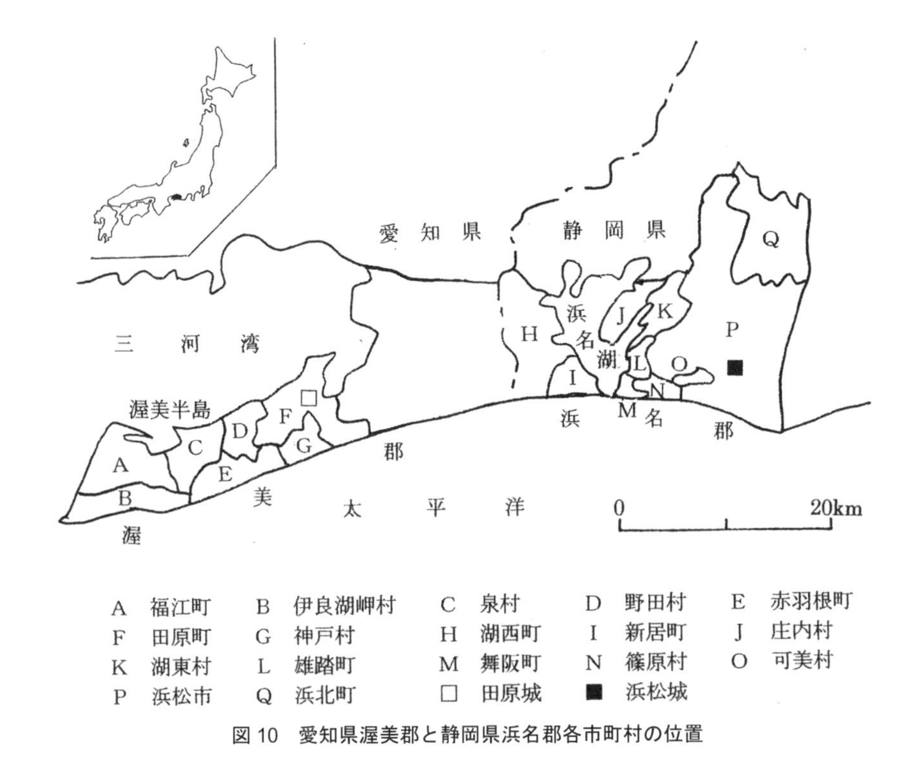

図10　愛知県渥美郡と静岡県浜名郡各市町村の位置

掲（8）261頁）

小麦ハ秋の土用をかけてまく　大麦ハ秋の土用あきてまく（同262頁）

五月の節に入ハ　おそ蒔の麦も刈る也　大かた五月の節四五日前にかる也（同261頁）

図11は、上記の農作業日程を現行暦で表示した図である。

吉田の西の郊外に位置する渥美郡羽田村にある浄慈院の院主が三代にわたって1813（文化10）年～1886（明治19）年に記述した日記『浄慈院日別雑記』[9]には、使用人に2か所の田を耕作させていたことが記述されている。そのうちの1か所は段丘崖下に立地する湿田、もう1か所は平坦地の灌漑田であり、後者は排水すれば裏作がおこなえる土地条件の田であったが、2か所の田ともに毎年イネ一毛作をおこなっていた。浄慈院自

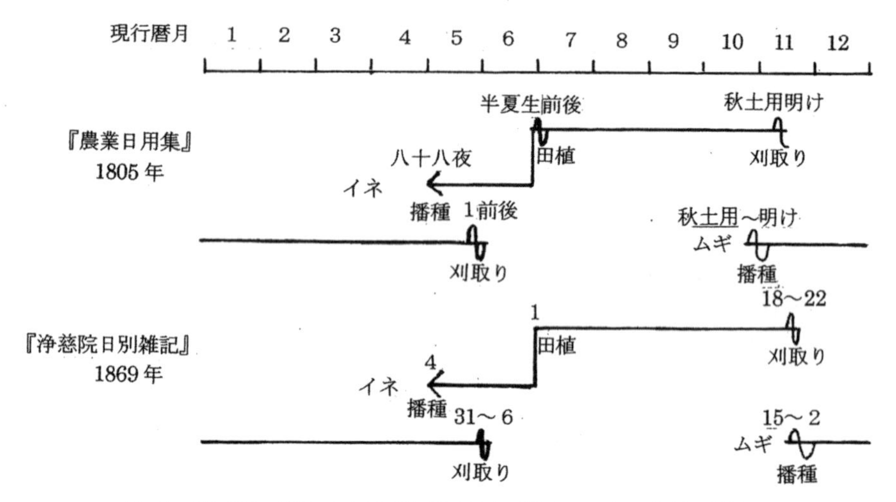

図11　『農業日用集』および『浄慈院日別雑記』のイネとムギの耕作暦

ムギはオオムギとコムギの両方を含む。
『農業日用集』は注（8）、『浄慈院日別雑記』は注（9）の記述から、筆者が作成した。

作地における1869（明治2）年のイネとムギの耕作暦を、現行暦に換算して、図11に示す。稲刈りと麦蒔きが重なっているので、イネとムギの二毛作はできない。

ちなみに、遠江国西部の浜名郡でも水田一毛作がおこなわれていた。大蔵永常は遠江国浜松藩で殖産指導をしていた時に『広益国産考』を著作し、三河国の農民の水田一毛作へのこだわりを嘆いたことは、先に記述したが、浜名郡も似た状況であった（表6）。近世の土木技術では、浜名郡の東端を流れる天竜川の水は使えず、他の河川は、渥美半島と同様、流路延長が短くて流量が不安定だったからである。

しかし、大蔵永常は遠江国の農民たちも水田一毛作に固執したことについては記述していない。雇用主の水野家へ配慮したからであろうか。大蔵永常が就職した順番が浜松藩の方が先であれば、永常はおそらく遠江国の農民の固陋さを非難したであろう。「勤め人」大蔵永常の立場が垣間見える事実である。

表6　静岡県浜名郡における1950年の一毛作田率

市町村名	田の面積（町歩）	一毛作田の面積（町歩）	一毛作田率（%）
浜松市	3,848	3,600	94
可美村	134	133	99
篠原村	219	219	100
舞阪町	30	29	97
新居町	172	170	99
湖西町	767	751	98
庄内村	393	386	98
湖東村	342	335	98
雄踏町	230	224	97
浜北町	766	636	83
浜名郡合計	6,901	6,483	94

『1960年世界農林業センサス市町村別統計書 NO.22 静岡県』から算出した。
『静岡県統計書』には一毛作田の面積は記載されていない。

第4節　考　察

国産すなわち領分の産物を生産する副業を、農民に農閑期におこなわせることが大蔵永常の殖産興業策の主眼であった。

石川英輔は『大江戸えころじー事情』(10)の巻頭で、「江戸時代までの日本人は、太陽エネルギーだけで生きていた。」（前掲（10）9頁）と記述している。これは近世庶民の暮らしぶりを端的に表現する名言である。また、石川は「江戸時代の日本は、画一的どころかきわめて多様性に富んだ国だった。（中略）地形も気候も違う土地で、太陽エネルギーだけによって生きようとすれば、それぞれの土地の気候風土に合った生活をしなくてはならないため、自然に多様になってしまったのだ。」（同235頁）と、近世を生きた人々は環境に適応しつつ、地域ごとに異なる多用な暮らしをしていたことを記述している。

大蔵永常は、太陽エネルギーだけで生きていた時代における最高水準の暮らしを実現すべく殖産興業の指導をおこなった。永常が奨励した水田二毛作は、畿内でおこなわれていた姿が規範であった。しかし、それは社会と経済の環境が畿内と異なる三河田原藩領では実現できない、指導者が描く夢想だったのだが、大蔵永常はそれをあえておこなおうとしたのである。

大蔵永常の出身地である大分県の教育委員会が発行した『大蔵永常』(11)は、「永常はあらゆる手段を講じて先進農法の普及をはかったが、農村は彼の提唱を、なかなか受け入れることはなかった。（中略）（永常は）それぞれの地域でそれぞれの地域性を生かした出版にも心血を注いだ。そのことが『門田能栄』によく表れていると思われる。」（前掲（11）204-205 頁）と記述している。

指導される立場にあった三河国の農民たちは、大蔵永常が望む姿に近寄ってくれなかった。板行までして技術普及を図ったのに、永常の意図を農民が受け入れなかったのはなぜか。三河田原藩領に限って言えば、第2節と第3節で記述した事情があったからである。

水田の使い方についても、三河田原藩領の農民は、渥美半島の環境に適応する、「土地相応」「環境への適応」の視点から、「水田はイネを作る場だ」と位置付けていたのである。

当時の三河国の技術水準を尺度にして、大蔵永常と農民の判断と行動を評価すれば、農民たちのほうが適切である。渥美半島ではこの状況が20世紀まで続いたことは、第3節の前半で記述した。

近世の日本人が節度をもって森林保護と人口抑制に努めていたことに、アメリカ合衆国カリフォルニア大学ロサンゼルス校の地理学教授ジャレッド ダイアモンドは、2012年1月3日朝日新聞朝刊の「オピニオン」欄の文中に「江戸時代の日本も森林を保護し、人口の伸びをおさえたことで、260年間、ほぼ自給自足を続けました。日本が安定した社会であり続けた背景には、たくさんの雨、暖かな気候、肥えた土地に恵まれ、農地の生産力や森林の復元する力が高いことがあります。日本は、世界でもっとも環境に恵まれた国のひとつです。」(12) と、高い評価をしている。

上の文章の中で、筆者は「人口の伸びをおさえた」との文言に注目したい。産業振興によって食料に余剰が生じる。その分だけ人口が増える。増えた人口を養うためにさらに産業を振興する。これを筆者は発展の循環と捉えてきた。しかし、ダイアモンドはこれを悪循環と解釈し、その道を選ばなかった近世の日本人を賞賛している。じつに貴重な指摘である。

大蔵永常による水田二毛作指導への三河国田原藩領の農民の対応は、結果として、この悪循環を断つか遅らせたのである。今のままでも食べていけるのに、明らかに労働加重になる水田二毛作をおこなう必然性はなかった。また、環境保全を意識してイネ一毛作に固執したわけではないが、田原藩領の農民は、ダイアモンドが高く評価する近世日本人に含まれる人々なのである。

第5節　おわりに

大蔵永常は70歳を超えても元気に世間を渡る人物だったようである。孫引きになるが、大分県教育委員会が発行した『大蔵永常』は、知人の古谷道庵が『日乗』に記述した「(永常は) 今年七十四歳なり　顔色猶ほ未だ老いずして　手足尤も健なり　今歳七十四歳にして猶ほ四合の飯を喰らひ　日に街中を奔走し　其健なること羨むべきなり」(前掲 (11) 125 頁) との文章を引用して、精力的に暮らす永常の姿を表現している。

その大蔵永常が『門田の栄』を板行してまで三河田原藩領に普及させようとした水田二毛作奨励事業は、実現しなかった。永常は、社会と経済の環境が異なる畿内を規範にして、田原藩領の農民に水田二毛作をあえて奨励し、挫折したのである。

田原藩領の農民が水田一毛作にこだわったことは、「土地相応」「環境への適応」の視点から、妥当な対応であった。その後も、水田二毛作が渥美半島に普及することはなかったことが、彼らの判断の妥当さを証明している。

大蔵永常の水田二毛作奨励策には、地域固有の性格すなわち地域性を踏まえた、「地産」の視点が欠けていたために、水田二毛作奨励事業は実現しなかった。これが筆者の解釈である。

田原藩の知行地の大半を占める渥美半島で水田二毛作がおこなえるようになるのは、『門田の栄』の板行から133年後の1968年に豊川用水の通水が始まる時期以降のことである。しかし、温室園芸を志向する旧三河田原藩領の農民は、その後も水田一毛作を踏襲し、今に至っている。

複数の地域で見られる特定の事象を位置付ける方法は2つある。ひとつは、単系列の発展過程の中で、ある時の断面にそれぞれの地域を「進んでいる遅れている」の視点で、位置付ける方法である。もうひとつは、各地域はそれぞれが歩む固有の道を持つとの視点である。

農法も2つの視点で考察するのが望ましい事象である。一定の生産力と人口を保っていた三河田原藩領の水田一毛作は、後者の視点すなわち各地域はそれぞれが歩む固有の道を持つとの視点で扱うべき事象の一例であり、当時の三河田原藩領の諸条件に適応する妥当な農法の一端だったと、筆者は位置付けたい。

その視点に立つ筆者から見ると、大蔵永常が三河田原藩領で普及させようとした水田二毛作は、妥当な施策ではなかった。新たな技術を普及させることの是非は、その時の断面において、先進地と後進地の「地域差」として普及を図るか、固有の「地域性」を見極めてその地域が自ら進むべき道を模索するかの、いずれかの視点で判断すべきであると筆者は考える。

2つの視点のうち、後者は地理学の視点である。情報のグローバル化が急速に進展している今、地理学的視点も共有して暮らしていくことを、筆者は望みたい。

注

(1) 大蔵永常（1835）『門田の栄』(別所興一翻刻，1998，『日本農書全集』62，農山漁村文化協会，173-214 頁).

(2) 大蔵永常（1859）『広益国産考』(飯沼二郎翻刻，1978，『日本農書全集』14，農山漁村文化協会，3-412 頁).

(3) 有薗正一郎（2005）「渥美半島における「稲干場」の分布とその意味について」愛知大学綜合郷土研究所紀要 50，129-143 頁（有薗正一郎（2007）『農耕技術の歴史地理』第 9 章，古今書院，141-163 頁).

(4) 田村栄太郎（1944）『産業指導者 大蔵永常』国書出版，376 頁.

(5) 別所興一（1998）「(『門田の栄』) 解題」,『日本農書全集』62，農山漁村文化協会，215-230 頁,

(6) 大蔵永常（1822）『農具便利論』(堀尾尚志翻刻，1977，『日本農書全集』15，農山漁村文化協会，119-306 頁).

(7) 著者未詳（1681-83）『百姓伝記』(岡光夫翻刻，1979，『日本農書全集』16，農山漁村文化協会，3-335 頁，同 17，3-336 頁).

(8) 鈴木梁満（1805）『農業日用集』(山田久次翻刻，1981，『日本農書全集』23，農山漁村文化協会，255-286 頁).

(9) 渡辺和敏監修（2007-2011）『豊橋市浄慈院日別雑記　I～V』あるむ.

(10) 石川英輔（2003）『大江戸えころじー事情』講談社，361 頁.

(11) 大分県立先哲史料館編（2002）『大蔵永常』大分県教育委員会，263 頁.

(12) Jared Diamond (2012)「文明崩壊への警告」朝日新聞 2012 年 1 月 3 日朝刊第 15 面.

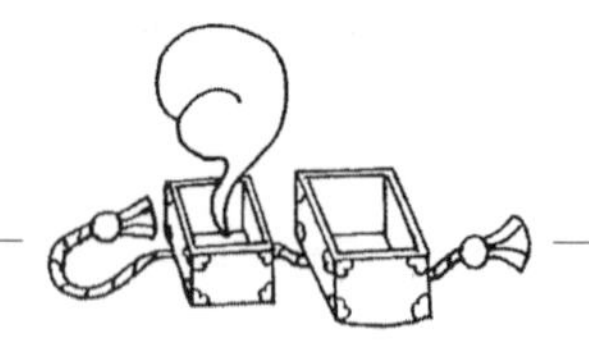

話の小箱（2）
絵がとり結ぶ渡辺崋山と大蔵永常との縁

渡辺崋山は家計を補うために、描画の技術を学んで、絵を描いたとされています。「鷹見泉石像」と「一掃百態図」に描かれている人物は、素人の私が見ても、じつに表情豊かです。また、粉本（絵の下書き）を参考にして描く、山水画中の景観諸要素の選択と配置は見事です。絵は情報を伝える適確な手段であることを、崋山は体得していたと思われます。

また、崋山の推薦を得て三河田原藩で殖産興業に携わった大蔵永常は、予備知識を持たない人々へ伝えたい殖産技術の中で、文章では解り辛い要領を、絵に描いて世間へ発信したと、私は考えています。

崋山は、永常が板行した冊子の押画を見て、「永常は殖産事業の実践と各地での見聞を積み重ねた人だ。その人が描いた絵だから、伝えたい技術の要所が、体験したことのない人でもわかるだろう」と判断して、永常に殖産興業の指導を依頼したように思われます。

崋山と永常をとり結んだのは、情報を伝達する手段のひとつである絵だったと、私は思います。結果は、様々な要因が絡んで、永常が殖産指導をおこなった５年の間に２人が目指した所までは行きつけませんでしたが、２人の生涯を顧みるたびに、私は人の出会いには相通ずる縁が介在することを感じます。

さて、大蔵永常は田原藩領で実践してみたい殖産事業の内容を列挙した『門田の栄』に、水田で二毛作をおこなう技術と手順を絵入りで記述していますが、領内の農民たちは受け入れなかったようで、後年板行した『広益国産考』では、三河（田原藩領）の農民の固陋（ころう）さを非難しています。

しかし、私は、三河（田原藩領）の農民たちが固陋だったからではなく、当時の三河には永常が奨励する技術を受け入れる諸条件が整っていなかったからだと考えます。三河（田原藩領）の農民たちは、「土地相応（環境への適応）」と「足るを知る（寡欲）」の視点から、「水田はイネを作る場だ」と位置付けていたようです。三河における当時の技術水準を物差しにすれば、農民の判断のほうが適切だったと、私は考えます。これが近世の農耕技術の地域性を明らかにする作業を40年ほどおこなってきた私の、永常と三河の農民たちとの行き違いに対する解釈です。

ちなみに、永常が板行した本の絵の中には、男が家屋の中で一部に金属が使われている煙管（きせる）を口にくわえて、仕事をしている絵があります。しかし、はたして手で支えることなく、煙管をくわえたまま作業を続けることができるか。永常は煙草好きで、無意識のうちに煙管をくわえている男を絵に描いたのか、煙草は殖産興業品のひとつなので、作って加工すれば収入が増えることを、読者へ暗示するために、意識して煙管をくわえる姿を描いたのか。面白い構図だと思います。

他方、崋山が描いた絵の中には、煙管をくわえて仕事する人物はいないように思います。崋山はタバコを吸わなかったのか。「そんな構図はあり得ない」と思っていたのか。真面目な官僚の崋山と、世間をやや斜めから見る殖産指導者永常の、性格と立場が垣間見えるような気がします。

第5章

三河国渥美郡羽田村浄慈院の自作地の耕作景観

第1節　はじめに

多聞山浄慈院は三河国渥美郡羽田村（現在は愛知県豊橋市花田町）字百北にある浄土宗の寺院である。明治以前は、真言宗・天台宗・律宗・浄土宗の四宗兼学の、檀家を持たない寺院であった。羽田村の集落は台地上に立地し、畑は集落周辺、田は標高差15 mほどの急斜面を降りた低地にある。浄慈院は羽田集落のほぼ中央に立地している（図12）。

浄慈院には文化10（1813）年～明治19（1886）年に三代の院主が記述した、『豊橋市浄慈院日別雑記』[1]（以後は『浄慈院日別雑記』と記載する）と称される日記があり、その中に寺の自作耕地でおこなった農作業に関わる事柄も記述されている。浄慈院における日常生活については、『浄慈院日別雑記』第Ⅰ巻の「解説Ⅰ」（前掲（1）Ⅰ 591-604頁）に記述されているので、参照されたい。なお、明治6（1873）年以降の日付は現行暦（太陽暦）日で記載されている。

筆者は近世三河東部の農耕技術に関心を持ち、その一端がわかる18世紀後半の農書『農業時の栞』（細井宜麻、1785年）と、19世紀前半の農書『農業日用集』（鈴木梁満、1805年）および『門田の栄』（大蔵永常、1835年）と、19世紀の農事記録『村松家作物覚帳』（村松与兵衛、1798-1896年）については、考察結果を報告した[2-5]。

これらの中で、『農業時の栞』と『農業日用集』は、水田では一毛作を

図 12　浄慈院の所在地と自作田があった小字の位置

縮尺 2 万分の 1 地形図「豊橋」（明治 23 年測図）を 80%に縮小複写し、記号を記入した。

おこなっていたことを暗示させ、『門田の栄』は水田二毛作を奨励している。明治 17（1884）年の統計では、三河国の二毛作田率は 7%であった。東三河における 19 世紀の水田利用の実状はどうだったのか。『浄慈院日別雑記』には、自作田における農作業が記載されているので、その一端を明らかにすることができる。

『浄慈院日別雑記』の書式は、三代の記述者いずれも同じである。その日の天気、世間での出来事、知人の生死、祈祷依頼者の目的と謝礼収入額、祠堂金（しどうきん）（貸付金）の出入れ、寺を出入りする人々とのつきあい、食物が多い贈答品の授受、購買物品と購買先や価格などを記述した後、農作業をおこなった日にはその内容を記述している。次に示す安政 2（1855）年 5 月 20 日（現行暦 7 月 3 日）の記述はその一例である。

> 廿日　曇晴　昼中大夕立雷鳴ル　○東二はん丁大林竹治六才男子疱熱強シ祈廿疋入　○田町権次郎札受来ル　○おちの来ル　盆迄金一分かし　○六郎ノ勝蔵疱七日目見舞ニ行　軽シ　菓子一包遣ス　○和平方へ楊梅一重遣ス　○今日は田植也　昨日はんけ生（以下略）（前掲（1）Ⅱ 379-380 頁）

農作業の内容を日記の末尾に記述したのは、浄慈院院主の関心が寺の運営と世間とのつきあいに注がれ、寺を営む諸手段の中では地位が低い自作地の耕作は、住み込みの下男と臨時の雇い人に任せていたことによると考えられる。

また、寺から見渡せる範囲を除けば、院主は使用人たちが農作業する姿を見ておらず、使用人たちが報告した作業名を記述しているので、実際におこなった作業とは異なる作業名が記述された場合もあると思われる。

浄慈院には 1 人の下男と数人の雇い人に耕作させる自作耕地があった。嘉永 4（1851）年～慶応 3（1867）年の自作耕地の面積は、田が 1 反歩、畑が約 1 反 8 畝歩（前掲（1）Ⅰ解説 1　602 頁）で、寺の屋敷周辺と畑の一部にはミカンの植栽地があった（同 604 頁）。

この章では、浄慈院の自作田におけるイネの耕作暦、畑作物の耕作暦と前後作関係、ミカンの植栽地でおこなった農作業、耕地に施用した肥料の種類、耕作に用いた農具名から、浄慈院の自作耕地で毎年繰り返されていた耕作景観を復原する。

第2節　近世三河の農書類が描く田の耕作景観

次節で『浄慈院日別雑記』から描ける浄慈院自作田の耕作景観を記述するが、ここでは近世三河の農書類が描く田の耕作景観を記述して、浄慈院自作田の耕作景観が三河国で広く見られた耕作景観と一致するか否かを判断するための尺度を提示しておきたい。

西三河をほぼ北東から南西方向へ貫流する矢作川下流域で営農経験を積んだ人が著作したとされる『百姓伝記』(6)（1681-83年）は、田では裏作をおこなわず、冬は田に水を入れておくことを奨励している。ただし、畑が少ない村には、水田二毛作を奨励している。

> しらぬあきなひせんよりハ　冬田に水をつゝめと世話に云り（前掲(6) 17巻73頁）
>
> 田に麦を作　跡をまた田かへし稲を作る事　費多し　然共　田斗多くして畠なき村里ハ　両作つくるへし（同17巻84頁）

三河国赤坂宿の旅宿の亭主が、老農への聞きとりと試験栽培にもとづいて著作した『農業時の栞』(7)（1785年）は、冬は田に水を入れておくことを奨励している。

> 古(いにしへ)より云(いゝ)つたへにも　冬(ふゆ)田に水をかこへといふハ　水あれハ　下の土氷(こほ)らさる為(ため)也（前掲（7）135頁）

三河国吉田の神主が著作した備忘録的農書『農業日用集』(8)（1805年）から、イネとムギの耕作に関わる記述を拾って耕作暦を作ると、稲刈り前にムギを播種しているので、田ではイネの一毛作をおこなっていたと考えられる。

三河国北設楽郡津具村柿ノ沢宇連に住む村松家の当主が、数代にわたって記述した記録『村松家作物覚帳』[(9)]（1798-1896年）には毎年稲作をおこなった記述があるが、耕作していた田畑の面積と二毛作の存否がわかる記述はない。しかし、村松家の田畑は標高600mほどの谷底に立地しており、冬に畑で作った作物は畑の総作付面積の3%ほどを占めるダイコンだけだったので、水田でもイネ一毛作がおこなわれていたと考えられる。

以上のことから、近世三河国の田ではイネの一毛作がおこなわれていたことが明らかになった。また、『百姓伝記』と『農業時の栞』は、冬期は水口を塞いで湛水して、「冬水田んぼ」にしておく方法を奨励したこともわかった。

第3節　浄慈院自作田の耕作景観

浄慈院の自作田1反歩は、羽田村の字絹田（あざきぬた）と花ケ崎（はながさき）村の字角田（あざすみだ）の2か所にあった（図12）[(10)]。今回翻刻された文化10（1813）年〜明治19（1886）年の『浄慈院日別雑記』によれば、絹田と角田にはそれぞれ少なくとも3枚の田があったので、田1枚の面積は1〜2畝ほどであったと思われる。また、いずれの年も田の耕起作業が終わってからムギ類を刈りとっているので、田ではイネの一毛作がおこなわれていた（表7）。

絹田は浄慈院から北東方向へ直線距離で400mほど離れた場所に位置し、浄慈院が立地する台地上から標高差15mほどの急斜面を降りきった、湧水帯に立地する（図12）。したがって、絹田の田は台地崖下から湧き出た水が溜まる湿田で、イネの一毛作がおこなわれていた。この状況は今も変わらない（写真1）。明治17（1884）年12月調の『三河国渥美郡花田村地籍帳』によれば、絹田の総面積7町9反3畝20歩のうち、7町7反9畝1歩（98%）が田で、畑は86筆中の2筆であった。

角田は浄慈院から南東方向へ直線距離で1,800mほど離れた、柳生川北

表7　浄慈院の自作耕地におけるイネとムギの作業

文政2（1819）年		
田	4月27日	角田并絹田畦掛
畑	6月 4日	長全寺前等麦刈
田	6月30日	田植
田	10月31日、11月2～3日	角田刈
畑	11月 4日	天王西油種蒔
畑	11月10日	蓮台小麦半分程也
畑	11月11日	かねいば麦蒔済
田	11月15～16日	絹田刈
天保10（1839）年		
田	5月25日	田小手切絹田より
畑	6月 5日	門前麦刈初
田	7月 3日	田植
畑	11月 9日	天王西より大麦蒔初
田	11月19日	角田北より刈初
畑	11月26日	門前壱枚余麦蒔
田	12月13日	絹田刈初
明治2（1869）年		
田	5月11日	角田奥二枚打ニ行
田	5月14～16日	絹田打ニ行
畑	5月31日	門前麦苅り始メ
田	7月 1日	田植也
畑	11月15日	西屋敷と門前西小麦蒔く
畑	11月16日	門前東と菜畑麦蒔
田	11月18日	絹田刈
田	12月11日	角田刈ニ行
明治17（1884）年		
田	5月10日	角田打ニ行
畑	5月31日	前西屋敷と門前麦刈ル
田	7月 1日	角田植ル
田	10月31日	角田早稲分稲刈る
田	11月16日	田刈ニ行
畑	11月20日	南西屋敷小麦蒔
畑	11月21日	北西屋敷より麦蒔

文政2年～明治2年の日付は現行暦で表示した。
ここに表示した日の前後に同じ作業をおこなっていた。

写真 1　浄慈院北側の段丘崖直下に立地する字絹田の水田

岸の緩斜面に立地し（図 12)、田の間に畑が帯状に並ぶ場所であった（図 13)。明治 17（1884）年 12 月調の『三河国渥美郡花田村地籍帳』によれば、角田の総面積 3 町 9 反 4 畝 17 歩のうち、3 町 1 反 1 畝 9 歩（79%）が田で、畑は 53 筆中の 10 筆であった。角田の田は灌漑排水路から水をかけひきしていた。したがって、水を落とせば冬期に育つ裏作物を作付できたと思われるが、角田の田でもイネの一毛作がおこなわれていた。

『浄慈院日別雑記』は、田で作業をおこなった日は丹念に記録している。播種量は粳イネが 5 ～ 6 升、糯イネが 1 ～ 2 升で、糯イネは角田にあった田のいずれかで作付していた。毎年の作業日程を見ると、現行暦 5 月の耕起作業に始まって、7 月 1 日前後に田植、7 月中旬から 8 月中旬までに 3 ～ 4 度草をとり、11 月中旬から 12 月初旬に刈りとりをおこなっていた（表 8)。田植から刈りとりまでの日数は 130 日ほどになる。この間は田で生長し完熟していくイネと、それを世話する人々の姿が、景観として描ける。

刈りとりの時期からみて、作付したイネは中稲と晩稲であった。中稲と晩稲は、生育途中で災害に遭わなければ、20 世紀初頭までは早稲よりも

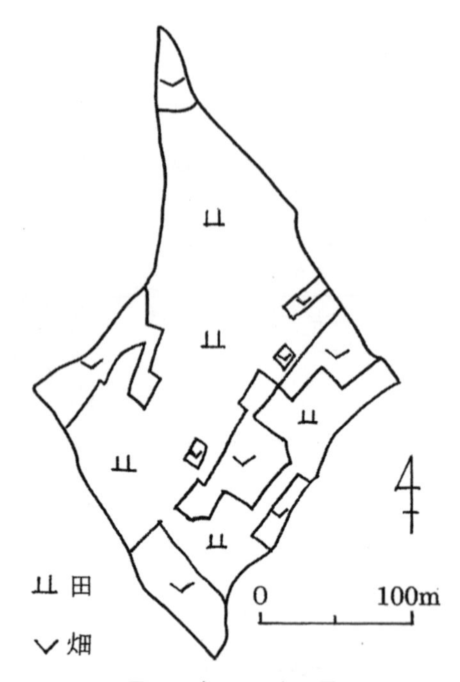

図 13　角田の田畑配置

『明治 17 年調三河国渥美郡花田村地籍図』から筆者作成。

単位面積当り収穫量が多かった。

2 枚の田は冬期にはどのような景観であったか。『浄慈院日別雑記』には記述がないが、絹田の田は台地崖下から湧き出た水が溜まっている景観、角田の田は湛水しておく「冬水田んぼ」の景観だったと思われる。

いずれも閑散とした景観であるが、冬期湛水は当時の稲作技術のひとつであった。冬期湛水すれば、小型生物が増えて食物連鎖の三角形が大きくなるので、田を肥やす効果があり、また、田の表面に軟かい泥層が形成されて、太陽光が土層に届きにくくなることによって、雑草の生育を抑える効果がある。いずれもイネの生育を助ける効果である。

図 14 は『農業日用集』（1805 年）と『浄慈院日別雑記』文化 14（1817）

表8 『浄慈院日別雑記』が記載する水稲の耕作暦と刈りとり後の作業日

年	浸種 月/日	播種 月/日	耕起 月/日	砕土 月/日	田植 月/日	草取 月/日	刈取 月/日	脱穀 月/日	籾干 月/日	籾摺 月/日
文化14 (1817)	4/22	5/1	5/19		6/29 7/3	7/15 7/29 8/4	10/28,29 11/1,2	11/18,19 12/2	11/24,25,29 12/1-3	12/10
天保2 (1831)	4/20-5/2	5/5	5 /5,9,11 5/18	5/23 6/2,4,29	7/2	7/21 7/30 8/5 8/15	11/13,14 11/16,17 12/8-10	11/28,29 12/22,23	12/2-4 12/24,26	12/22,28
嘉永4 (1851)	4/21	5/3	5/14,15,16	5/28,30	6/30	7/23 7/29 8/14	11/4,5 11/11,12	12/3,6		
明治4 (1871)	4/24	5 /3	4/26-29 5/14-16	5/25,27-30	7/4,6	7/20,21 7/28,29 8/8-10	11/11,12 11/18	12/7-13	12/15,16 12/17,19	
明治17 (1884)			5/10	5/24	7/1	7/25 8/3,12,17	10/31 11/16	11/27-29	12/9	12/14,15

文化14年・天保2年・嘉永4年・明治4年の日付は現行暦で表示した。
該当する作業が記述されていない場合は空白にしてある。

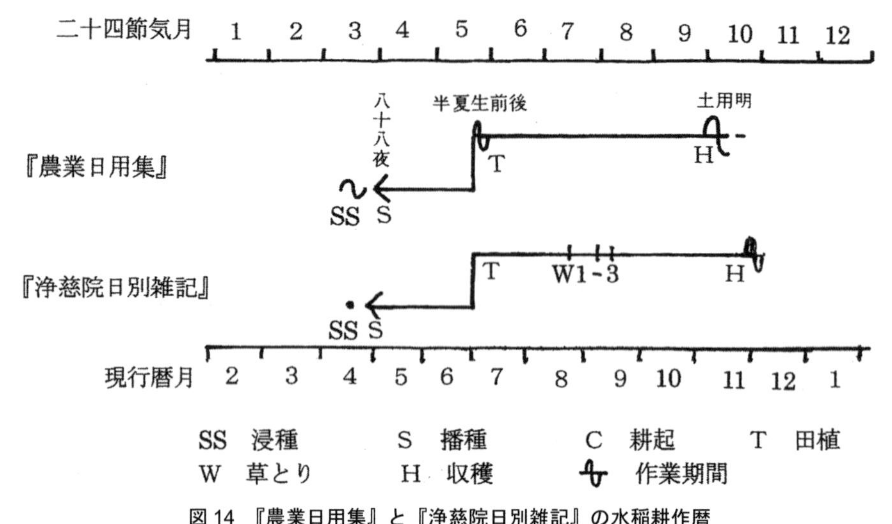

図 14　『農業日用集』と『浄慈院日別雑記』の水稲耕作暦

『農業日用集』は注（8）から、『浄慈院日別雑記』は注（1）の第Ⅰ巻から作成した。

年の水稲耕作暦である。播種と田植の日程は、両者とも一致する。また、『浄慈院日別雑記』の播種と田植の日程は、その後も動いていない（表 8）。『農業日用集』の著者の居所は吉田（現在の豊橋市街地）、浄慈院は吉田西郊の羽田村で、いずれも豊川の河口に近い場所である。ここでは 19 世紀の間、八十八夜頃に播種、半夏生（はんげしょう）頃に田植がおこなわれていたことがわかる。

『農商務統計表』[11] の「田地作付区別」によれば、明治 17（1884）年の三河国の一毛作田率は93%である（表 9）。したがって、一毛作をおこなっていた浄慈院の自作田の耕作景観は、近世末から近代初頭の三河国の水田で広く見られた耕作景観を説明している。

ちなみに、御産物殖産方の職名で三河田原藩へ天保 5（1834）年に就職した大蔵永常は、藩領内の営農指針として板行したと考えられる農書『門田の栄』[12]（1835 年）で、次のように水田二毛作を奨励している。

深田（ふけた）にもあらざる田（た）に水（みづ）をはり置（おき）　一作（いつさく）ばかり取（と）るハ何事（なにごと）ぞや　下作（したさく）

表9　1884（明治17）年の三河国と近隣諸国の田地作付区別

国名	一毛作田（反歩）	（%）	二毛作以上田（反歩）	（%）	不作付田（反歩）	（%）	合計（反歩）	（%）
伊勢	411,835	63	236,267	36	4,930	1	653,032	100
尾張	372,729	75	124,243	25	—	—	496,972	100
三河	324,470	93	24,422	7	—	—	348,892	100
遠江	283,511	98	5,242	2	1,339	0	292,827	100
駿河	233,916	80	57,125	20	1,786	0	290,092	100
信濃	586,816	89	69,071	10	7,172	1	663,059	100
全国計	20,465,728	75	6,646,760	24	154,675	1	27,267,163	100

農商務省総務局報告課（1886）『農商務省統計表』（復刻版）6頁の「第1 田地作付区別十七年調」から作成した。

をするものハ　稲ばかりを作りてハ　徳分ハなきもの也　間作の麦か菜種を作らざれバ　得分ハなし（前掲（12）192頁）

少々の商ひをして銀を儲けんより　田に水をはれなどゝハ　往昔の人のいひ出せし事なるが　余りの戯言なり　かならず信用なく　二作取やう心がけ給へ　是　天道さまへの御奉公なり（同207頁）

しかし、失職後に遠江国浜松で著作した『広益国産考』(13)（1859年）では、水田二毛作をおこなおうとしなかった三河国の農民たちの対応を嘆いている。

予三州にて二毛とる事をすゝめけれバ　農人いふ　此所の地面ハ冬より水をはりおかざれバ　五月田植前に犂て水を入てハ　中々土砕くる事なしといへり（中略）兎角に云ぬけ用ひず（前掲（13）410頁）

三河国の農民たちは、大蔵永常が奨励する、精労と肥料の多用で収入を増やして豊かに暮らす新たな道ではなく、生態系に適応しつつ慎ましく暮らす「地産」の道を歩み続けたのである。

第4節　浄慈院自作畑の耕作景観

浄慈院が自作していた畑の所在地は5か所ほどで、所在地の呼称を見る限り、いずれも台地上にある寺の近辺に立地し、秋冬作物を作付した畑では、夏作物と組合わせる多毛作をおこなっていたと考えられる。

夏期の日本列島は気温が高くて降水量が多いので、夏作物の生育には好都合だが、雑草も生育するので、雑草の繁茂を抑えるためにも、夏期に生育する作物の作付は欠かせない。浄慈院の自作畑でも、夏期には作物を作付していた。

他方、冬期は雑草がそれほど生えないので、雑草の生育を抑えるために作物を作付する必要はなく、地力の消耗を抑えるためにも、冬期は畑を休ませる使い方もあるが、日本では秋冬作が一定面積でおこなわれ、浄慈院の自作畑でも秋冬作がおこわれていた。

それは主な食材であったムギ類とダイコンが秋冬作物だからである。ムギ類は主食材のひとつであり、ダイコンは煮物や漬物など多様な食べ方ができる食材である。また、浄慈院の自作畑ではナタネも作付していた。いずれも、冬期に雨が降るユーラシア大陸の西岸地域から、夏期に雨が降るユーラシア大陸の東側を経て、その東端に位置する日本列島へ持込まれた作物群である[(14)]。これら秋冬作物と雑草抑制の効果も持つ夏作物を1枚の畑で組合わせて、順次作付すると、二毛作か三毛作になる。

次に、主な畑作物6種類の耕作日程を現行暦で記述する（図15）。畑では夏期は多彩な作物が作付され、冬期はムギ類とナタネとマメ類が作付されていた。

ムギは11月20日前後に播種、年内に一度草削りし、年が明けたら、5月末日から6月初旬の刈りとりまでに施肥と土寄せと草とりを数回おこなった。この日程は『農業日用集』のムギ耕作暦（前掲（8）261-267頁）と一致する。コムギはムギより播種が数日早く、刈りとりは2週間ほど遅かった。

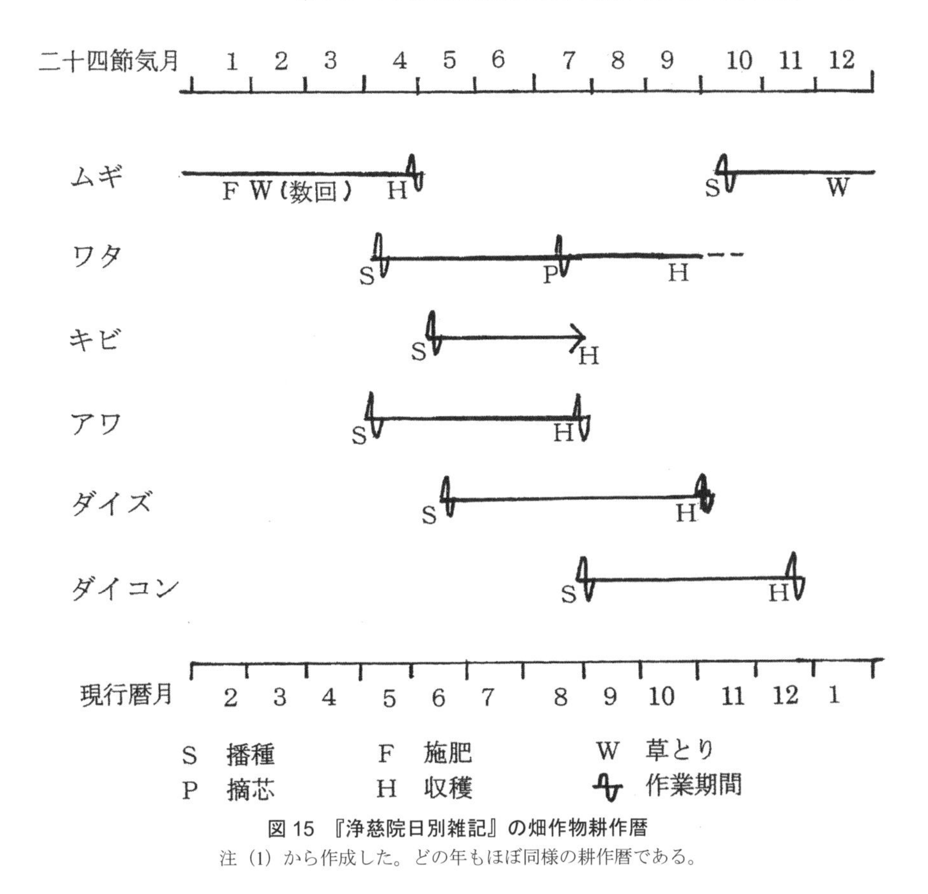

図15 『浄慈院日別雑記』の畑作物耕作暦

注（1）から作成した。どの年もほぼ同様の耕作暦である。

ワタは5月中頃に播種し、草とりと施肥を数回おこない、8月後半に株の先端を摘みとり、11月に株を抜いていた。ワタは実の摘みとり期間が1か月ほどあるが、『浄慈院日別雑記』には実の摘みとり日の記述はほとんどない。また、ムギとワタを組合わせる二毛作は記述されていない。

キビは6月中旬に播種し、8月末に穂摘みしていた。アワは5月10～15日に播種し、8月下旬～9月初めに穂摘みしていた。いずれも数日後に株を引き抜いている。ダイズは6月20日前後に播種し、11月初旬に株を引き抜く方式で収穫している。キビとダイズは、ムギと組合わせる二毛作が可能で、ムギ跡に作付していた（表10）。ちなみに、ダイズ（前掲（1）Ⅰ 124頁、「大豆植」）とソラマメとエンドウ（同Ⅰ 93頁、「空豆円豆植」）の播種作業は、「植る」の表現で記述している。これらのマメの粒径がア

表10『浄慈院日別雑記』が記述する畑多毛作事例の作業日

畑の所在地	門　前	長全寺前	西屋敷
嘉永7（1854）年		ナタネ H 5/17 以前 ↓ アワ S 5/17	
安政2（1855）年	ムギ H 5/26 ↓ キビ・ゴマ S 6/9 ↓ 葉菜類 S 9/15 ↓ ムギ S 11/17,19,20	ナタネ H 5/21 ↓ アワ S 5/24 ダイズ S 6/20	コムギ H 6/11,17 ↓ ダイズ S 6/23 ↓ コムギ S 11/12-16,18
安政3（1856）年	ムギ株抜き 6/13 ↓ ダイズ S 6/18 H 11/8 ↓ ムギ S 11/22,23 ムギ株抜き 6/13 ↓ キビ S 6/23 ↓ ダイコン S 9/1		
慶応1（1865）年	ムギ H 5/23,26 ↓ キビ S 6/20		
明治17（1884）	ムギ H 5/31,6/2 ↓ キビ S 6/20		

嘉永7年・安政2年・安政3年・慶応1年の日付は現行暦で表示した。
S は播種、H は刈りとり、／の左は月、／の右は日を示す。
網伏せの作物は夏作物である。

ズキなど小型のマメよりも大きいからであろう。

ダイコンは8月末〜9月初旬に播種し、草とりと施肥を数回おこなって、12月の下旬に抜きとっている。ムギとの二毛作はできないので、ダイコンを作付した畑は、次に示す一事例を除いて、冬期は休ませていたと考えられる。

七助　大根中麦蒔（生育中のダイコンの条間にムギを蒔く）　文政2年10月15日（現行暦1819年12月2日）（前掲（1）Ⅰ 96頁）

耕作暦を見る限り、ダイコンの前にキビを作付することは可能で、1856（安政3）年にはその事例がある（表10）。

『浄慈院日別雑記』は1枚の畑における作物の作付順序については、ほとんど記述していない。備忘録でもある日記は、記述した本人が後から見て記憶を確認するための記録なので、作付した作物の前後作関係など、記録しておかなくてもわかる情報や、記録者が関心を持たない事柄は、記述しなかったからであろう。次の記述は、間作または前後作をおこなっていたことがわかる、数少ない事例である。

権六　せと池南芋掘ル　せと芋ノ跡大うなに小麦蒔也（サトイモを掘りとったせとの畑の高畦（たかうね）にコムギを蒔く）　文政12年11月10日（現行暦1829年12月5日）（前掲（1）Ⅰ 219頁）

藤七　長全前油種跡へ粟蒔（ナタネを刈りとった長全寺前の畑にアワの種を蒔く）　嘉永7年4月21日（現行暦1854年5月17日）（同Ⅱ 310頁）

次に、『浄慈院日別雑記』が記述する畑作物ごとの作業日にもとづいて耕作暦を作り、1枚の畑で作業日が重ならない畑作物を組合わせる方法で、浄慈院の自作畑における多毛作の作付順序を推定してみたい。

表10は浄慈院が自作していた3か所の畑における嘉永7（1854）年〜明治17（1884）年の多毛作事例で、いずれも秋冬作物と網伏せで表示した夏作物の組合わせである。いずれの畑も夏期には作物が作付されており、雑草の生育を抑える意図が読みとれる。表10に示す年の中で、嘉永7(1854)

年〜安政3（1856）年の間は、大地震や「伊勢おかげ」の札降りなどで騒然とした世相だったが、大きい気象災害は受けなかったので、それぞれの畑では2種類以上の作物から相応の収穫が得られたであろう。

浄慈院の自作畑の耕作景観は1年の間にどのように巡ったか。『浄慈院日別雑記』は各畑作物の作付面積を記載していないが、いずれの年も夏期は雑草の生育を抑えるために作物で覆われ、かつ作付された夏作物の種類の多さからみて、多様な作物が並存する耕作景観が展開していたであろう。

他方、晩秋から初冬にかけては、収穫前のダイコンと芽が出たばかりのムギ類とナタネが自作畑のかなりの部分を占めていたが、ダイコンを12月下旬に収穫してからムギ類を蒔く事例はないので、ダイコン跡地は冬の間は休耕したであろう。したがって、冬期は生長がほぼ止まった状態のムギ類とナタネの作付畑と休耕畑が混在して、どの畑も地肌が見える状況だったと考えられる。

ちなみに、『浄慈院日別雑記』が記載する畑作物名「唐黍」は、収穫後に皮を剥いているので、トウモロコシである。

　下男　朝九左衛門へ唐黍皮取テ持行 皆片付ル　天保3年8月28日（現行暦1832年9月22日）（前掲（1）Ⅰ 328頁）

浄慈院の自作地か屋敷内に作付していた作物名を、ここに記述しておく。

穀物類　粳（うるち）イネ、糯（もち）イネ、ムギ、コムギ、アワ、キビ、ヒエ、トウモロコシ、ソバ

工芸作物類　ワタ、ゴマ、白ゴマ、チャ、クワ

イモ類　サトイモ、サツマイモ、エゴイモ、ツクネイモ

マメ類　ダイズ、チャマメ、黒マメ、アズキ、黒アズキ、天小マメ、ササゲ、ツルマメ、インゲンマメ

葉菜類　ナ、カラシナ

果菜類　ウリ、キュウリ、カボチャ、ナス

根菜類　ダイコン、カブ、ゴボウ、ショウガ、レンコン、タケノコ

果樹類　柑橘数種類、ブドウ、ビワ、ウメ、ヤマモモ

第 5 節　ミカン植栽地の耕作景観

浄慈院は屋敷の周辺と畑の一部にミカンを植えて、適度な管理をおこない、晩秋から初冬に果実を業者へ立木売りして、毎年一定額の収入を得ていた。立木買いした業者は、4 ～ 7 日かけて摘果作業をおこなった。明治 23（1890）年測図の縮尺 2 万分の 1 地形図「豊橋」には、浄慈院の周辺に果樹園の記号が記載されている（図 12）。

ミカンは樹木作物なので、植栽地の位置は動かない。またミカンは常緑樹なので、ミカン畑は 1 年中同じ景観である。『浄慈院日別雑記』が記載するミカンの植栽地は、屋敷・前屋敷・背戸・大背戸の 4 か所である。

ミカンの呼称は、「みかん」「味柑」「蜜柑」「小みかん」「橘」「九年母」「唐かん」「唐みかん」「柑子」「ザボン」「金柑」があり、少なくとも 5 種類のミカンを植栽していた。また、「こつみかん」と称するものは、売り物にならない屑ミカンのようである。

ミカンの植栽地での諸作業は、現行暦の 12 ～ 2 月におこなう樹下の敷藁作業から始まり、2 月から年末まで数回の施肥、3 月から夏期を経て晩秋までの草とり、12 月に業者へ立木売りする方式の収穫を挟む果実の摘みとり、初冬の枝剪定、12 月の霜除け用覆掛けまで、1 年中あり（図 16）、下男と雇い人がこれらの作業をおこなっていた。また、ミカンの樹間に畑作物を作付することもあった。したがって、ミカンの植栽地では、ほぼ 1 年中いずれかの作業がおこなわれて、働く人々の姿が頻繁に見られたであろう。

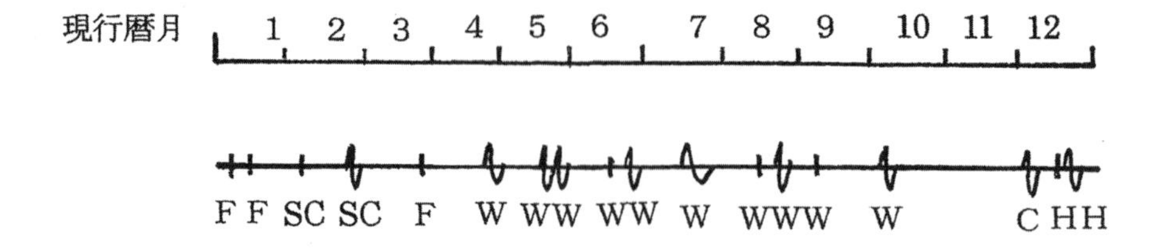

SC 藁敷き　　F 施肥　　W 草とり
C 覆いかけ　　H 収穫　　作業期間

図 16 『浄慈院日別雑記』が記述するミカン畑での明治 17（1884）年の諸作業
注（1）から作成した。

第 6 節　肥料と農具

肥料の中で、耕地への施用量がもっとも多かったのは、人糞尿を腐熟させた下肥であった。浄慈院では配下の寺である中世古の観音院など、吉田城下の数軒の糞尿を下男に汲ませている。4 ～ 5 日に一度ほどの間隔で糞尿汲みの記載があり、浄慈院が物品か金銭で謝礼を支払っている。人糞は「大」、尿は「小」と称して、汲んだ量を個々に記述している。次の文章は、天秤棒で担ぐ片方の桶に人糞と尿をそれぞれ入れて寺へ一度持ち帰り、両方の桶に尿を入れてもう一度運んだことがわかる記述である。

彦次　小時飯より大半小壱荷半取ニ行　文政 11 年 7 月 11 日（現行暦 1828 年 8 月 21 日）（前掲（1）Ⅰ 128 頁）

明治 16（1883）年の場合、下男は吉田城下の観音院と松助宅と煎豆屋と下駄屋へそれぞれ 5 ～ 15 日ほどの間隔で人糞尿を汲みに出掛けている（前掲（1）Ⅴ 105-227 頁）。下男が汲みに行った日の合計は 87 日で、4 日に一度ほどの間隔であるが、同じ日に 2 か所汲んだ日が九度、3 か所汲んだ日が一度あるので、汲みに行った回数は 98 回になる。

汲んできた人糞尿は、しばらく肥溜（こえだめ）で「ねかせ」（腐熟させ）た後、田畑へ施用した。夏期の汲みとり回数がやや多いのは、農作物に施用する下肥の需要量への対応であろう。

謝礼金額の記述はほとんどない。明治16（1883）年10月4日に松助へ来年の謝礼金5円を先払いしたとの記述は、数少ない記述例である。

松助来ル　来年こへ金として金五円也かし渡ス（前掲（1）Ｖ 192頁）

干鰯（ほしか）は太平洋岸に立地する赤沢村や七根（ななね）村の製造者から買いとり、湯に浸けて柔らかくした後、ほぐして田畑へ施用していた。

浄慈院で自給していたと思われる肥料は鳩糞・刈草・綿実で、石灰・モク（海藻）・魚のあら・馬糞・掃き溜め・醬油糟は買って、いずれも腐熟させてから耕地へ施用していた。

『浄慈院日別雑記』には、自作地で使った農具名がほとんど記述されていない。寺の自作地の農作業で使われていたはずの鍬は、吉田城下で買うか修理した記述があるにとどまる。鎌は「草取鎌」（前掲（1）Ⅳ 464頁）・「薄鎌」（同Ⅳ 466頁）・「手鎌」（同Ｖ 239頁）の名が記述されているので、用途に応じて使い分けされていたことがわかる。

手農具を使って精労細作するのが、遅くとも近世以降の日本農業の特徴であり[(15)]、『浄慈院日別雑記』の記述からも、その一端を知ることができる。用途に応じて微妙に形が異なる鍬と鎌を使って、寺の自作地で耕作する下男と雇い人たちの姿が浮かんでくる。

鍬と鎌以外では、刈りとった穀物の処理過程で使う「コバシ」（千歯扱きか、前掲（1）Ⅳ 517頁）・「唐箕」（同Ｖ 14頁）・「ふみうす」（同Ⅰ 451頁）・「唐臼」（同Ｖ 438頁）が記述されている。

第7節　おわりに

記録には事実が記述される。それらを繋げていくと、浄慈院が自作していた耕地のうち、田では夏の炎天下に働く人々の姿が、畑では多種類の作物の生育に合わせて主に春から夏を経て初冬まで働く人々の姿が、屋敷周辺と畑の一部にあったミカンの植栽地ではほぼ1年中働く人々の姿が見えてくる。これらの諸作業を毎年の巡りにはめ込めば、浄慈院の自作地の耕作景観が描き出せる。

2か所の自作田ではイネの一毛作をおこなっていた。絹田の田は、台地崖下に立地する湿田だったので、一毛作をおこなっていた。また、用排水路があって水のかけひきができる角田の田でも一毛作をおこなっていた。

したがって、浄慈院の自作田では、冬期は近世三河国で著作された農書類が奨励した「冬水田んぼ」（冬期湛水田）の景観が展開していた。

浄慈院周辺の台地上にあった数か所の畑では、下男と雇い人たちが多種類の作物を育てていた。初秋から12月下旬の間はダイコンを作り、冬期にはムギとコムギをかなりの面積作付し、夏期はアワ・キビ・ダイズ・ワタなど、多種類の作物を必要量が得られる面積分だけ作っていたので、浄慈院の自作畑では、冬期はムギ類を主とする単調な景観が、夏期は多種類の作物が混在する多様な景観が展開していた。

浄慈院の屋敷周辺と畑の一部にあったミカンの植栽地では、下男と雇い人たちが1年中入念な農作業をおこなっていた。ミカンは寺の収入の一端を担っていたからである。記録でわかるだけでも、年間35～40日かけて万遍なくおこなっていた除草、1月の藁敷き、冬から夏にかけて数回の施肥、初冬の枝剪定、12月の霜除け用の覆掛けの作業日数を合計すると、100日ほどになるであろう。ミカンの樹下で、各季節の作業にいそしむ下男と雇い人たちの姿が、筆者の脳裏に浮かんでくる。

浄慈院の下男と雇い人たちは、耕地と季節と作物の種類ごとに多種類の肥料を使い分けて寺の自作地へ施用し、用途に応じて微妙に形が異なる鍬と鎌を使って農作業をおこなっていた。それは当時日本国中で展開していた景観のひとつであった。

注

(1) 渡辺和敏監修（2007-2011）『豊橋市浄慈院日別雑記　Ⅰ～Ⅴ』あるむ.

(2) 有薗正一郎（1996）「農書『農業時の栞』の耕作技術の研究」愛知大学綜合郷土研究所紀要 41，53-63 頁（有薗正一郎（1997）『在来農耕の地域研究』第 6 章，古今書院，118-139 頁）.

(3) 有薗正一郎（1981）「『農業日用集』における木綿耕作法の地域的性格」愛知大学綜合郷土研究所紀要 26，61-74 頁（有薗正一郎（2005）『近世東海地域の農耕技術』第 3 章，岩田書院，43-58 頁）.

(4) 有薗正一郎（2005）「渥美半島における「稲干場」の分布とその意味について」愛知大学綜合郷土研究所紀要 50，129-143 頁（有薗正一郎（2007）『農耕技術の歴史地理』第 9 章，古今書院，141-163 頁）.

(5) 有薗正一郎（1990）「『村松家作物覚帳』が記述する夏季の畑地輪作の考察」愛知大学綜合郷土研究所紀要　奥三河特輯号，21-27 頁（有薗正一郎（1997）『在来農耕の地域研究』第 7 章，古今書院，143-153 頁）.

(6) 著者未詳（1681-83）『百姓伝記』（岡光夫翻刻，1979，『日本農書全集』16，農山漁村文化協会，3-335 頁，同 17，3-336 頁）.

(7) 細井宜麻（1785）『農業時の栞』（有薗正一郎翻刻，1999，『日本農書全集』40，農山漁村文化協会，31-197 頁）.

(8) 鈴木梁満（1805）『農業日用集』（山田久次翻刻，1981，『日本農書全集』23，農山漁村文化協会，255-286 頁）.

(9) 村松与兵衛（1798-1896）『愛知県北設楽郡津具村村松家作物覚帳』（早川孝太郎翻刻，1973，『早川孝太郎全集』7，未来社，25-72 頁）.

(10) 羽田村と花ケ崎村は明治 11（1878）年に合併して花田村になった。図 12 は明治 23 年に測図されているので、村名は花田村になっている。

(11) 農商務省総務局報告課（1886）『農商務統計表』農商務省，6 頁（復刻版）.

(12) 大蔵永常（1835）『門田の栄』（別所興一翻刻，1998，『日本農書全集』62，農山漁村文化協会，173-214 頁）.

(13) 大蔵永常（1859）『広益国産考』（飯沼二郎翻刻，1978，『日本農書全集』14，農山漁村文化協会，3-412 頁）.

(14) 有薗正一郎（2001）「ナスとダイコンの故郷」（吉越昭久編著『人間活動と環境変化』古今書院，233-240 頁）.

(15) 有薗正一郎（1997）『在来農耕の地域研究』古今書院，6-7 頁.

第6章

三河国渥美郡羽田村浄慈院の人糞尿の汲みとり先と下肥の施用状況

第1節　はじめに

人糞尿が仲を取り持った都市農村関係については、近世以降の都市近郊農業と資源循環の視点に立つ諸氏の著書があり[1]、楠本正康は先史時代以降の人糞尿と便所を指標に使って日本人の生活史を論じている[2]。しかし、筆者は家単位の人糞尿汲みとりと下肥施用に関する記録にもとづく研究の成果が刊行された事例を知らない。

この章では、三河国渥美郡羽田村（現在は愛知県豊橋市花田町）に立地する寺院の院主が記述した日記『豊橋市浄慈院日別雑記』（以下『浄慈院日別雑記』と記載する）[3]を使って、近代初期の地方都市における人糞尿汲みとりと下肥施用の事例を記述する。

『浄慈院日別雑記』の明治14（1881）年～17（1884）年には、寺の下男が豊橋の町へ人糞尿を汲みに行った日および行先と、人糞尿を発酵させた下肥を施用した作物名が記述されている。ただし、『浄慈院日別雑記』の記載法では、寺の下男が人糞尿を汲みとりに行った先の呼称から、その所在地を地図に示せるのは中世古の観音院だけである。また、上記の期間以外は、汲みとり先が記載されていないか、記述が紛失したかのいずれかで、正確な資料を提示できない。豊橋の町と浄慈院の位置は、第5章の図12に記載してある。

この章では、まず人糞尿を汲みとりに行った先の数、行先名、月別の汲みとり回数の表を提示する。次に、どの作物に下肥を施用したかと、施肥回数が多い作物の寺経済における位置付けをおこなう。

第2節　浄慈院の下男が豊橋の町へ人糞尿を汲みに行った日と謝礼

(1) 汲みに行った日の月別分布

『浄慈院日別雑記』によれば、浄慈院の下男が人糞尿を汲みに行った先は、明治14～17（1881～84）年4年間で9軒、毎年汲んだのは松助と中世古の観音院の2軒であった（表11）。中世古の観音院は浄慈院の配下寺院である（前掲（3）Ⅰ 593頁）。汲みとり先はいずれも豊橋の町中に立地していたと思われるが、所在地が確認できるのは町屋の南側に位置する中世古の観音院（図12のN）だけである。また、近世の吉田（明治2年に豊橋に名称変更）城下絵図には西町という町名は記載されていない。

月ごとの汲みとり回数を数えると、明治17年以外は記載がない月が散

表11　浄慈院の下男が人糞尿を汲みに行った先と回数

汲みとり先名	14年	15年	16年	17年	計	%
松助	29	11	37	57	134	34
西町	16				16	4
中世古（観音院）	35	19	30	23	107	27
重作（重蔵）	20				20	5
餅屋	28	8			36	9
煎豆屋		7	16	34	57	14
腰越		5			5	1
煮〆屋		5			5	1
下駄屋			15		15	4
合計	128	55	98	114	395	100

見される（表12)。糞尿は季節に関わりなく一定量が排泄されるので、適切な日程で汲みとる必要がある。汲みとり回数が少ないか汲みとりの記載がない月が散見されるのは、下男が汲みとりに行った日の全てを院主が記載しなかったからであろう。

明治17年はいずれの月も汲みとりに行っているので（表12)、実際は

表12　浄慈院の下男が人糞尿を汲みに行った先と月別汲みとり回数

	月	1	2	3	4	5	6	7	8	9	10	11	12	合計
14年	松助			4	3	7	5	3	3	4				29
	西町			1	2	1	1	3		2	4	1	1	16
	中世古	2	4	4	4	2	3	3	4	3	3	1	2	35
	重作			3	2	1	3	2	2	2	3		2	20
	餅屋	1	3	4	2	6	1	2	1	1	3	2	2	28
	小計	3	7	16	13	17	13	13	10	12	13	4	7	128
15年	松助				4	5	1			1				11
	煎豆屋	4		2		1								7
	中世古	3	1	2	1	4	1	2	2		1	1	1	19
	腰越			2	1	1	1							5
	煮〆屋	2			1	2								5
	餅屋	2		1	2	2						1		8
	小計	11	1	7	9	15	3	2	2	1	1	2	1	55
16年	松助	2	2	1	3	3	5	5	5	5	2	2	2	37
	煎豆屋	2		1		1	3	2	3	3		1		16
	中世古	3	3	3	1	3	2	3	3	2	2	3	2	30
	下駄屋				1		3	3	2	3	2	1		15
	小計	7	5	5	5	7	13	13	13	13	6	7	4	98
17年	松助	6	6	4	4	5	5	6	5	4	4	4	4	57
	煎豆屋	3	5	3	5	2	3	3	2	2	1	2	3	34
	中世古	1	2	2	3	4	1	2	1		2	2	3	23
	小計	10	13	9	12	11	9	11	8	6	7	8	10	114
合計		31	26	37	39	50	38	39	33	32	27	21	22	395
%		8	7	9	10	13	10	10	8	8	7	5	6	100

明治16年以前も17年とほぼ同じ回数で汲みとっていたと考えられる。1人1日当り糞尿の排泄量を6合、天秤棒の前後に肥桶を掛けて運ぶ糞尿の量を3斗と設定して、浄慈院の下男が明治17年に57回汲みとりに行った松助家の家族員数を推定する方法で、明治17年の汲みとり回数は妥当であることを説明してみたい。

3斗の糞尿を57回汲みとったので、1年間の汲みとり量は約17石になる。日本人1人1日当り糞尿の平均排泄量は6合なので、1年間で約2石2斗になる。したがって、松助家の居住者数は7～8人であったと推測される。これは妥当な人数なので、明治17年は各月の汲みとり回数の大半が記載されていると考えられる。

(2) 汲みに行った日の間隔と所要時間

浄慈院の下男は、明治14（1881）年～17（1884）年の4年間に、人糞尿を395回汲みに行っている（表11）。表12は浄慈院の下男が糞尿を汲みに行った月ごとの回数である。汲みとり先欄を見れば、そこへ下男が汲みとりに行った回数が月ごとにわかり、各年の小計から、下男が汲みとりに行った月ごとの回数がわかる。同じ日に2軒汲んだ日が50日、3軒汲んだ日が4日、同じ家へ2度汲みに行った日が5日あるので（表13-16）、浄慈院の下男は、およそ4日に一度の間隔でいずれかの家の糞尿を汲みに出かけていたことになる。

各月の汲みとり回数の大半が記載されていると考えられる明治17年の場合（表12）、浄慈院の下男は、松助家へは5～8日に一度、煎豆屋と中世古（観音院）へは10～15日に一度ほどの間隔で汲みとりに出掛けていたようである。

汲みとり先のうち、所在地がわかる中世古の観音院は、浄慈院から2kmほど離れた場所に位置するので（図12のN）、往復で1時間、行った先での汲みとり作業と帰着後に汲んできた人糞尿を肥溜（こえだめ）に入れる作業などに1時間ほど、合計で2時間余りの手間がかかったと思われる。

表 13　明治 14 年に浄慈院の下男が人糞尿を汲みに行った日

汲取先	松助	西町	中世古（観音院）	重作（重蔵）	餅屋	計	日計
1 月			26（大小）29（大小）		27（大小）	3	3
2 月			4（小）10（大小） 17（小）27（大小）		8（大小） 19（大小 2 度）	7	6
3 月	9（大小） 13（大小） 17（大小） 23（大小）	24（大小）	10（大小）16（小） 23（大小）31（小）	2（大小） 10（大小） 18（大小）	1（大小） 3（？） 17（大小） 29（大小）	16	14
4 月	8（大小） 24（大小） 25（小）	9（大小） 14（こ）	4（小）　7（小） 15（こ）27（小）	8（大小） 27（小）	10（大小） 19（小）	13	11
5 月	1（小）8（小） 10（大小） 17（小）20（小） 28（大小） 31（大小）	30（大小）	17（大小 2 度）	30（大小）	2（大小） 8（大小） 17（小） 19（大小） 22（大小） 28（小）	17	12
6 月	10（小）16（小） 17（大）24（小） 28（小）	8（大小）	7（こ）18（小） 19（小）	20（大小） 26（大小） 29（小）	9（大小）	13	13
7 月	3（小） 11（大小） 18（大小）	5（大小） 16（大小） 28（大小）	1（小）　8（こ） 21（大小）	4（大小） 17（大小）	3（？） 12（大小）	13	12
8 月	11（大小） 19（大小） 24（小）		1（大小）17（こ） 18（大小）29（こ）	11（大小） 20（大小）	19（大小）	10	8
9 月	1（大小） 5（大小） 13（大小） 19（大小）	3（大小） 18（大小）	5（こ）21（大小） 30（？）	4（大小） 28（大小）	2（大）	12	11
10 月		12（こ） 19（大小 2 度） 28（大小）	13（こ）16（大小） 21（小）	3（大） 5（小） 18（小）	5（小） 16（大小） 25（大小）	13	11
11 月		21（大小）	17（小）		12（小） 21（大小）	4	3
12 月		5（大小）	13（小）22（小）	2（大小） 27（大小）	2（大小） 10（大小）	7	6
合計	29	16	35	20	28	128	110

各月の数字は汲みに行った日を示す。
「大」は糞、「小」は尿、「大小」は糞尿、「こ」は「こへ」である。「？」は何を汲んだか読みとれないことを示す。
各月の右端左側の「計」は、その月に汲みとりに行った回数の合計である。
各月の右端右側の「日計」は、その月に汲みとりに行った日の合計である。
5 月 23 日と 7 月 10 日は、紙面の虫喰いにより、汲みとり先名が不明である。

表 14　明治 15 年に浄慈院の下男が人糞尿を汲みに行った日

汲取先	松助	煎豆屋 （西町）	中世古 （観音院）	腰越 （川越）	煮〆屋 （西町）	餅屋 （源六）	計	日計
1 月		8（小） 12（大小） 18（小） 25（大小）	3（小） 13（大小） 24（小）		8（小） 28（小）	4（大小） 24（小）	11	9
2 月			26（大小）				1	1
3 月		15（小） 22（大小）	19（小） 22（大小）	11（大小） 27（大小）		8（小）	7	6
4 月	8（小） 11（小） 23（小） 25（大小）		21（小）	27（大小）	24（小）	25（小） 28（大小）	9	8
5 月	2（小） 8（小） 16（小） 17（大小） 21（小）	5（小）	4（小） 5（小） 14（小） 22（こ）	9（大小）	11（大小） 25（小）	10（大小） 21（小）	15	13
6 月	4（？）		14（こ）	2（小）			3	3
7 月			16（小） 30（大小）				2	2
8 月			7（こ） 23（こ）				2	2
9 月	24（こ）						1	1
10 月			2（こ）				1	1
11 月			15（こ）			21（こ）	2	2
12 月			24（こ）				1	1
合計	11	7	19	5	5	8	55	49

各月の数字は汲みに行った日を示す。
「大」は糞、「小」は尿、「大小」は糞尿、「こ」は「こへ」である。「？」は何を汲んだか読みとれないことを示す。
各月の右端左側の「計」は、その月に汲みとりに行った回数の合計である。
各月の右端右側の「日計」は、その月に汲みとりに行った日の合計である。
4 月 15 日、6 月 12・13 日、7 月 26 日、8 月 25 日、9 月 29 日は汲みとり先名が記載されていない。

表 15　明治 16 年に浄慈院の下男が人糞尿を汲みに行った日

汲取先	松助	煎豆屋	中世古（観音院）	下駄屋	計	日計
1 月	2（小）26（大小）	2（大小） 9（大小）	6（？）13（小） 25（小）		7	6
2 月	22（小）27（大小）		4（大小）15（小） 21（小）		5	5
3 月	23（大小）	13（大小）	3（小）14（小） 23（小）		5	4
4 月	4（小）11（こ） 16（こ）		15（小）	8（こ）	5	5
5 月	12（大小）18（大小） 21（大小）	18（大小）	5（大小） 17（大小）27（？）		7	6
6 月	4（大小）13（大小） 20（大小）22（大小） 29（小）	7（小）15（大小） 23（大小）	18（？）25（大小）	7（小）17（大小） 28（大小）	13	12
7 月	3（大）7（小）16（小） 24（大小）25（大小）	5（？） 26（大小）	4（小）15（小） 27（？）	11（大小）17（こ） 30（大小）	13	13
8 月	2（小）7（？） 13（大小）25（小） 29（大小）	8（大）19（小） 30（大小）	13（こ）19（小） 29（こ）	13（大小） 26（大小）	13	9
9 月	7（大小）16（小） 22（大小）27（小） 30（大小）	9（大小）16（小） 21（大小）	11（こ）20（こ）	10（大小） 18（大小）28（こ）	13	12
10 月	7（小）17（小）		12（？）25（こ）	14（小）18（こ）	6	6
11 月	1（小）26（小）	23（大小）	3（こ）12（こ） 26（小）	1（小）	7	5
12 月	5（大小）28（大小）		2（小）13（こ）		4	4
合計	37	16	30	15	98	87

各月の数字は汲みに行った日を示す。
「大」は糞、「小」は尿、「大小」は糞尿、「こ」は「こへ」である。「？」は何を汲んだか読みとれないことを示す。
各月の数字は汲みに行った日を示す。
各月の右端左側の「計」は、その月に汲みとりに行った回数の合計である。
各月の右端右側の「日計」は、その月に汲みとりに行った日の合計である。
2 月 17 日は汲みとり先名が記載されていない。

表16　明治17年に浄慈院の下男が人糞尿を汲みに行った日

汲取先	松助	煎豆屋	中世古（観音院）	計	日計
1月	6（こ）14（大小）15（大小） 18（こ）26（大小）31（小）	6（こ）18（こ） 26（大小）	27（大小）	10	7
2月	4（大小）9（小）17（小） 21（？）24（大小）28（大小）	4（小）10（こ）18（大小） 21（？）24（大小）	7（小）18（小）	13	9
3月	5（大小）9（小）16（小） 25（大小）	9（大小）16（小） 25（大小）	11（こ）18（こ）	9	6
4月	4（小）7（大小）20（大小） 25（小）	4（小）11（大小） 21（大小）28（大小２度）	7（こ）18（大小） 27（小）	12	9
5月	7（大小）9（小）15（小） 20（大小）27（小）	8（小）21（大小）	4（大小）13（こ） 22（こ）25（こ）	11	11
6月	6（小）10（大小）17（小） 21（大小）30（小）	6（大小）10（大小） 21（大小）	10（小）	9	5
7月	2（大小）8（小）16（大小２度） 21（大小）29（大小）	2（大小）22（大小） 30（大小）	9（大小）27（？）	11	9
8月	4（小）13（大小）17（小） 21（大小）29（小）	13（大小）29（大小）	23（？）	8	6
9月	7（小）10（大小）16（小） 24（大小）	8（大小）21（大小）		6	6
10月	7（小）11（大小）22（大小） 29（小）	22（大小）	4（？）29（大小）	7	5
11月	6（小）14（大小）19（小） 24（大小）	9（？）19（大小）	19（こ）28（こ）	8	6
12月	2（大小）9（小）16（小）31（？）	9（大小）16（？）31（？）	11（こ）22（大） 31（こ）	10	6
合計	57	34	33	114	85

各月の数字は汲みに行った日を示す。
「大」は糞、「小」は尿、「大小」は糞尿、「こ」は「こへ」である。「？」は何を汲んだか読みとれないことを示す。
各月の右端左側の「計」は、その月に汲みとりに行った回数の合計である。
各月の右端右側の「日計」は、その月に汲みとりに行った日の合計である。

(3) 糞と尿は汲み分けていた

『浄慈院日別雑記』の記録者は、人糞尿の汲みとりについて記述する際に、大便（糞）を「大」、小便（尿）を「小」と書き分けている場合が多い（表13-16）。大便を腐熟させた下肥と小便を腐熟させた下肥は用途が異なるので、別の肥桶に汲んで持ち帰り、それぞれ別の肥溜に入れて腐塾させる手順を踏まねばならない。したがって、いずれの家も便所の床下には大便溜と小便溜が据えてあった。

『浄慈院日別雑記』には牛馬を飼っていたとの記述がないので、「大小」と記述された日には､浄慈院の下男は大便と小便を汲み分けて肥桶に入れ、天秤棒（てんびんぼう）の前後に掛けて、担いで持ち帰ったと考えられる。次の記述は、その例である。

(明治16年1月2日) 松助小用一取ル　煎豆屋大半小半取ル (前掲 (3) V 105頁)

「一」は肥桶2つを指し、天秤棒の前後ともに肥桶の中身は小便であり、「半」は天秤棒の前後に掛けた肥桶の片方が大便、もう片方が小便の意味である。

ちなみに、浄慈院の下男は、明治14～16年が58～60歳の栄助、明治17年が42歳の仁三郎であった。当時は人生50年が常識だった時代なので、人糞尿が満杯に入った肥桶を天秤棒で運ぶ作業は、老人の栄助には苦痛だったであろう。

(4) 汲みとり先への謝礼

人糞尿は20世紀後半までは肥料の素材であり、20世紀前半までは経済価値をもつ資源だったので、人糞尿を汲む側が謝礼を支払っていた(4)。

十返舎一九著『東海道中膝栗毛』(5)には、京都の三条付近で通行人に桶の中へ小便をさせて、お礼に大根を提供する、「こへとり」の話が出てくる（前掲（5）下巻188-192頁)。この「こへとり」は、桶の中へ小便をした人に大根2本を提供している。

浄慈院ではどの程度の謝礼を支払っていたかを、『浄慈院日別雑記』から拾ってみた。浄慈院が汲みとり先へ支払った金額が推定できるのは、次の2事例である。

（明治16年10月4日）松助来ル　来年こへ金として　金五円也　かし渡ス（前掲（3）V 192頁）

（明治17年12月16日）煎豆や来　明年ハこへ代一円六銭と云故　外ニ遣様申返ス（同346頁）

『日本米価変動史』(6)によれば、名古屋定期米市場での1石当り相場は、明治16年平均で5円90銭（前掲（6）316頁）、同17年平均で5円5銭（同320頁）であった。したがって、明治16年に来年の前渡し金として松助に渡した5円は米8斗5升、明治17年に煎豆屋が要求して院主が拒否した1円6銭は米2斗1升に相当する金額である。米だけを食べた場合、20世紀前半までは大人1人が1年に1石を食べていたので、松助家は1人がほぼ1年中食べられるだけの米を買える金額を前払いしてもらい、煎豆屋は1人が3か月近く食べられる米を買える金額を要求したことになる。

また、浄慈院が汲みとり先へ謝金に加えて物品を届ける記述は、毎年散見される。明治16年と17年から1事例ずつ記述する。

（明治16年2月7日）昨日松助と煎豆屋へ　菜大根遣ス（前掲（3）V 117頁）

（明治17年12月31日）中世古へ大根五本遣ス　松助大根□遣ス　煎豆屋へ大根七本遣ス（同351頁）

第3節　下肥の施用状況

(1) 下肥の施用量

浄慈院の居住者数は4～6人であった（前掲（3）I 599-602頁）。居住者数を5人とすると、1人1年間に約2石2斗の糞尿を排泄するので、合計排泄量は11石になる。次に、『浄慈院日別雑記』によれば、浄慈院の下人が豊橋へ人糞尿を汲みに行った回数は、ほぼ記述漏れがないと考えられる明治17年には114回であった（表11)。天秤棒の前後に肥桶2つを掛けて3斗の人糞尿を運ぶと、1年間で34石2斗の量になる。したがって、人糞尿を肥溜で腐塾させて自作地に施用した下肥の量は、自家排泄量を加えると、45石ほどになる。

浄慈院では田を1反歩、畑を1反8畝歩自作していたが（前掲（3）Ⅰ602頁)、『浄慈院日別雑記』には田に下肥を施用した記述はないので、畑に1畝歩当り2石5斗ほどの下肥を施用していたことになる。

(2) 下肥を施用した作物

『浄慈院日別雑記』は畑へ下肥を施用する作業を、「こへ懸（掛）け」「こへ出し」と表現している。その例を下に示す。

(明治16年10月18日）栄助昼後より門前ノ菜畑削りこへ懸ケル（前掲（3）Ⅴ198頁）

(明治16年11月6日）栄助門前菜畑削り　こへ出し（同205頁）

下肥の施用日数が多い作物は、商品作物のミカン（施用日数比39%）と、日常食材のひとつであったムギ（同18%）と、多種類の野菜（同23%）であり（表17)、3月と7月の施用回数が多い（表18)。3月はミカンとムギへの施用回数が多く、7月は各種の夏作物へ施用している（表19)。ミカン以外は各作物の生育初期と生長期に施用しており、基肥（もとごえ）として施用した事例はない。

数種類のミカンを作付していた場所は浄慈院の周囲に数か所あり、買いとり業者に摘果させる立木売り方式で売却していた。明治17年は10月13日に業者が買いとり価格を45～46円と見積もったが（前掲（3）Ⅴ326頁)、14日に一部のミカン畑を除いて38円（同327頁）で立木売りしている。

表 17　浄慈院の下男が下肥を施用した作物名と施用日数

作物名	14 年	15 年	16 年	17 年	合計	%
ミカン	7	8	13	4	32	39
ムギ	3	3	4	5	15	18
キビ	1	1	1	1	4	5
ソバ	0	0	1	2	3	4
ワタ	1	1	0	1	3	4
チャ	0	0	1	0	1	1
ナ	2	1	2	1	6	7
ダイコン	1	0	0	2	3	4
ナス	0	0	0	1	1	1
野菜	0	1	0	0	1	1
小もの	1	2	0	5	8	10
不明	2	2	1	0	5	6
合計	18	19	23	22	82	100

表 18　浄慈院の下男が下肥を施用した日数

月	14 年	15 年	16 年	17 年	合計	%
1	0	1	0	4	5	6
2	2	0	5	1	8	10
3	3	4	6	3	16	20
4	1	3	3	0	7	9
5	2	1	2	2	7	9
6	1	4	0	2	7	9
7	4	4	2	4	14	17
8	2	1	1	1	5	6
9	0	1	2	2	5	6
10	0	0	1	2	3	4
11	2	0	0	1	3	4
12	1	0	1	0	2	2
合計	18	19	23	22	82	100

表 19　浄慈院の下男が下肥を施用した作物名と月別施用日数

	月	1	2	3	4	5	6	7	8	9	10	11	12	合計
14 年	ミカン				1	2	1	1	2					7
	ムギ		1	2										3
	キビ							1						1
	ワタ							1						1
	ナ											1	1	2
	ダイコン											1		1
	小もの							1						1
	不明		1	1										2
	小計	0	2	3	1	2	1	4	2	0	0	2	1	18
15 年	ミカン			2	3	1		1	1					8
	ムギ	1		2										3
	キビ							1						1
	ワタ							1						1
	ナ									1				1
	野菜						1							1
	小もの						1	1						2
	不明						2							2
	小計	1	0	4	3	1	4	4	1	1	0	0	0	19
16 年	ミカン		1	5	3	2			1				1	13
	ムギ		4											4
	キビ							1						1
	ソバ									1				1
	チャ			1										1
	ナ										1			1
	不明							1						1
	小計	0	5	6	3	2	0	2	1	1	1	0	1	22
17 年	ミカン	2		1					1					4
	ムギ	2	1	2										5
	キビ							1						1
	ソバ									2				2
	ワタ							1						1
	ナ										1			1
	ダイコン										1	1		2
	ナス							1						1
	小もの					2	2	1						5
	小計	4	1	3	0	2	2	4	1	2	2	1	0	22
合計		5	8	16	7	7	7	14	5	5	3	3	2	81

38円を明治17年の名古屋定期米市場の価格（前掲（6）320頁）に換算すると約7石5斗、すなわち7～8人が毎日米を食べて暮らせる金額になり、寺の収入に及ぼす恩恵は大きい。買いとり業者は12月23～28日に「みかん切」作業（前掲（3）V 348-350頁）をおこなっている。

第4節　おわりに

人糞尿を腐熟させた下肥は、近世から近代にかけて、耕地の利用集約度と作物の単位面積当り収穫量を上げる手段として、頻繁に施用されていた。

この章では、明治14（1881）年～17（1884）年に三河国渥美郡豊橋町の郊外に立地する一寺院が、自作畑の生産力を維持するために、自家排泄量のほか、吉田城下の複数の家で人糞尿を汲みとり、腐熟させた下肥を、畑に施用していたことを記述した。

この章で明らかにした事実のひとつは、自作畑面積約1反8畝歩、すなわち平均的農家の半分ほどの畑地面積を自作していた浄慈院でも、人糞尿の汲みとり先を3～6軒確保していたことである。これは人糞尿を腐熟させた下肥の施用効果が大きいことを、当時の農家は体得していたことがわかる事例である。また、商品作物のミカンと日常食材のひとつであったムギに、大量の下肥を施用していたことも明らかになった。

注

(1) 橋本元（1935）「京都市に於ける糞尿の処理と近郊農業」京大農業経済論集 1，養賢堂，101-244頁.
渡辺善次郎（1983）『都市と農村の間－都市近郊農業史論－』論創社，277-348頁.
渡辺善次郎（1991）『近代日本都市近郊農業史』論創社，309-349頁.
小林茂（1983）『日本屎尿問題源流考』明石書店，314頁.
石川英輔（1994）『大江戸リサイクル事情』講談社，128-146頁.

荒武賢一朗（2015）『屎尿をめぐる近世社会＜大阪地域の農村と都市＞』清文堂出版，316頁.
(2) 楠本正康（1981）『こやしと便所の生活史－自然とのかかわりで生きてきた日本民族－』ドメス出版，202頁.
(3) 渡辺和敏監修（2007-11）『豊橋市浄慈院日別雑記　I～V』あるむ.
(4) 有薗正一郎（2001）「肥桶がとりもつ都市と近郊農村との縁」（吉越昭久編著『人間活動と環境変化』古今書院，241-249頁）.
(5) 十返舎一九（1802）『東海道中膝栗毛』（麻生磯次校注，1983，岩波書店（岩波クラシックス 23），下巻390頁）.
(6) 中沢弁次郎（1965）『日本米価変動史』柏書房，552頁.

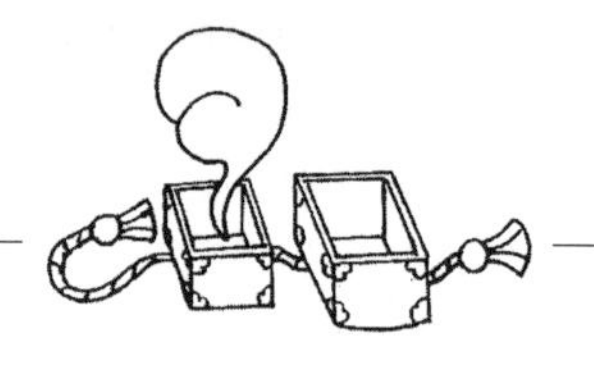

話の小箱（3）
「ひるね」と「よなべ」と不定時法

近世には、昼と夜をそれぞれ６等分した、不定時法が使われていました。昼夜の時間が等しい春分と秋分の日の１刻は２時間ですが、夏の昼と冬の夜の１刻は２時間より長く、夏の夜と冬の昼の１刻は２時間より短いです。

したがって、不定時法では、働く人の労働時間は、夏は長く、冬は短くなります。１年間の総労働時間は一定なのですが、暑い夏に長い時間働くと体が持ちませんし、冬は労働時間が短いので雇用主は損をすることになります。

そこで、１日の労働時間をなるべく一定にする対応法が、夏の「ひるね」と冬の「よなべ」でした。昼と夜の時間幅の変化に対応して、毎日の労働時間をなるべく均等にするために、昼が長い夏は「ひるね」し、昼が短い冬は「よなべ」していたのです。使用人たちに夏の間「ひるね」させる雇用主は慈悲深い人だったからではなく、冬に「よなべ」させる雇用主は使用人たちを酷使していたわけではありません。

「ひるね」と「よなべ」について記述する農書の中から、季節がわかる４つの農書を拾い、該当箇所を下に記述してみました。『家業考』と「ひるね」でとりあげる２つの農書は、著者の経験にもとづく情報を子孫へ伝えるために記述した、家伝書の部類に入る農書です。

(1)「よなべ」と「ひるね」について記述する農書

『家業考』(安芸国高田郡多治比, 丸屋甚七, 1764-72,『日本農書全集』

9，3-171 頁）

（春の）ひがんより家来よなべやめさしてよし（24 頁）

七月中より家来昼寝やめさしてよし（95 頁）

(2)「ひるね」について記述する農書

『村松家訓』（能登国羽咋郡町居村，村松標左衛門，1799-1841，『日本農書全集』27，3-389 頁）

田うへ済たる日ゟ二百十日まて昼寝する（306 頁）

雑司燈台松（中略）昼寝致間ハ一夜ニ三本ツヽ　弐百拾一日ゟ土用入之日迄五本ツヽ（314-315 頁）

『農業稼仕様』（丹波国氷上郡棚原村，久下金七郎，1837 頃，『日本農書全集』28，317-324 頁）

昼寝八十八やより弐百十日切（323 頁）

(3)「よなべ」について記述する農書

『清良記』（伊予国北宇和郡三間，土居水也，1629-54，『日本農書全集』10，3-204 頁）

（薪を）冬中夜なへの焼物にして（116 頁）

第７章

豊橋市域の中部と南部における稲干場の立地場所

第１節　問題の所在

この章は、前著『農耕技術の歴史地理』[1] で、愛知県渥美半島中部にあった 139 筆の稲干場の立地場所と干し方について記述した第 9 章（前掲（1）141-163 頁）の続編である。

これまで筆者がおこなってきた稲干場の立地場所の検証作業を踏まえると、1884（明治 17）年～ 1885（明治 18）年に作成された『地籍字分全図』と『地籍帳』が「稲干場」と記載する地目は、次に示す地形のいずれかの場所に立地していた。

第 1 類型　水田脇の斜面に立地する稲干場

第 2 類型　台地斜面に立地する稲干場

第 3 類型　水田中の微高地に立地する稲干場

稲干場の大半は、第 1 類型の場所に、傾斜方向と直角に細長い形で立地していた。また、いずれの類型も乾いた場所なので、立地場所から見て、水田で刈りとった穂付きの稲束を地干ししていたと考えられる。

この章では、前著で記述した渥美半島中部の東側に位置する愛知県渥美郡東部、現在の豊橋市域の中部と南部の村では、稲干場はどのような地形の場所に立地し、穂が付いている稲束をどのように干していたかを考察した結果を記述する。

作業手順は、まず愛知県公文書館が所蔵する 1884（明治 17）年～ 1885（明治 18）年に作成された各村の『地籍字分全図』と『地籍帳』を閲覧して、「稲干場」と表記される地目が記載されている場所を拾い、それが記載されている場所の図（縮尺 1200 分の 1）を複写し、地番と面積と地価を筆写した。次に、複写した図を持って現地へ行き、稲干場があった場所の位置と地形を観察して、縮尺 2 万 5000 の 1 地形図に場所を記入し、『地籍字分全図』が記載する稲干場の形状を縮尺 2500 分の 1 地図に描く作業をおこなった。

第 2 節　豊橋市域の中部と南部における稲干場の立地事例

『地籍字分全図』と『地籍帳』が作成された 1884（明治 17）年～ 1885（明治 18）年当時、今回考察の対象にする愛知県豊橋市域の中部と南部には 1 町 32 村中の 18 村に稲干場があり、合計 197 筆の稲干場が記載されている（図 17、表 20）。その約 4 分の 3 が第 1 類型（水田脇の斜面に立地する稲干場）に属する。すなわち、稲干場 4 筆のうち 3 筆は、水田で刈りとった穂付きの稲束を水田脇の斜面へ運んで干す場所であった。穂付きの稲束は重いので、水田から最短距離に位置する斜面へ運んだと考えられる。

以下、3 つの類型の典型を拾って、図を示しつつ、地形との関わりを記述する。

(1) 第 1 類型（水田脇の斜面に立地する稲干場）の例

花田村築地 10 番地　1 反 5 畝 16 歩（図 18 の A）

この稲干場は、沖積面との標高差が 5 m ほどある台地斜面の下部に立地し、短辺 10 m、長辺 120 m ほどの細い帯型をしている（図 19 の A）。ここは北隣の水田で刈りとった穂付きの稲束を干す場所であった。写真 2 は現在の景観である。

(2) 第 2 類型（台地斜面に立地する稲干場）の例

福岡村狐穴 67 番地　3 畝　　　同 68 番地　1 反 5 畝（図 18 の B）

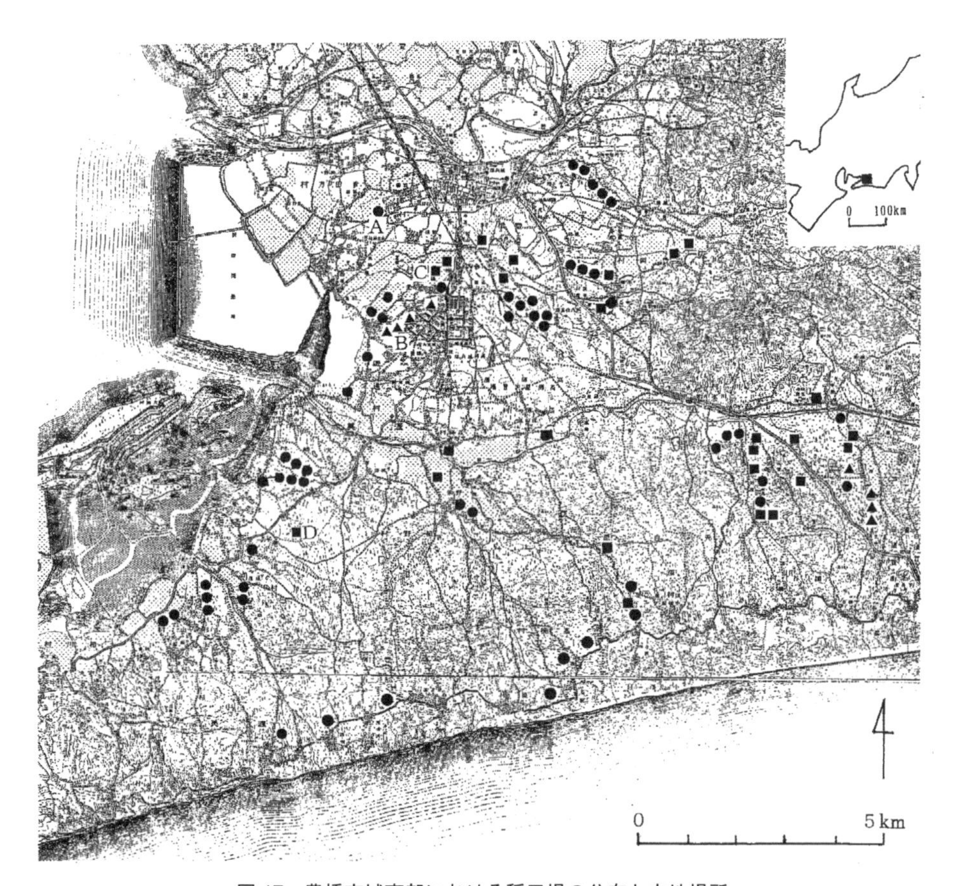

図 17　豊橋市域南部における稲干場の分布と立地場所

縮尺 5 万分の 1 地形図「豊橋」「田原」（明治 23 年測図）を 35%に縮小した図に、稲干場の所在を記入した。
●水田脇の斜面に立地する稲干場　▲　台地斜面に立地する稲干場
■水田中の微高地に立地する稲干場
図中の A・B・C・D は、図 18 に所在地の地形と土地利用を表示する場所である。

この 2 筆の稲干場は、水田がある沖積面から台地に上がる標高差 20 m ほどの斜面の中腹を、南西から北東方向へ通っている道の高位斜面側に立地している。2 筆の稲干場とも水田から 100 m ほど離れており、また穂が付いている稲束を背負って斜面を登るので、かなりの労力を要したと考え

表20　豊橋市域の中部と南部の各村にあった稲干場に関する諸数値

村名	稲干場の筆数	類型別の稲干場筆数 A	B	C	稲干場の面積
谷川	16	4	7	5	2町7反1畝15歩
二川	26	10	0	16	8反8畝27歩
寺澤	5	3	0	2	1反4畝20歩
七根	5	5	0	0	6反4畝13歩
豊南	2	2	0	0	4反2畝15歩
赤沢	1	1	0	0	2畝
杉山	8	8	0	0	7反8畝
福岡	24	13	5	6	2町3反9畝21歩
磯辺	2	2	0	0	1畝25歩
高師	2	0	0	2	4畝25歩
野依	4	4	0	0	7反7畝15歩
大崎	45	45	0	0	2町4反2畝22歩
老津	8	7	0	1	5反2畝14歩
東田	27	27	0	0	1町6反6畝 9歩
飯村	2	2	0	0	5畝 2歩
岩田	16	15	0	1	1町5反3畝27歩
花田	2	1	0	1	1反9畝20歩
豊橋	2	0	0	2	6畝28歩
合計	197	149	12	36	15町3反2畝28歩
構成比（%）	100	76	6	18	

明治17年に作成された各村の『地籍帳』から算出した。
A　水田脇の斜面に立地する稲干場
B　台地斜面に立地する稲干場
C　水田中の微高地に立地する稲干場

られる（図19のB)。運ぶ途中の斜面が畑に使われて、ここまで登らないと空地がなかったからであろう。ここは今は落葉樹と常緑樹が混在する樹林地であるが（写真3)、1884（明治17）年当時は草地だったと考えられる。

(3) 第3類型（水田中の微高地に立地する稲干場）の例

(a) 福岡村丁ノ坪17番地　2反3畝4歩（図18のC)

ここは沖積地に立地する大面積の稲干場である。水田に囲まれているの

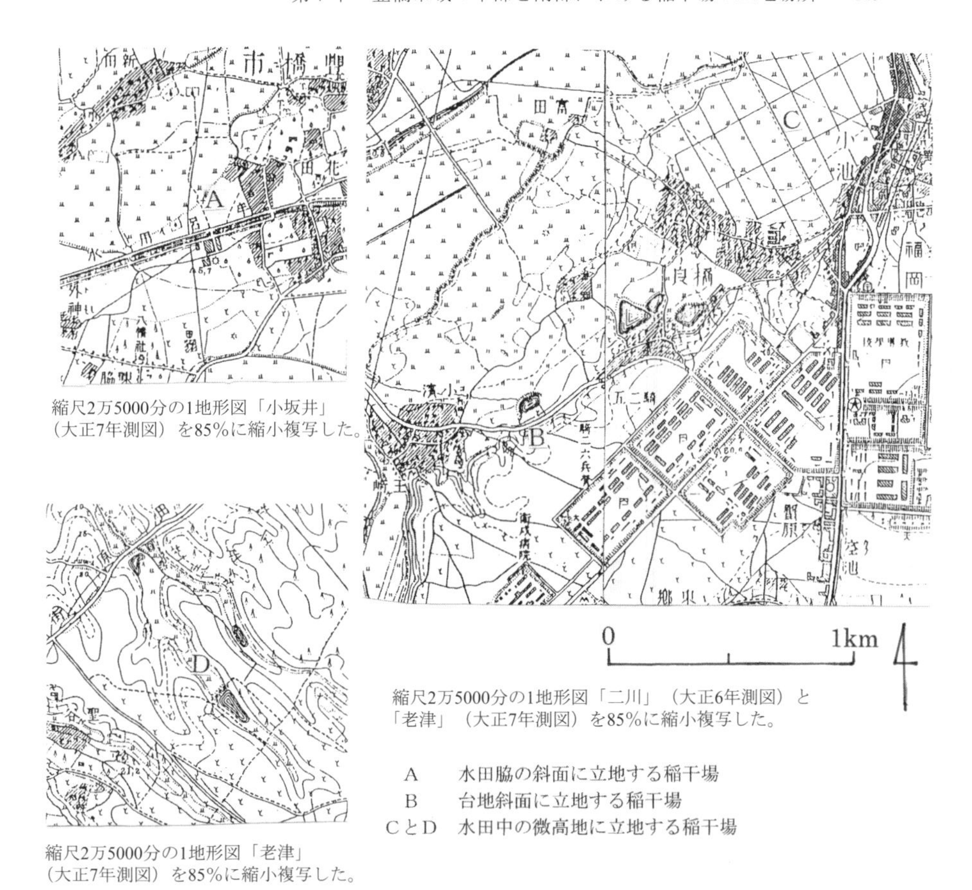

縮尺2万5000分の1地形図「小坂井」（大正7年測図）を85%に縮小複写した。

縮尺2万5000分の1地形図「二川」（大正6年測図）と「老津」（大正7年測図）を85%に縮小複写した。

縮尺2万5000分の1地形図「老津」（大正7年測図）を85%に縮小複写した。

A　水田脇の斜面に立地する稲干場
B　台地斜面に立地する稲干場
CとD　水田中の微高地に立地する稲干場

図18　稲干場の立地事例地および近辺の地形と土地利用

で、周囲の水田で刈った穂付きの稲束を運び込んで干す場であった（図19のC)。この稲干場は、北方向に分かれる2本の道沿いに細長い三角形をしていることから、河川の堆積作用でできた自然堤防と呼ばれる微高地だと考えられる。ちなみに、1917（大正6）年測図の縮尺2万5000分の1地形図には、ここに宅地が記載してあるので、福岡村の『地籍字分図』と『地籍帳』が作成された1884（明治17）年以降、この稲干場は宅地に転用されたようである。

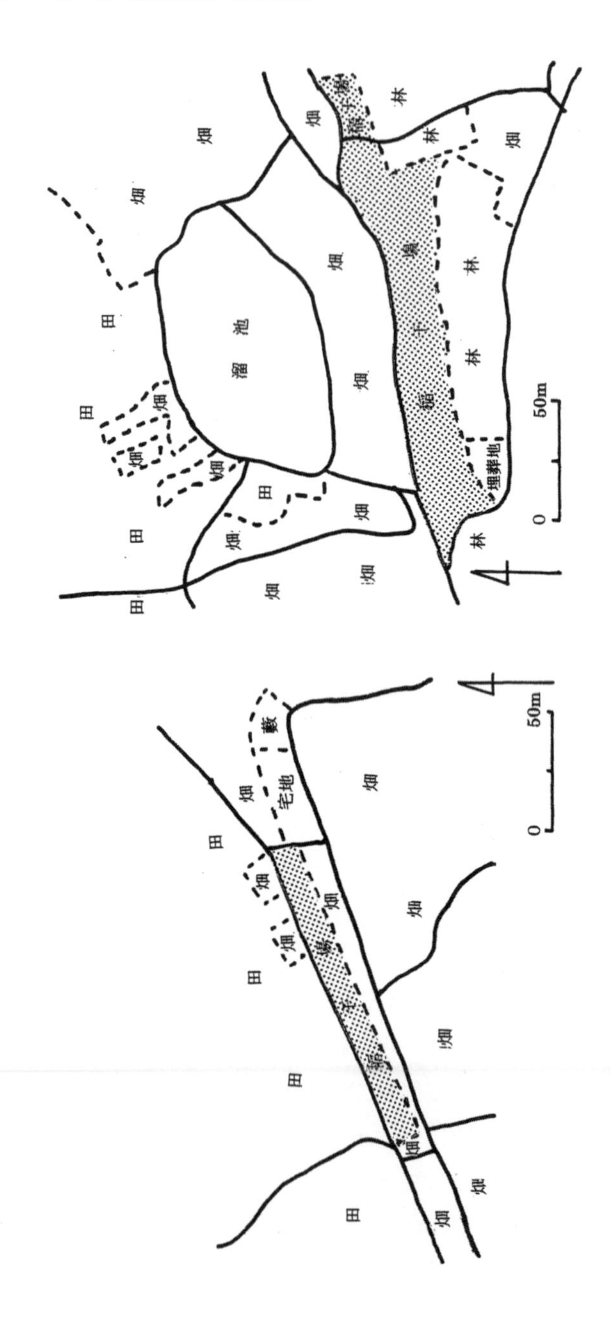

A　水田脇の斜面に立地する稲干場

(渥美郡花田村築地10番、1反5畝16歩)
渥美郡花田村『地籍字分全図』(明治17年作成)から作成した。

B　台地斜面に立地する稲干場

(渥美郡福岡村狐穴67番(3畝)と68番(1反5畝)
渥美郡福岡村『地籍字分全図』(明治17年作成)から作成した。

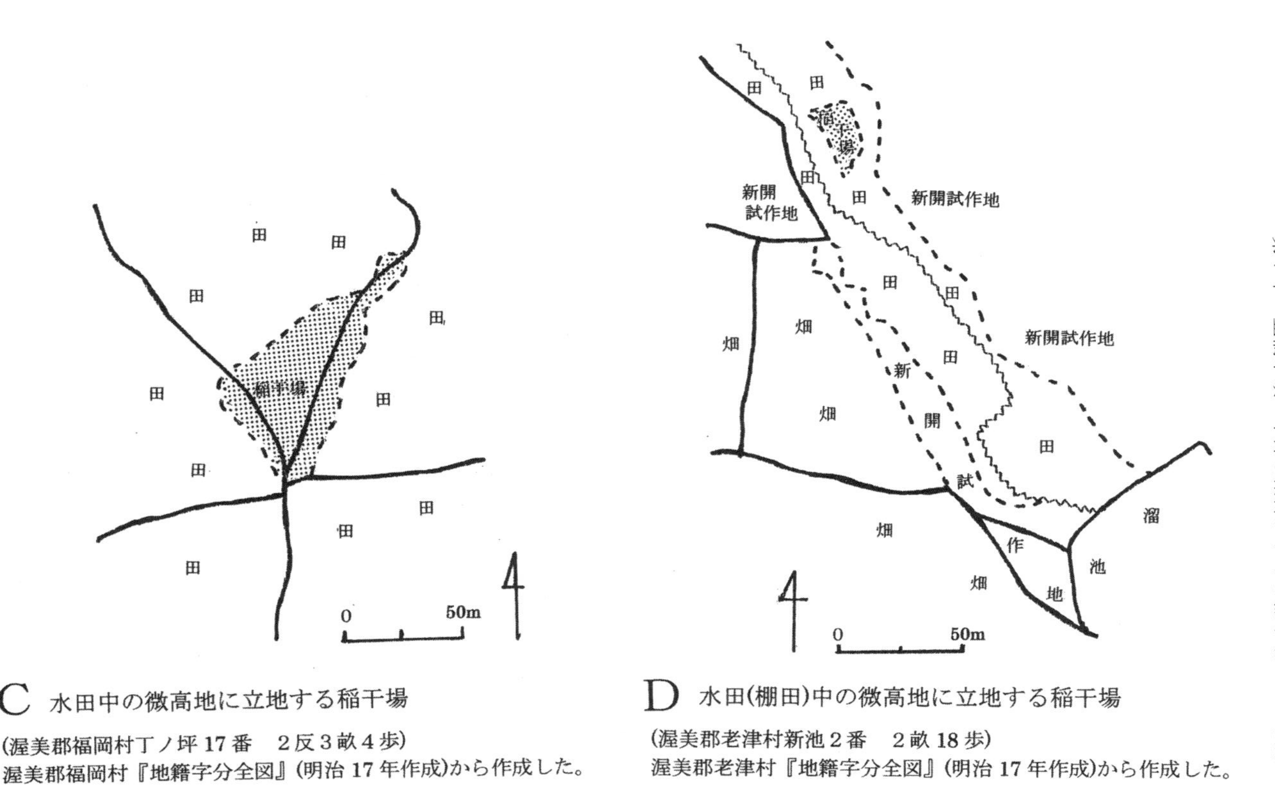

C 水田中の微高地に立地する稲干場
(渥美郡福岡村丁ノ坪17番　2反3畝4歩)
渥美郡福岡村『地籍字分全図』(明治17年作成)から作成した。

D 水田(棚田)中の微高地に立地する稲干場
(渥美郡老津村新池2番　2畝18歩)
渥美郡老津村『地籍字分全図』(明治17年作成)から作成した。

図19　稲干場の形態と稲干場周辺の土地利用

写真２　水田脇の斜面に立地する稲干場の例（渥美郡花田村築地 10 番地）

写真３　台地斜面に立地する稲干場の例（渥美郡福岡村狐穴 68 番地）

写真4　水田中の微高地に立地する稲干場の例（渥美郡老津村新池2番地）

(b) 老津村新池2番地　2畝18歩（図18のD）

台地との標高差5mほど、幅30m前後の狭い谷底に並ぶ棚田の中に立地する稲干場で、傾斜方向に長い形をしている（図19のD)。谷底の微高地を稲干場に使った例で、近年の地図にも畑の記号が記入されている。写真4は現在の景観である。稲干場が立地していた場所は、左側斜面奥にある小樹林地の右側である。

第3節　稲干場では地干ししていた

稲干場では刈りとった稲をどのように干していたか。これまで筆者がおこなった検証作業を踏まえると、いずれの稲干場も斜面か微高地上の乾いた場所に立地する。したがって、稲干場とは、穂付きの稲束を地表面に寝かすか、穂先を上または下にして立てる姿で地干しする場であったと考えられる。豊橋市域の中部と南部の18村にはそれを証明する資料がないので、稲干場の呼称と、そこでは地干ししていたことを記述する近世農書と聞き書記録を使って傍証する。

(1) 近世農書

岩代国『農民之勤耕作之次第覚書』(1789年) (2)

稲干場へセヲイ上ケ申ス（中略）刈申日ヨリ三四日過　女子供稲干始末（前掲（2）302頁）

能登国『農業開奩志（のうぎょうかいれんし）』(1795年) (3)

軽虚（カリキヨ）土ハ（ハキ） 干田ハ雨中に墾するか好　又牛馬ニすきかき踏付させ又はさ場稲入之場　又稲干場にするか好（前掲（3）56頁）

越後国『粒々辛苦録』(1805年) (4)

以前ハ秣場稲干場なと村毎にありしか（中略）近年ハはざと云物出来て　夫に稲を懸て干す事也（前掲（4）76頁）

越後国『やせかまど』(1809年) (5)

昔は稲干場の事は　皆ふり干しとて　朝家内者残らす干場へ出て　天気を考へ　壱把宛拡けて（中略）今は夫とは違ひ　はざといへる事はしまりて（前掲（5）271-272頁）

近世には多くの地域で稲束を地干していた。刈った稲の干し方に関する農書類の記述の一覧を前著で表にまとめ、所在地を図に示しておいたので、参照されたい（前掲（1）121-125頁）。

(2) 聞き書記録

宮本常一は著書『庶民の発見』(6) の中で、秋田県角館（かくのだて）近郊で見た稲干場に関わって、次のように記述している。

秋田角館近くの田でもアゼはいたって広い。このような傾向は東北日本各地に見られたところらしく、越後蒲原平野の真中でさえ、明治の初めまでは田のほとりに稲干場といって、広い空地があったという。

その稲干場というのはハサバのことではなく、稲一把ずつをならべてほすほどのひろさであったという。今は屋敷になり、また田になっているとのことである（前掲（6）79-80 頁）。

この記述から、秋田県角館近郊の稲干場と、『やせかまど』の著作者が住んでいた越後国蒲原（かんばら）平野の稲干場は、穂付きの稲束を地干しする場であったことがわかる。

ちなみに、稲干場の呼称は小字名にも使われており、筆者がこれまでに拾った小字「稲干場」は全国で 26 か所ある。

愛知県を例にとると、犬山市池野とあま市中萱津（なかかやづ）と新城（しんしろ）市富保（とみやす）に小字「稲干場」がある。犬山市の稲干場は棚田に挟まれた丘の先端に、あま市の稲干場は河川下流域の水田に囲まれた微高地上に、新城市の稲干場は谷底の水田脇の斜面に立地する。

次に、地目として使われている例をひとつ記載する。武蔵国多摩郡連光寺村は小河川の両岸に水田が連なる村である。1843（天保 14）年に作成された『連光寺村明細帳』(7) には、水田へ入れる草を田に隣接する稲干場でも刈るとの記述がある。

草苅場者持添新田秣場其外当村方深田故　田縁稲干場或者百姓林等ニ而苅来候（前掲（7）87 頁）

1906（明治 39）年に測図された縮尺 5 万分の 1 地形図を見ると、連光寺村には多摩丘陵から多摩川へ流れ込む小河川が作った幅約 100 m、標高差 50 m ほどの谷に、土地の人が「やとだ（谷戸田）」「やちだ（谷地田）」と呼ぶ棚田が並んでいたことが読みとれる。この小河川の下流端 200 m ほどは谷幅が狭いために、小河川沿いの水田は水はけが悪い湿田であったと考えられるので、村人は棚田の脇の斜面に穂付きの稲束を運んで干したのであろう。

第4節　まとめ

この章では、現在の愛知県豊橋市域の中部と南部に位置する18村にあった197筆の稲干場の約4分の3は、稲干場の立地場所を地形で区分した3類型のうち、「水田脇の斜面に立地する稲干場」に属することを、1884（明治17）年～1885（明治18）年に作成された『地籍字分全図』が表記する稲干場の位置と地形図を対照する作業をおこなって、明らかにした。また、3類型ともに乾いた場所に立地するので、いずれの類型の稲干場も、穂付きの稲束を地干しする場であったと考えられる。

上記の結論は、前著で筆者が渥美半島中部でおこなった検証結果と一致する。豊橋市域の中部と南部に位置する18村にあった地目「稲干場」は、刈りとった穂付きの稲束を水田脇の乾いた斜面へ運んで、地干しする場所だったのである。

注

(1) 有薗正一郎（2007）『農耕技術の歴史地理』古今書院，208頁.

(2) 高嶺慶忠（1789）『農民之耕作之次第覚書』（庄司吉之助翻刻，1980，『日本農書全集』2，農山漁村文化協会，273-311頁）.

(3) 村松標左衛門（1795）『農業開奮志』（清水隆久翻刻，2014，『埋もれた名著「農業開奮志」』，石川農書を読む会，382頁）.

(4) 著者未詳（1805）『粒々辛苦録』（土田隆夫翻刻，1980，『日本農書全集』25，農山漁村文化協会，3-148頁）.

(5) 太刀川喜右衛門（1809）『やせかまど』（松永靖夫翻刻，1994，『日本農書全集』36，農山漁村文化協会，149-345頁）.

(6) 宮本常一（1976）『庶民の発見』（『宮本常一著作集』21）未来社，331頁.

(7) 東京都品川区資料館編（1957）『武蔵国多摩郡連光寺村富澤家文書目録解題』東京都品川区資料館，83-94頁.

第8章

美作国『江見農書』の耕作技術の性格

第1節　はじめに

筆者は『江見農書』を30年ほど前に古書店から購入した。これは55丁の1巻本で、縦23 cm、横16 cmの和綴竪帳である。柿渋色の表紙と1丁表には、『稿本　江見農書　全』と書かれた題箋が貼ってある。『江見農書』は書体からみて、1人が書いた手稿本であるが、序文と凡例と跋文が記載されていないので、原本か写本かはわからない。『江見農書』の著作者は農耕技術を先に記述して、序文と凡例と跋文を書く段階になってから、何かの事情で公にすることを断念したのかも知れない。

『江見農書』の2丁表(写真5)と54丁裏に、山中文庫の朱印が押してある。山中文庫とは、千葉県君津で20世紀前半に農業指導をおこなっていた山中進治の所蔵書籍群であろう。君津市のウエブサイトには「山中文庫は、私設社会教育施設で、地域の人達を集めて講習会や研究会などを行っていた」と記述されている。巻頭の2丁表と巻末の54丁裏に山中文庫の朱印が押してあるということは、押印時に序文と凡例と跋文はなかったことを意味している。

筆者は『江見農書』を翻刻し、現代語訳と解題を付けて刊行した(1)。この章では翻刻本の解題で説明が足りなかった、『江見農書』が記述する雌雄説の位置付けと、中国地方で著述された農書類の作物耕作暦との比較作業を加えて、『江見農書』の耕作技術の性格を記述する。

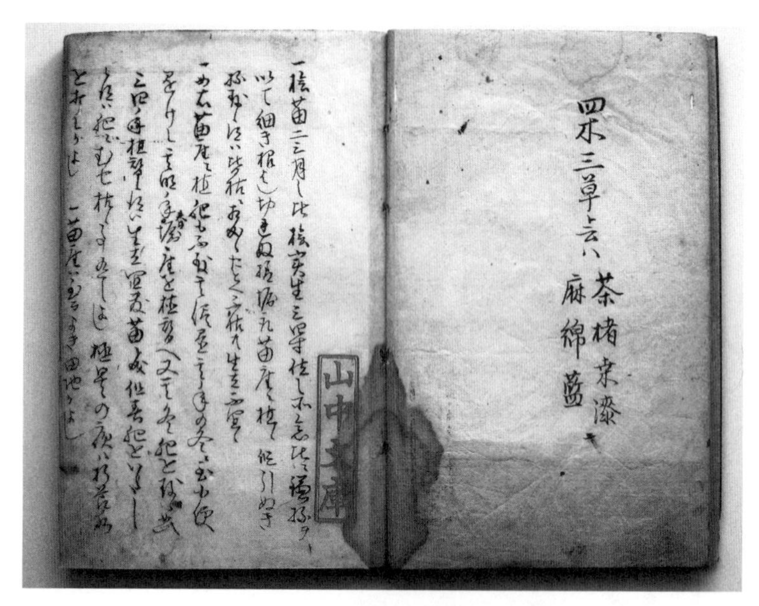
四木三草云ハ
茶楮桑漆
麻綿藍

写真５ 『江見農書』の１丁裏と２丁表

第２節 『江見農書』の著作地と著作年

筆者が所蔵する『江見農書』には序文と凡例と跋文が記載されていないので、著作者名と著作地と著作年はわからない。また、『国書総目録』（岩波書店、1989年補訂版）には『江見農書』は記載されていない。

ここでは『江見農書』が記載する地名を手がかりにして著作地を確定し、冊子に挟み込まれていた2枚の紙が記述する暦日から『江見農書』の著作年を推定してみたい。

『江見農書』は美作国の東端に位置する英田郡江見村江見（現在の岡山県美作市作東町江見）の人が著作した農書である。

その根拠は、『江見農書』に「當国江見」（前掲（1）43頁）、「當国中谷」（同44頁）、「芸州」（同43頁）、「丹波国」（同43頁）、「伯州赤碕」（同48

頁)、「四国」(同 51 頁) の地名が記載されているからである。これら地名の分布からみて、『江見農書』の著作地は中国地方に絞られる。

次に、中国地方で「江見」地名を検索すると、拾えるのは美作国と伯耆(ほうき)国の 2 か所である。『江見農書』は「伯州赤碕辺ニ而ハ」と記載しているので、「当国江見」は美作国江見ということになる。伯耆国の江見であれば、「伯州赤碕」と国名まで記載しないからである。また、先にあげた中谷は、江見から北へ 30 km ほど上流に位置する、美作国英田郡東粟倉村中谷(ひがしあわくらそんなかだに)(現在の岡山県美作市作東町中谷) であろう。

『江見農書』には著作年が記載されていない。筆者は、『江見農書』は 1823 ～ 24 (文政 6 ～ 7) 年頃に著作されたと推定する。その根拠は、『江見農書』に挟み込まれていた 2 枚の紙に記載されている 2 年間の暦日である。本文と同一人物が筆記したと思われる紙の 1 枚には、第 2 年目の冒頭に申(さる)年と記載されている。また、この年は閏(うるう) 8 月があり、6 月・7 月・閏 8 月・10 月が小の月 (29 日) であった。これら 3 つの条件を満たす年は、1824 (文政 7) 年だけである。以上の理由で、筆者は『江見農書』の著作年を 1823 ～ 24 (文政 6 ～ 7) 年頃であると推定した。

第 3 節　美作国江見の地理

江見の集落は美作国東端に位置し、花崗岩類山地に囲まれる盆地底の、吉野(よしの)川と山家(やまが)川が合流する場所に立地する (図 20、写真 6)。花崗岩類を母材にする土壌は水はけがよい。

江見の集落が立地する標高 120 m ほどの盆地は、夏季は高温になり、一定の降水量があるので、水田稲作がおこなわれてきた。盆地底には水田が広がり、山麓の緩斜面と支流の河谷には棚田がある (写真 7)。盆地底と周囲の山地との標高差は 200 m ほどである (図 20)。山地の潜在植生は常緑広葉樹林か落葉広葉樹林 (雑木林(ぞうきばやし)) だと思われるが、現在は落葉広葉樹

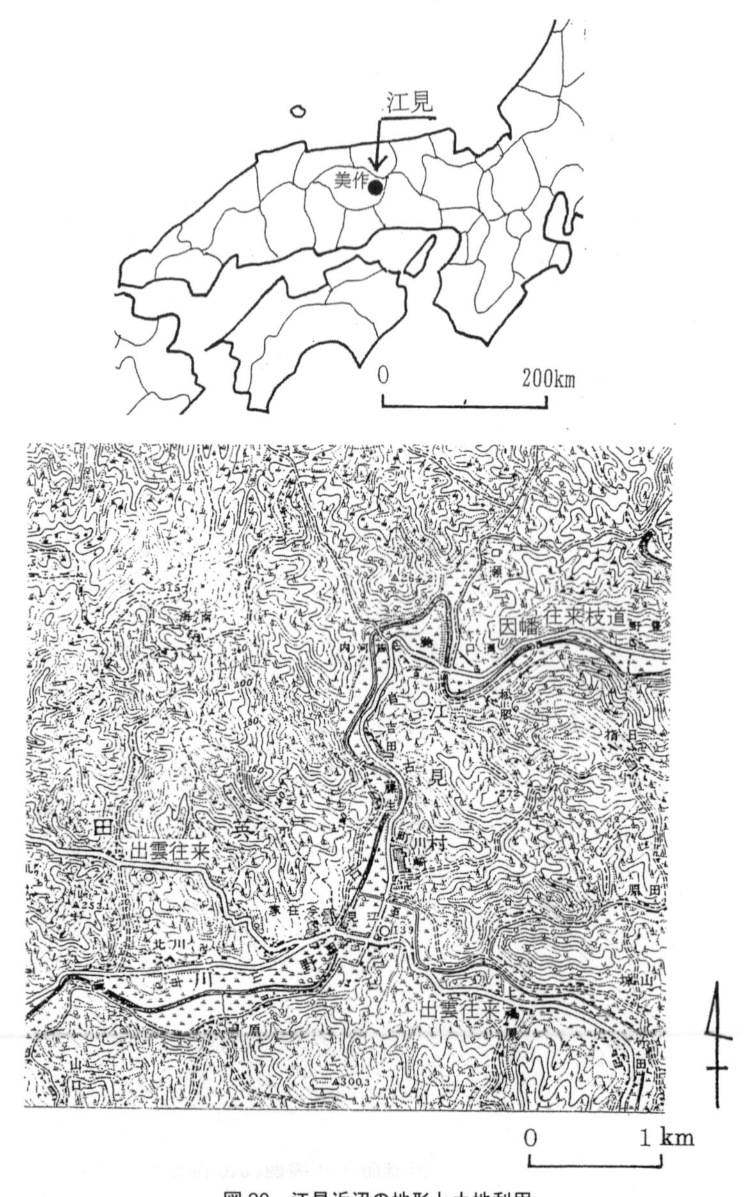

図 20　江見近辺の地形と土地利用

縮尺 5 万分の 1 地形図「津山町」（明治 30 年測図）を 90%に縮小複写した図に街道名を加筆した。

写真 6　江見盆地の景観

右から左方向に吉野川が流れ、川と直角に中国自動車道が通る。遠景の山地の植生は落葉広葉樹林（雑木林）と植林地が相半ばする。

写真 7　江見集落近辺の山麓斜面の棚田

写真 8　江見集落近辺のスギ植林地

林とスギやヒノキなどの植林地が相半ばしている（写真 8）。

江見の集落は、今は兵庫県姫路市から JR 姫新線の気動車を乗り継いで 2 時間ほどを要する場所にあるが、近世には美作国をほぼ東西方向に通る主要街道の出雲往来と、江見から北へ向い因幡往来に合流する枝道の分岐点に立地していた（図 20）。したがって、人と物資と情報が往来する江見には、新たな農耕技術の情報がもたらされていたはずである。

筆者が知る限りで、美作国のもうひとつの農書、『農業子孫養育草』(2)（1826 年）の著作者・徳山敬猛が住んだ美作国大庭郡川上も、久世で出雲往来から分岐して北に向かう大山往来沿いに立地していた。江見と川上は、近世には人と物資と情報が往来する、街道沿いの集落であり、一歩進んだ農耕技術の情報が真っ先に伝わる場所であった。近世の江見は、このような地理的条件を持つ集落だったのである。

ちなみに、『農業子孫養育草』は、既存の諸農書を編集した「二次農書」と呼ばれる史料なので、『農業子孫養育草』から美作国の農耕技術の地域性を明らかにすることはできない（前掲（2）346-353 頁）。

第4節　『江見農書』の記述の構成

『江見農書』には、有用樹木 10 種類の植樹の要領と、農作物 57 種類の耕作技術が記述されている。記述が有用樹木の植樹の要領から始まっていることが『江見農書』の特徴であり、小規模な盆地に立地する江見の性格を説明している。現在の江見周辺は、山地斜面のほぼ半分がスギとヒノキの植林地である。

各作物の記載順は整理が十分ではないようにも思えるが、著作者は重要な作物から順次記述したと考えれば、妥当な配列である。

樹木と農作物群の種類数と記述行数を表 21 に示す。工芸作物は種類数に比して記述行数が多い。表 22 に農作物ごとの記述行数を示した。工芸作物であるワタ・アブラナ・（製茶法も含む）チャの記述行数が多いことから、『江見農書』の著作者の意図が読みとれる。また、アワとムギの記述行数が多いのは、山地斜面に立地する畑地の主要作物だったからであろ

表 21　『江見農書』の農作物群別記述行数と構成比

	種類数	構成比（%）	行数	構成比（%）
樹木	11	19	47	6
穀物	9	16	143	19
豆類	8	14	76	10
工芸作物	10	18	190	26
野菜類	16	28	203	27
芋類	3	5	51	7
農作物	—	—	3	0
肥料	—	—	32	4
合計	57	100	745	100

表 22 『江見農書』で記述行数が多い農作物名と構成比

農作物名	行数	構成比（%）	農作物名	行数	構成比（%）
ワタ	54	7	ウリ	26	3
アワ	48	6	ソバ	25	3
ダイコン	41	6	ナス	18	2
ムギ	35	5	ゴボウ	18	2
アブラナ	31	4	ソラマメ	17	2
サツマイモ	29	4	ダイズ	16	2
チャ	26	3	カボチャ	16	2

上記 14 種類（農作物総数の 25%）の記述行数（400 行）が全行数（745 行）の約 5 割を占める。

う。他方、イネの耕作技術が 10 行しか記述されていないことについては、山間地江見の性格を説明していると解釈したい。

第 5 節　『江見農書』から読みとれる耕作技術の性格

『江見農書』の耕作技術の特徴は、有用樹木の植樹の要領から記述を始めていること、工芸作物の記述量が多いこと、肥料の種類ごとに施用の方法と時期を細かく記述すること、イネとワタの耕作技術の中に雌雄株の見分け方を記述していることの 4 点である。そして、これらの技術を踏まえて、江見の農家を自給的経営から商業的経営へ一歩踏み込む方向へ導きたい著作者の意図が読みとれることである。他方、『江見農書』が記述する作物の耕作暦は、中国地方でほぼ同じ時期に著作された諸農書とほぼ同じなので、『江見農書』の耕作暦は近世後半の中国地方の一例として位置付けることができる。

『江見農書』が有用樹木の植樹の要領から記述を始めていることは、山間地で著作された農書であることを端的に示している。江見は盆地底との標高差が 200 m ほどの山地に囲まれており、今は山の斜面にはスギとヒノキの植林地と落葉広葉樹林（雑木林）が混在している。近世の江見では、山地斜面で有用樹を育てるのが、土地の性格に適応する生業であった。伐採した用木は、吉野川を経て吉井(よしい)川に流せば、瀬戸内海へ搬出できた。

『江見農書』の植樹に関わる諸技術の中に、傾斜地に苗木を植えて、樹幹の下部を湾曲させ、堅い材質の木に育成する方法が記述されている。『江見農書』はこの湾曲部を「アテ」と称する（前掲（1）6 頁、図 21)。湾曲した樹幹を屋根横木の母屋(もや)や天井の梁(はり)に使えば、年輪の間隔が不均等なために、均等な直材よりも加重への耐性が大きいとされている。

ちなみに、近年修復された京都東本願寺と西本願寺の母屋の両端は、従前と同型の湾曲した材が使われている（写真 9)。『江見農書』の著作者は、有用樹木を育生した経験を踏まえて、「アテ」について記述したのであろう。

『江見農書』は、多くの行数を費やして工芸作物の耕作技術を記述しているが、その内容は筆者が知る近世農書類の水準を超えていないように思

図 21　『江見農書』が描くアテの姿
稿本の 3 丁表を転写した。

写真９　アテの効用

母屋（屋根の横木）の端に湾曲した材を使えば、加重への耐性が大きくなる。
（京都東本願寺に展示されている建物構造模型）

われる。ただし、「茶」と「芽茶」の項目に記述されている製茶の手順は、貴重な情報である。

江見では「葉を刈る→釜でゆでる→刻む→ゆで汁をかけながら揉む→莚で覆って一晩置く→日に干す」（前掲（1）43頁）手順で加工し、中谷では「葉を土鍋で炒る→揉む→鍋に入れて低温で炒る」（同44頁）手順で加工したようである。いずれも摘んだ葉をすぐに高熱処理して酵素を失活させる不発酵茶であるが、加工法に名前をつけるとすれば、江見は釜茹茶、中谷は釜炒茶であり、我々が知る「葉を蒸す→揉みながら乾かす」手順で作る蒸茶とは製法が異なる。また、葉を摘む場合は、新芽は摘まずに残しておき、よく開いた葉を摘みとることを奨励している（同44頁）ので、生産量に重点を置いていたようである。

『作東町の歴史』[3]には「茶は本格的に商品化し、本町域の重要な生産物となっていた。享和年中（1801 ～ 04）ごろ、英田茶として名をはせたこのあたりの茶は」（前掲（3）148頁）との記述がある。『江見農書』の著作者も、英田茶の生産に関わる人だったのであろう。

『江見農書』が記述する肥料の素材は人糞尿・油糟（油菜・胡麻・綿実）・鳥糞（鶏・鳩）・干鰯・飴糟・小麦糟・米糟・壁土・草・古莚などで、農作物の種類と生育段階に応じて、肥汁（液肥）・水肥（薄い液肥）・濁肥（濃い液肥）・くもし肥（堆肥）・焼土肥・ひねり肥（土に押し入れる肥料）に調製したものを施用している。しかし、これらの肥料は近世にはどこでも使われていて、肥料の種類から美作国東端の地域性を説明することはできない。

『江見農書』は、稲穂の雌雄の見分け方（雌穂は穂軸最下段の枝穂が二股に分かれ、雄穂は穂軸最下段の枝穂が1本）と、ワタ株の雌雄を見分ける方法（苗の時に雌株は葉が対生で雄株は互生、雌株は主根が2本で雄株は主根が1本）を記述している。『江見農書』の著作年が1823～24（文政6～7）年頃であれば、枝穂または葉が対生か互生かで作物の雌雄を判別する方法の初見とされてきた『農業余話』[4]（1828年）と『草木撰種録』[5]（1828年）より5年ほど早い。しかし、5年ほどの早晩は問題ではない。『江見農書』は、作物の雌雄説が街道を経て美作国まで流布していたことを示す史料なのである。

第6節　イネとワタの雌雄の見分け方

『江見農書』は来年用のイネ種の選び方を、次のように記述する。

撰り種ハ　雌穂と云て元の枝弐ツある穂を取なり（前掲（1）10頁）

この雌雄の見分け方は、『農業余話』の「藁しべの本に節あり（中略）其節の所より出たる枝の一えだ出たるは雄なり　二枝つきたるは雌なり　竹の雌雄と同じ　此雌の方を撰ミて種に収むべし」（前掲（4）286頁）、『草木撰種録』の「凡五穀の類ハ（中略）竹の男女と同理にして　穂の本枝

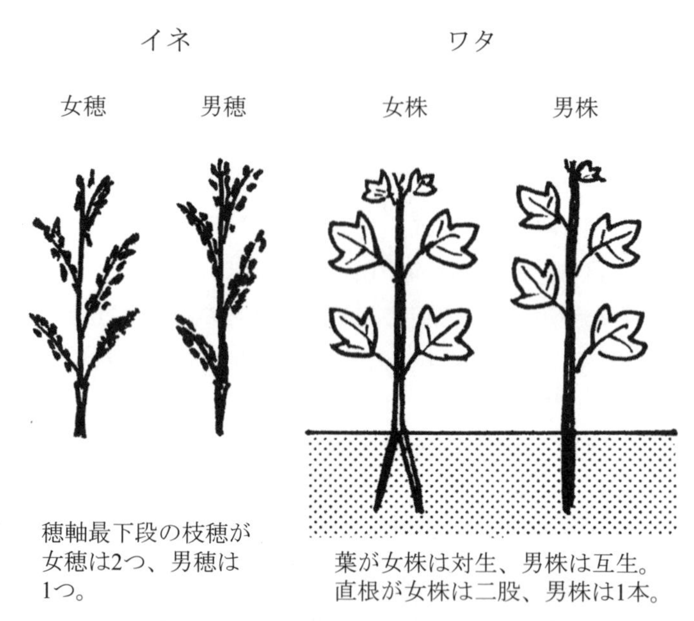

図 22　『江見農書』が記述するイネとワタの雌雄判別法

一(ひとつ)なるハ男　二(ふたつ)なるハ女なり」（前掲（5）70 頁）と同じである。穂軸の最下段から出ている枝穂がひとつであれば雄穂、ふたつであれば雌穂すなわち多稔穂なので、雌穂を来年用の種に選ぶことを奨めている（図 22）。いずれも中国明代末の本草書『本草綱目』(6) が「竹」の項目で、「時珍曰竹（中略）根下之枝　一為雄　二為雌　雌者生笋」（前掲（6）2163 頁）と記述したことにもとづく雌雄の判別法である。

『草木撰種録』は下総国、『農業余話』は摂津国、『江見農書』は美作国で、ほぼ同じ時期に著作されているので、この要領でイネの多稔穂を選ぶ技術は、知識人たちの間では広く流布していたのであろう。

『江見農書』は間引くワタ苗の選び方を、次のように記述する。

> （ワタの雌雄の）見立よふハ　蒔候而　やゝ二葉ニ成り候節　両葉のまた一ツ處より出候ハ女木　上り下りになり而出候ハ男木なるへし（前掲（1）18 頁）

この雌雄の見分け方も、『草木撰種録』の「男苗ハ二葉にあがりさがりありて　茎太く枝立ち上り生立早し」（前掲（5）71頁）と同じである。しかし、『江見農書』の次の記述は、『農業余話』と『草木撰種録』には見られない。

女木ハ　捨候節　根二タ股なるへし　男木ハ立根壱本なるべし（前掲（1）18頁）

すなわち、雌株は主根が二股、雄株は主根が一本だというのである。しかし、筆者はここ20年ほど自家菜園でワタを作っているが、主根が二股の株を見たことはない。

なお、19世紀前半には農作物の雌雄を判別するのに2つの方法が流布していた。その内容と、大蔵永常が『再種方』(7) で雌雄説には根拠がないこと（前掲（7）273頁）を明らかにするまでの経過については、田中耕司 (8) の論攷があるので、それを参照されたい。

第7節　4種類の作物の耕作暦からみた『江見農書』の位置付け

中国地方で近世に著作された3農書が記述する4種類の作物の耕作暦を比較して、中国地方の中における『江見農書』の性格を検討するために、図23を作成した。『家業考』(9) は安芸国山間部の手作地主が著作した家伝書に近い農書であり、『農作自得集』(10) は出雲国松江藩領の平坦部に住んだ人が著作した農書である。

これら3農書が記述するイネ・ムギ・ワタ・ソバの耕作暦は、いずれもよく似ているので、『江見農書』の耕作暦は近世後半の中国地方でおこなわれていた耕作暦の一例として、位置付けることができる。なお、これから記述する耕作暦の月は、365日を24等分した二十四節気の月である。これに1か月と5日を加えると、ほぼ現在の月になる。

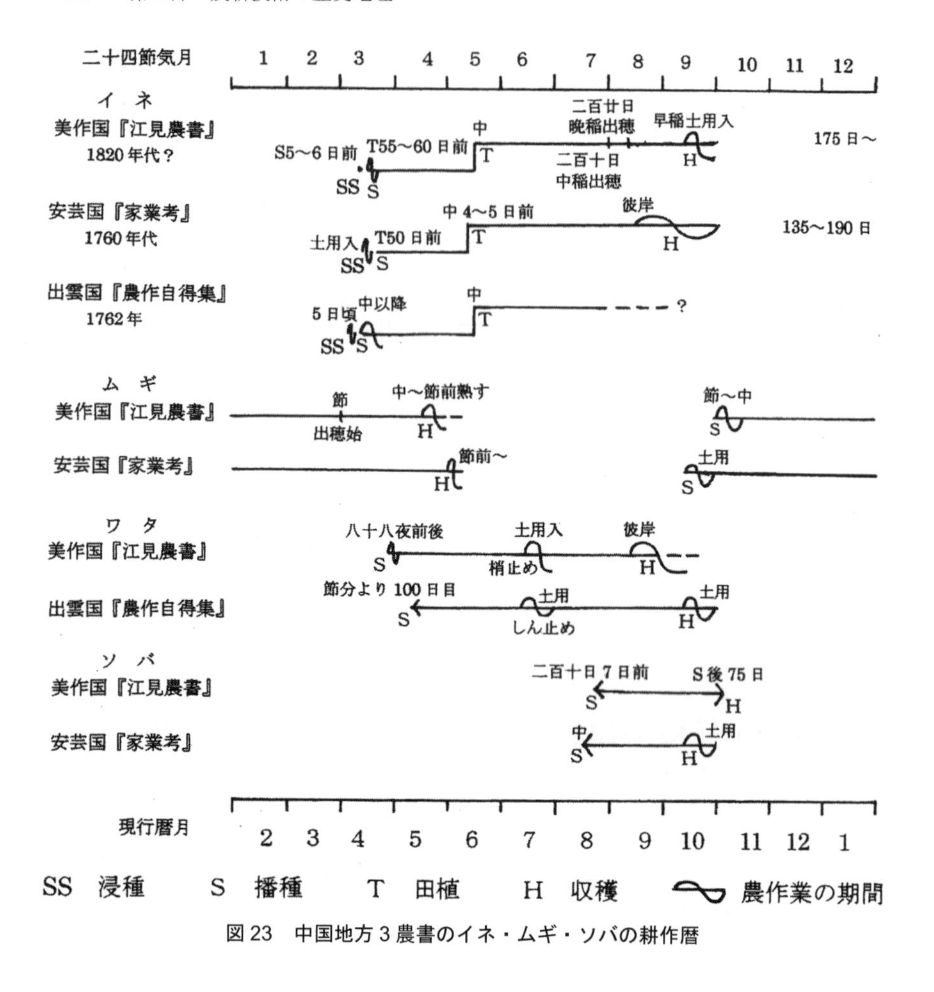

図23　中国地方3農書のイネ・ムギ・ソバの耕作暦

『江見農書』は、イネの籾を二十四節気月の3月前半に水に浸け、3月後半に苗代に蒔き、2か月後に田植し、秋の土用入り以降に収穫している。『家業考』のイネの耕作暦は『江見農書』とほぼ一致し、『農作自得集』も田植までは『江見農書』と一致するので、これら三農書のイネの耕作暦は、ひとつの類型にまとめることができる。

筆者は『近世農書の地理学的研究』(11)で、近世のイネの耕作暦を指標にして、日本列島を大きく2つの地域類型に分けた（前掲（11）238-242頁）。すなわち、播種から収穫までの総作付日数が短い東北日本と、それ以外の地域である。さらに、東北日本以外の地域は、苗代期間が短い北陸型と、苗代期間が長くて播種開始日が3月中旬の太平洋沿岸地域型と、苗代期間が長くて播種開始日が3月後半の中国および北部九州型の、3類型に細分した。

『江見農書』のイネの耕作暦は、苗代期間が長くて播種開始日が3月後半の中国および北部九州型の典型である。この状況は、1931（昭和6）年に登録された農林1号に始まる多収穫早生品種群の作付と、稚苗を田植機で移植する方式が普及する以前の、20世前半まで変わらない。

『江見農書』はムギを10月前半に播種し、4月後半から収穫を始めているので、総作付日数は『家業考』よりも1か月ほど短い。

『江見農書』はワタを八十八夜前後に播種し、6月土用入り以降に株の先端を摘みとっている。これは、近世ではもっとも標準的な日どりであった。近世に入ってから全国で栽培が普及したワタは、耕作暦に地域差がほとんどみられない。『江見農書』では収穫が八月彼岸以降に始まり、『農作自得集』より1か月早い。

『江見農書』はソバを「二百十日ゟ七日前」（前掲（1）23頁）に播種し、75日ほどで収穫している。近世の諸農書が記述するソバの播種日は、6月後半から7月後半まで、様々である。同一耕地でソバの前に作付する作物の耕作暦との関わりでそうなるのであろう。中でも『江見農書』のソバの播種日「二百十日ゟ七日前」は、筆者が知る限りもっとも遅い。

他方、播種後「七十五日にして収む」（前掲（1）24頁）10月前半の収穫日は、『家業考』も含めて、他地域の収穫日と一致する。『江見農書』は「そバハ霜に痛むもの也　但土用の内ハ　さのみ痛ます　其後ならハ　霜降ハ早く刈取へし」（同24頁）と、秋の土用が過ぎて霜が降りたら、ただちにソバを刈りとりることを奨励している。秋の土用明けは、現行暦では11月7日頃である。この時期に霜が降りるのはやや早いように思われるが、江見は昼夜の気温差が大きい盆地に立地するので、天気のよい日には夜間の気温はかなり下るであろう。ここに土地の気象条件に適応した『江見農書』の耕作技術の一端が読みとれる。なお、『江見農書』はソバの跡に小菜（葉菜類）を播種すると記述している（前掲（1）25頁）。雑草を生やさないためにも、ソバの前には夏作物を作付したと思われるので、この畑ではソバを含む三毛作がおこなわれていたであろう。

ちなみに、近世の諸農書が記述する畑作物の耕作暦には、地域差がイネほどはみられない。『江見農書』のムギ・ワタ・ソバの耕作暦も、ソバの播種日を除いて、日本列島各地域の近世農書が記述する耕作暦とほぼ一致する（前掲（11）242-246頁）。

第8節　『江見農書』は地域に根ざした農書である

筆者は『近世農書の地理学的研究』で、次の4つの条件を満たす「地域に根ざした農書」を使えば、地域固有の性格が明らかになると記述した（前掲（11）65-68頁）。

(1) 農書の著者は長年の営農経験を有すること

(2) 著者が言及する地域の範囲が明らかなこと

(3) その地域への普及を目的とするか、普及が可能なこと

(4) 農作物の耕作法を記述していること

『江見農書』には序文・凡例・跋文が記載されていないので、(1) の条件を満たすかどうかは証明できないが、記述された農耕技術の内容をみる限り、著作者は長年の営農経験にもとづいて『江見農書』を記述したと、筆者は解釈したい。

一例をあげよう。「茶」と「芽茶」の項目に記載されている江見と中谷での製茶の手順は、自ら経験するか、実見した人でないと書けない内容である。

ただし、『江見農書』の著作者の経験にもとづいた記述ではないと思われる箇所もある。「蛇形芋」（前掲（1）52-53 頁）がその例である。『江見農書』が記述する「蛇形芋」耕作法のモデルは、『農業全書』[12] の蕃藷（サツマイモ）耕作法中の「四五寸間を置て節ごとに土を以ておほへバ　其節々より根を生じ　則底に入　山薬のごとくふとくなるなり」（前掲（12）380-381 頁）であろう。『農業全書』の記述は、中国明代末の農書『農政全書』[13] の、「玄扈先生（徐光啓）曰　（甘）藷毎二三寸作一節　節居土上　即生枝節　居土下　即生根」（前掲（13）691 頁）からの引用である。しかし、筆者は自家菜園で 20 年ほど毎年サツマイモを作っているが、根が出た節ごとに食べられる大きさのイモができた記憶はない。

『江見農書』は、サツマイモは「さつま芋」の名で耕作法を記述しているので、「蛇形芋」の耕作法は「さつま芋」以外の作物をイメージして記述したと思われるのだが、営農経験にもとづかない知識を披露した「蛇形芋」の記述は、『江見農書』の中では異例と言えよう。

『江見農書』は、美作国江見で長年営農経験を積んだ人が、修得した技術を土地の人々に普及するために著作した、「地域に根ざした農書」である。

注

（1）有薗正一郎（2009）『江見農書』あるむ，77 頁.
（2）神立春樹（1982）「徳山敬猛著『農業子孫養育草』（文政九年）について」『日本農書全集』29，農山漁村文化協会，345-359 頁.
（3）作東町の歴史編集委員会（1967）『作東町の歴史』作東町，736 頁.
（4）小西篤好（1828）『農業余話』（田中耕司翻刻，1979，『日本農書全集』7，農山漁村文化協会，211-380 頁）.
（5）宮負定雄（1828）『草木撰種録』（川名登翻刻，1979，『日本農書全集』3，農山漁村文化協会，65-74 頁）.
（6）李時珍（1590）『本草綱目』（人民衛生出版社校点，1975，人民衛生出版社，2978 頁）.
（7）大蔵永常（1832）『再種方』（徳永光俊翻刻，1996，『日本農書全集』70，農山漁村文化協会，253-283 頁）.
(8) 田中耕司（1979）「作物雌雄説の系譜における宮負説の位置」(『日本農書全集』3，農山漁村文化協会，89-97 頁）.
(9) 丸屋甚七（1764-72)『家業考』(小都勇二翻刻，1978,『日本農書全集』9，農山漁村文化協会，3-171 頁）.
(10) 森廣傳兵衛（1762)『農作自得集』(内藤正中翻刻，1978,『日本農書全集』9，農山漁村文化協会，191-227 頁）.
(11) 有薗正一郎（1986)『近世農書の地理学的研究』古今書院，301 頁.
(12) 宮崎安貞（1697)『農業全書』(山田龍雄ほか翻刻，1978,『日本農書全集』12，農山漁村文化協会，3-392 頁）.
(13) 徐光啓（1639)『農政全書』(石声漢校注，1979，上海古籍出版社，1866 頁）.

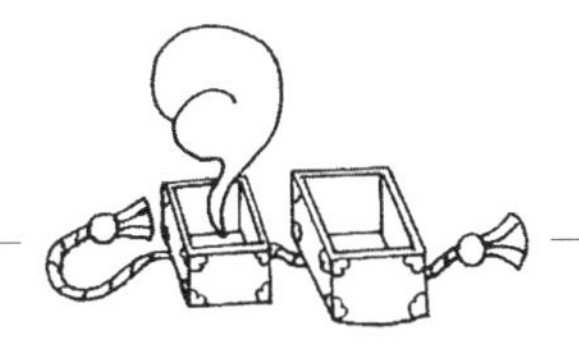

話の小箱（4）
作った資料をさしあげます

私は地域の性格に適応する農耕の技術を記述した農書を読んで、地域固有の性格すなわち地域性を明らかにする作業を 40 年余りおこなってきました。

各地域の性格を明らかにするための指標のひとつが水稲の耕作暦です。農書ごとに水稲作の日程を拾って記録しておいたノートを整理して、二十四節気と雑節を組み込んだ旧暦月（太陰太陽暦月）で、43 種類の農書の水稲耕作暦表を作ってみました。記載した項目は次のとおりです。

国名、農書名、農書の成立年、稲籾の浸種日、浸種日数、1反当り浸種量、播種日、1畝当り苗代播種量、田植日、苗代日数、除草回数、刈取日、本田日数、総作付日数、1歩当り植付密度、裏作

この表を見たいと思われた方がおられたら、140 円切手を貼った返信用封筒を下記の住所へ郵送してください。印刷紙をお届けします。期限は 2018 年 12 月 31 日です。

〒 441-8522
愛知県豊橋市町畑町 1-1　愛知大学文学部　有薗正一郎

第Ⅱ部
庶民の日常食の歴史地理

第９章

庶民の日常食を検証した国の位置付け

筆者は前著『近世庶民の日常食－百姓は米を食べられなかったか－』[(1)]で、8つの領域（国または県）における近世～近代庶民の日常食について記述した。この本では5つの領域を対象にして、前著と同じ方法で、近代庶民の日常食を記述する。

図24は1880（明治13）年頃における庶民の日常食材の構成比を国別に表示した帯グラフ「人民常食種類比例」[(2)]であり、図25は「人民常食種類比例」が表示する米と麦の国別構成比の分布図である。図25に白ぬき丸で表示した全国平均値は、ほぼ米2に対して麦1の割合で、全体としては米と麦の構成比が反比例する負の相関関係が読みとれる。

点の分布を指標にして類型に分けるとすれば、主食材中の米と麦の合計構成比3分の2を境界にして、2つの類型に区分できる。

図25で米と麦の構成比が3分の2未満の12国は、米と麦以外にも主食材がある類型（図中の記号C）であって、前著『近世庶民の日常食－百姓は米を食べられなかったか－』の第7章と第8章に記述した薩摩藩領（薩摩国・大隅国）と大村藩領（肥前国）は、この類型に属する。薩摩藩領と大村藩領ではサツマイモの構成比が高かった。サツマイモは近世後半以降に加わる食材なので、この類型に属する12国の約半数は、近世後半以降に他の類型から移項してきた西南日本の諸国である。残りの半数は雑穀類の構成比が高い国であり、近世後半以前からこの類型に属する領域であったと考えられる。

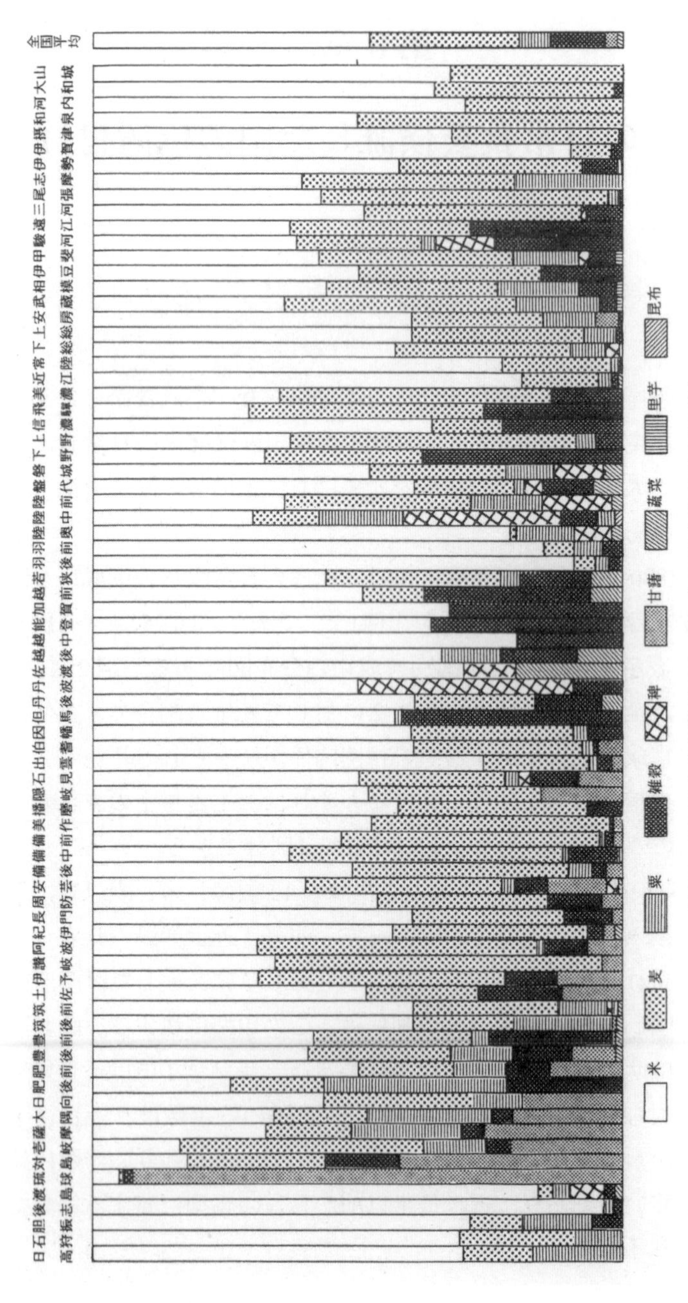

図 24　「人民常食種類比例」にみる日常食材の国別構成比

『日本近代の食事調査資料』(2) の 21 頁の図を複写し、筆者が右端に全国平均値を加筆した。

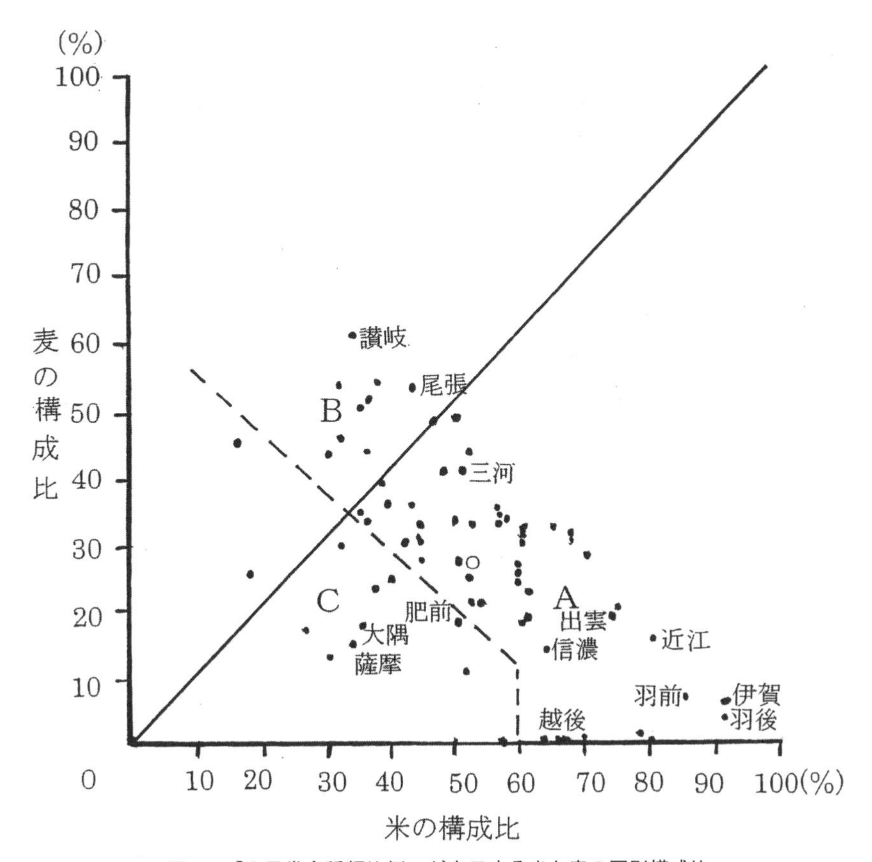

図25　「人民常食種類比例」が表示する米と麦の国別構成比

米と麦の構成比は「人民常食種類比例」（1880年）から算出した主食材中に占める米と麦の消費量の国別構成比である。

図中の白ぬき○印が全国平均値（米52%、麦28%）である。

A　米の割合が高い国　　B　麦の割合が高い国　　C　米麦以外にも主食材がある国

図25で米と麦の構成比が3分の2を超える国は、「米の割合が高い国」（図中のA）と「麦の割合が高い国」（図中のB）の2類型に分けることができる。

A類型には、前著『近世庶民の日常食－百姓は米を食べられなかったか－』の第3～6章に記述した近江国（滋賀県）・伊賀国・羽前国（山形県）・

羽後国（秋田県）･信濃国（長野県）と、この本で採りあげる越後平野（第11章）と出雲国（第16章）が含まれる。

B類型には、この本の第13・14章で記述する尾張国と、第15章の讃岐国（香川県）が含まれる。第12章の三河国は図25ではA類型に属するが、麦の割合も高いので、B類型に近い性格を持つ。

以上記述したように、前著とこの本で採りあげた諸領域の大半は、日常食材中の米と麦の構成比を指標にして分けた3類型の典型例として位置付けることができる。

ただし、これまでの筆者の検証作業を踏まえて言えば、米と麦の構成比が該当領域における庶民の食生活を代表しているかについては、同時代に作成された他の資料と対照して、慎重に検証する必要がある。第13・14章に記述する尾張国と、第15章の讃岐国は、「人民常食種類比例」と庶民の日常食の実像とがかけ離れている例である。その内容は、ひとつの国の中にある複数の領域ごとに日常食材が異なるのに、その平均値で示されている場合や、主食材の構成比を主に下層の庶民から聞きとったと思われる場合など、多様である。したがって、「人民常食種類比例」は慎重に扱うべき資料である。

米の構成比が高い領域（A類型の越後平野・三河国・出雲国）を第11・12・16章で、麦の構成比が高い領域（B類型の尾張国・讃岐国）を第13・14・15章で、それぞれ記述する。

注

(1) 有薗正一郎（2007）『近世庶民の日常食－百姓は米を食べられなかったか－』海青社，219頁.

(2) 豊川裕之･金子俊（1988）『日本近代の食事調査資料 第一巻明治篇 日本の食文化』全国食糧振興会，20-21頁．この文献は資料名を「人民常食種類調査」と表記しているが、筆者は「人民常食種類比例」と表記する。その理由は注（1）の17～18頁に記述してある。

第10章

農民が日常食べた麦飯の米と麦の割合

第1節　はじめに

麦飯とは、米と麦を混ぜて炊いた飯のことである。飯に炊く麦は大麦か裸麦で、1910年代（大正時代中頃）頃までは丸麦を使ってきた。丸麦は加熱すると表面にヌメリが付いて、煮えにくくなるので、まず丸麦を煮て、笊(ざる)に移して表面のヌメリを洗い流した後、生米と混ぜて炊いていた。したがって、米だけの飯を炊く場合の2倍の燃料が必要であった。

石臼などを使って丸麦を碾(ひ)き割ってから、米と混ぜて炊けば、一度の炊飯で済むが、炊飯前に碾き割る作業が加わるので、手間がかかるという視点では丸麦の炊飯と同じである。

丸麦を蒸気で加熱して潰す「押し麦」が普及したのは1920年代であり、1度の加熱で麦飯が炊けるようになるのは、この時期以降のことである。

麦飯は貧富の差を計る尺度のひとつとして使われてきた食物のひとつである。筆者が知る限り、食の民俗に関わる文献の多くは、農民が食べた麦飯中の米麦の割合について、昔は麦の割合が米より大きかったが、その後少しずつ米の割合が大きくなってきたと記述している。

一例をあげよう。『静岡県浜名郡誌　下巻』[(1)] には「昔は麦に少量の米を混じ、又稗・黍・粟の類を飯とし、又朝夕には野菜を混じて雑炊となしたるものを、常食となし、祝日等に於いてのみ、米飯を食するに過ぎざりしも、世の華美に赴くと共に、米を多くし麦を少なくし、稗・粟等は、僅に餅として、食するに過ぎず。尚上流の家庭に於ては、米のみを用ゐるに至れり。」（前掲（1）578頁）との記述がある。

こうして、「昔の農民は米を作りながら米を食べられなかったが、その後少しずつ米の割合が高くなってきた」との、発展的歴史観にもとづく解釈が、多くの日本人の脳裏に刻みこまれてきた。

しかし、近代以降の米の生産量は人口の増加に対応して増えたので、平均すると、日本人1人当り1年に1石ほどの米を食べ続けてきた（図26）。また、米と大麦と裸麦の国内生産量は、1877・78（明治10・11）年

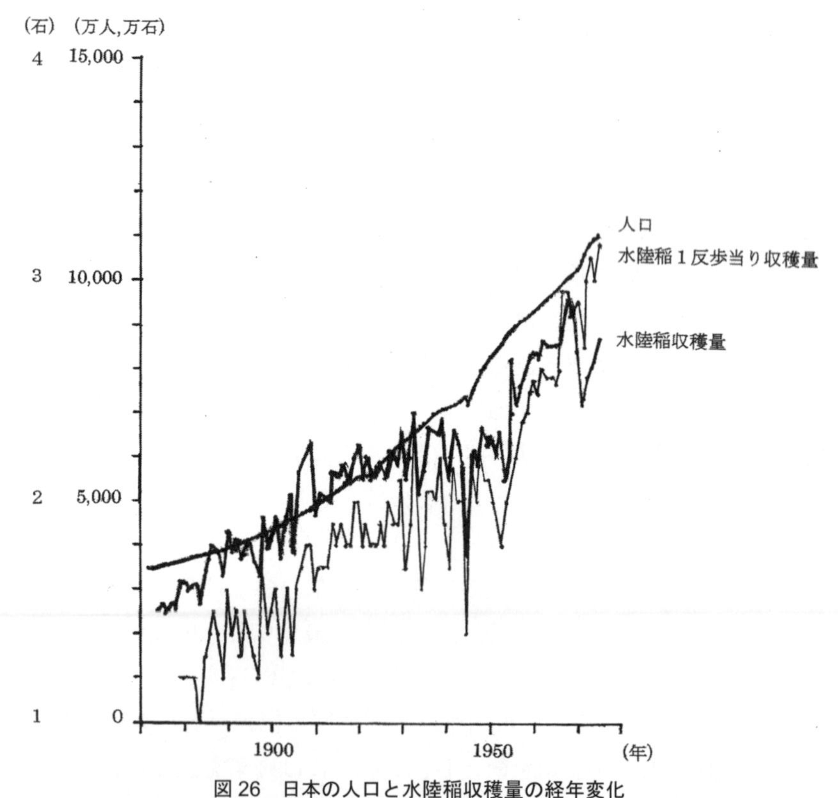

図26　日本の人口と水陸稲収穫量の経年変化

加用信文監修『改訂　日本農業基礎統計』（1977, 農林統計協会）の4～5頁、194～195頁から作成した。

平均で米が約2,600万石（82%）、大麦と裸麦が約560万石（18%）であり、20世紀前半までほぼ米8麦2の割合であった。

前著『近世庶民の日常食－百姓は米を食べられなかったか－』(2) では、都市住民が米だけを食べたと仮定して、米の生産量から2割を差し引き、麦は全量を農民が消費したと仮定すると、全国平均では米2麦1になることを記述した（前掲（2）21，24-25頁）。

近代以降の貿易統計をみると、米と大麦の輸入量は皆無に等しい（表23・24)。宮澤賢治の「雨ニモマケズ」の詩文にある「一日ニ玄米四合」

表23　米の輸入量と日本人1人当り輸入量

年	輸入量（石）	日本の人口（千人）	1人当り輸入量（合）
1910（明治43）年	918,627	49,184	19
1930（昭和 5）年	1,201,267	64,450	19
1940（昭和15）年	4,829,773	71,933	67
1950（昭和25）年	4,477,140	84,115	53
1960（昭和35）年	1,166,667	94,302	12

1910年の米輸入量は『第30回日本帝国統計年鑑』による。
1930～60年の米輸入量は『第13回日本統計年鑑』による。
1910～60年の日本の人口は『第60回日本統計年鑑』による。

表24　大麦の輸入量と日本人1人当り輸入量

年	輸入量（石）	日本の人口（千人）	1人当り輸入量（合）
1910（明治43）年	1,913	49,184	0
1930（昭和 5）年	37,033	64,450	1
1940（昭和15）年	19,673	71,933	0
1950（昭和25）年	1,864,867	84,115	22
1960（昭和35）年	13	94,302	0

1910年の大麦輸入量は『第30回日本帝国統計年鑑』による。
1930～60年の大麦輸入量は『第13回日本統計年鑑』による。
1910～60年の日本の人口は『第60回日本統計年鑑』による。

に従えば、1940（昭和 15）年の 1 人当り米輸入量は、飯の素材が米だけの場合は 17 日分、1950（昭和 25）年の 1 人当り大麦輸入量は、飯の素材が米麦半々で 11 日分、米 8 麦 2 の場合でも 24 日分程度である。したがって、国内生産量はほぼ国内消費量でもあった。

この章に関わる諸氏の先行業績の中から一例をあげよう。大豆生田稔は近代経済史の視座から、一般読者向けの著書『お米と食の近代史』(3) を著作している。大豆生田の論旨は妥当であるが、麦飯に米と混ぜて炊く丸麦は二度炊きしていたので、焚き物代が 2 倍いるために、都市住民は米だけの飯を食べていたことの記述がない。

この章では、まず近代以降の統計を使って、農民が日常食べた麦飯の米と麦の割合を推計する。次に食の民俗に関わる報告書と市町村史誌類の中から、近代以降の統計値に近い割合を記述する事例と、米の割合が小さい事例をいくつかとりあげて、それぞれに対して筆者の見解を記述する。

第 2 節　農民が日常食べた麦飯の米と麦の割合を統計から推計する

図 27 は、農民が食べた麦飯中の米の割合の推計値分布図である。この図は次の手順で作成した。

（1）25 年間隔で統計の単位領域ごとの値を算出する。

（2）2 年間の平均値を算出する。

（3）農民が麦飯の食材に使った米の量を、米の生産量の半分とする。残り半分の米は、都市住民が食べた量と、農民が慶弔日に食べた量の合計である。都市住民は毎日米だけの飯を食べたと仮定している。その根拠は前著『近世庶民の日常食－百姓は米を食べられなかったか－』（前掲（2）112-114 頁）に記述した。

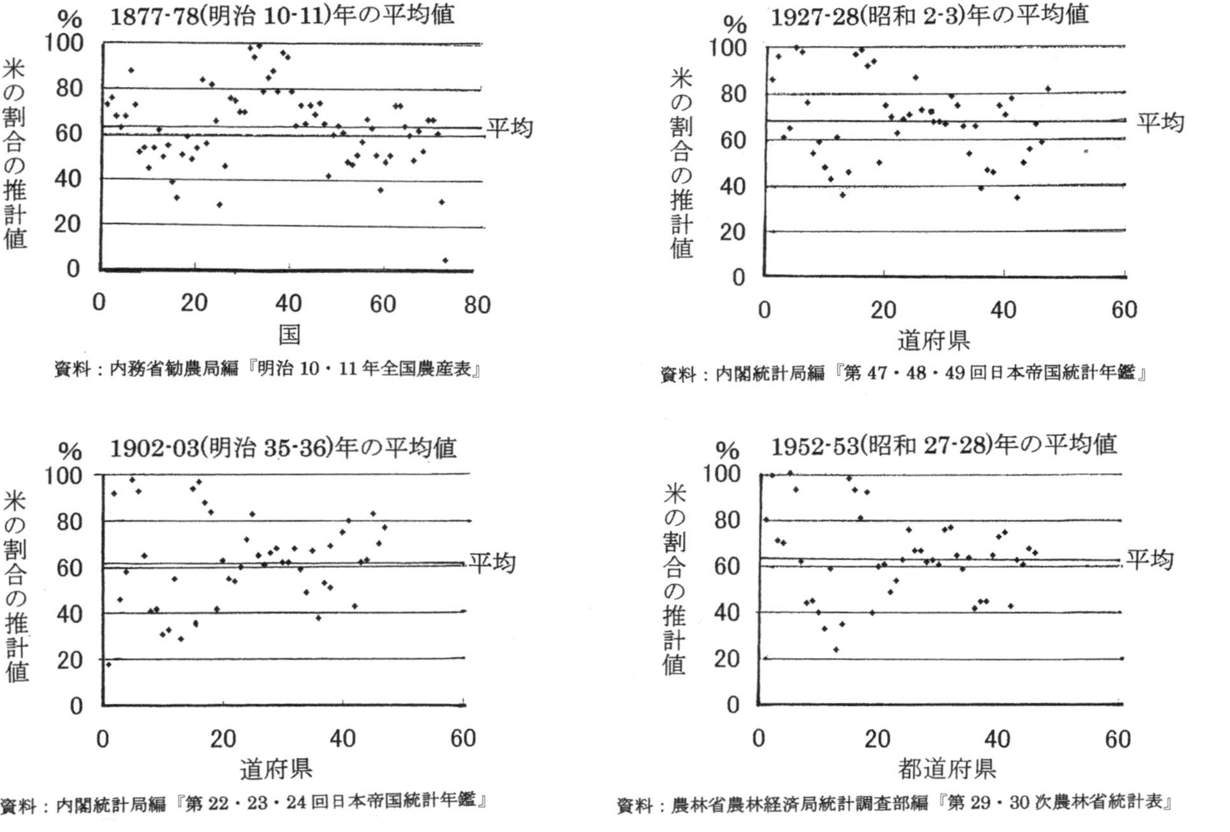

図 27　農民が食べた麦飯中の米の割合推計値分布

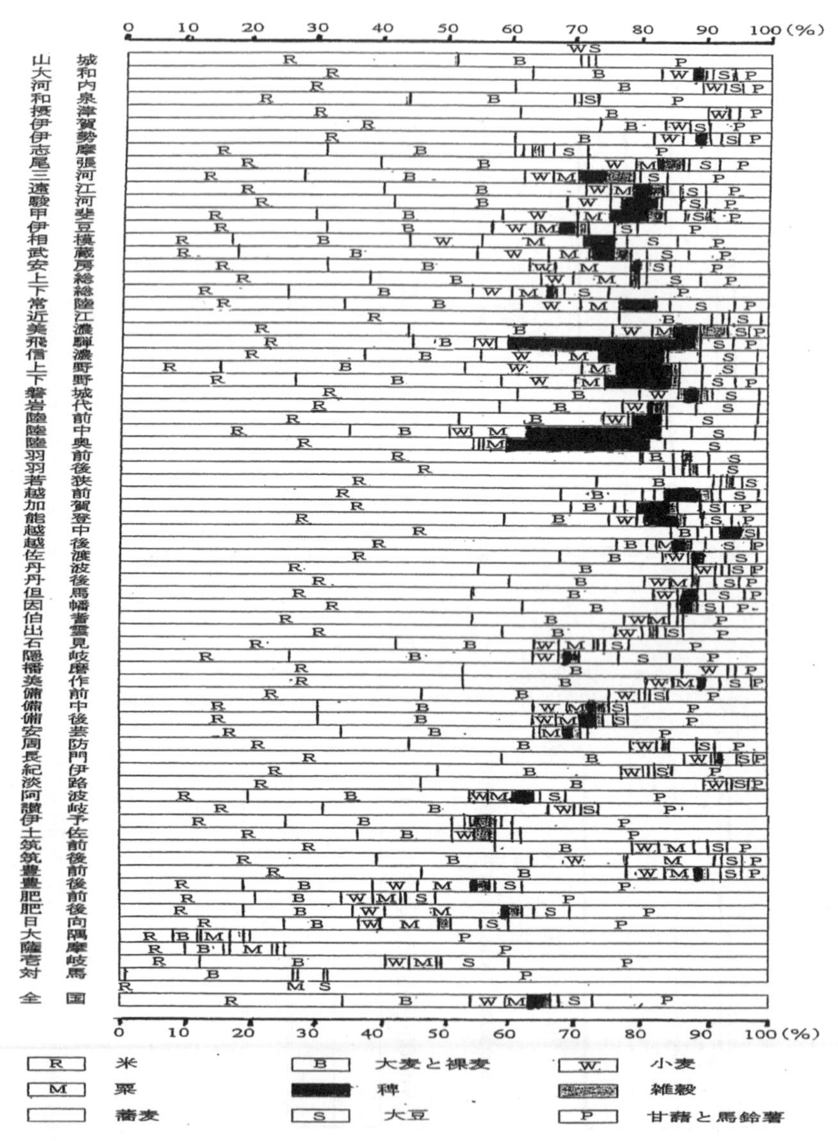

図28　1877・78（明治10・11）年に農民が日常食べた食材農産物の推定構成比

『明治10・11年全国農産表』から作成した。

米は、生産量の半分を支出分および農民が祝祭日に食べた量と仮定し、それを差し引いた割合である。

雑穀は黍（キビ）と蜀黍（モロコシ）と玉蜀黍（トウモロコシ）である。

(4) 麦は大麦と裸麦の生産量であり、生産量をすべて農民が消費したと仮定している。

(5) 用いた統計資料は、1877・78（明治10・11）年が『全国農産表』[4]、1902・03（明治35・36）年と1927・28（昭和2・3）年平均が『日本帝国統計年鑑』[5]、1952・53（昭和27・28）年が『農林省統計表』[6]である。

はじめに、上記手順中の（3）と（4）の数値操作が妥当か否かを検討する。1880（明治13）年頃の庶民の日常食材の割合を国ごとに表示する「人民常食種類比例」[7]と称される図がある（第9章150頁の図24）ので、これと1877・78（明治10・11）年の『全国農産表』（図28）を対照する。

小麦は麦飯の素材には使われない。「人民常食種類比例」は大麦・裸麦・小麦を一括して麦で表示しているので、国ごとの麦飯の割合はわからないが、『全国農産表』では全食材中の小麦の割合は5%ほどなので、これを差し引いて、図24と図28を対照すると、2つの資料が表示する麦飯の米麦の割合は、いずれの国もほぼ一致する。したがって、上記手順の（3）と（4）の数値操作はおおむね妥当である。

表25は、米以外の主食用食材をすべて農民が食べたと仮定して、各主食用食材の構成比の全国総計値を4つの年度ごとに示した表である。近世末までの国または道府県単位の割合は、1877・78（明治10・11）年平均と1927・28（昭和2・3）年平均の値をこの章の末尾に示すので、参照されたい（表31、表32）。なお、これらの表では甘藷と馬鈴薯の割合が大きい。これは、統計資料では両食材ともに質量（重さ）である貫目を単位にして表示されているが、これを1貫＝0.025石、すなわち質量（重さ）を体積に換算したので、甘藷と馬鈴薯の割合は、実際にはここに表示した値の3分の2～4分の3程度であると思われる。

図27に示す各年度中の1点が1領域であり、1877・78年平均は『全国農産表』に従って73国を道ごとに並べてある。道の順番は五畿内、東海道、

表 25　主食用食材構成比の推移（%）

年	総生産量（千石）	米	米の5割		大麦裸麦	小麦	粟	稗	雑穀	蕎麦	大豆	甘藷	馬鈴薯	合計
1877-78 年	50,869	51	―		15	3	3	2	1	1	3	20	0	100
（明治 10-11）	37,902	―	34	（63:37）	20	5	4	2	1	1	5	27	0	100
1902-03 年	85,412	49	―		15	3	3	1	0	1	4	21	2	100
（明治 35-36）	64,557	―	32	（61:39）	20	4	4	1	1	2	5	28	2	100
1927-28 年	117,936	52	―		13	5	1	1	1	1	3	19	5	100
（昭和 2-3）	87,334	―	35	（67:33）	17	7	1	1	1	1	4	26	7	100
1952-53 年	150,933	40	―		12	7	0	0	1	0	2	26	11	100
（昭和 27-28）	120,664	―	25	（63:37）	14	9	0	0	2	0	3	32	14	100

1877-78 年の構成比は『全国農産表』の各作物の生産量から計算した。
1902-03 年と 1927-28 年の構成比は『第 22・23・47・48 回 日本帝国統計年鑑』の各作物の生産量から計算した。
1952-53 年の構成比は『第 29・30 次農林省統計表』の各作物の生産量から計算した。
「米の 5 割」は米の生産量の 5 割で、都市住民全員が 1 年中米だけの飯を食べたと仮定してその量を差し引き、また農家が米だけの飯と米を素材にする食品を食べた推計量を差し引いた、農家が日常の飯に入れることができる米の生産量推計比である。
「雑穀」はキビ、モロコシ、トウモロコシの合計である。
各年度上段の数値は、総生産量を 100 とした場合の百分率である。
各年度下段の数値は、米 5 割の生産量と米以外の主食用作物生産量の合計を 100 とした場合の百分率である。
「米の 5 割」と「大麦裸麦」の百分率の間に示す値は、両者を混ぜて炊く飯の米と大麦裸麦の割合、すなわち農家が食べた麦飯の米と麦の推計割合である。

東山道、北陸道、山陰道、山陽道、南海道、西海道の順である。1902・03 年平均と 1927・28 年平均は、『日本帝国統計年鑑』に従って道府県を北から南へ向かって並べ、1952・53 年平均は『農林省統計表』に従って都道府県を北から南に向かって並べてある。

各領域ごとに米の割合を見ると、主な分布範囲は、いずれの時期も 40％台から 90％台まで多様であり、いずれの時期も 40％未満は 3 ～ 6 領域ほどである（図 27、表 26・27）。

『全国農産表』から推計した 1877・78（明治 10・11）年に農民が食べた麦飯の米と麦の割合の全国平均値は、米 63 に大麦と裸麦 37（表 26）、およそ米 6 麦 4 であった。

表26　1877・78年に農家が食べた麦飯の米と麦の割合推計値の国別一覧

国名	米の5割(%)	大麦と裸麦(%)	国名	米の5割(%)	大麦と裸麦(%)	国名	米の5割(%)	大麦と裸麦(%)	国名	米の5割(%)	大麦と裸麦(%)
山城	73	27	近江	84	16	丹波	64	36	伊予	51	49
大和	76	24	美濃	56	44	丹後	73	27	土佐	72	28
河内	68	32	飛騨	82	18	但馬	65	35	筑前	73	27
和泉	63	37	信濃	66	34	因幡	73	27	筑後	64	36
摂津	68	32	上野	29	71	伯耆	69	31	豊前	60	40
伊賀	88	12	下野	46	54	出雲	74	26	豊後	49	51
伊勢	73	27	磐城	76	24	石見	65	35	肥前	59	41
志摩	52	48	岩代	75	25	隠岐	42	58	肥後	53	47
尾張	54	46	陸前	70	30	播磨	60	40	日向	65	35
三河	45	55	陸中	70	30	美作	64	36	大隅	67	33
遠江	54	46	陸奥	98	2	備前	61	39	薩摩	61	39
駿河	62	38	羽前	94	6	備中	48	52	壱岐	31	69
甲斐	50	50	羽後	99	1	備後	47	53	対馬	5	95
伊豆	55	45	若狭	79	21	安芸	51	49			
相模	39	61	越前	85	15	周防	57	43	全国	63	37
武蔵	32	68	加賀	88	12	長門	67	33			
安房	51	49	能登	79	21	紀伊	63	37			
上総	59	41	越中	96	4	淡路	51	49			
下総	49	51	越後	94	6	阿波	36	64			
常陸	54	46	佐渡	79	21	讃岐	48	52			

1877・78（明治10・11）年『全国農産表』から算出した平均値である。

『日本帝国統計年鑑』から推計した、1902・03（明治35・36）年に農民が食べた麦飯の米と麦の割合の全国平均値は、米61に大麦と裸麦39（表27）、およそ米6麦4であった。

『日本帝国統計年鑑』から推計した、1927・28（昭和2・3）年に農民が食べた麦飯の米と麦の割合の全国平均値は、米67に大麦と裸麦33（表27）、およそ米7麦3であった。

『農林省統計表』から推計した、1952・53（昭和27・28）年に農民が食

表 27　農家が食べた麦飯の米と麦の割合推計値の都道府県別一覧

	1902・03 年		1927・28 年		1952・53 年	
	米 (%)	大麦と裸麦 (%)	米 (%)	大麦と裸麦 (%)	米 (%)	大麦と裸麦 (%)
北海道	18	82	86	14	80	20
青森	92	8	96	4	99	1
岩手	46	54	61	39	71	29
宮城	58	42	65	35	70	30
秋田	99	1	100	0	100	0
山形	93	7	98	2	93	7
福島	65	35	76	24	62	38
茨城	41	59	54	46	44	56
栃木	40	60	59	41	45	55
群馬	31	69	48	52	40	60
埼玉	33	67	43	57	33	67
千葉	55	45	61	39	59	41
東京	29	71	36	64	24	76
神奈川	36	64	46	54	35	65
新潟	94	6	97	3	98	2
富山	97	3	99	1	93	7
石川	88	12	92	8	81	19
福井	84	16	94	6	92	8
山梨	42	58	50	50	40	60
長野	63	37	75	25	60	40
岐阜	55	45	70	30	61	39
静岡	54	46	63	37	49	51
愛知	60	40	69	31	54	46
三重	72	28	71	29	63	37
滋賀	83	17	87	13	76	24
京都	65	35	73	27	67	33
大阪	61	39	71	29	67	33
兵庫	66	34	68	32	62	38
奈良	68	32	68	32	63	37
和歌山	62	38	67	33	61	39
鳥取	62	38	79	21	76	24
島根	68	32	75	25	77	23
岡山	59	41	66	34	65	35
広島	49	51	54	46	59	41
山口	67	33	66	34	64	36

徳島	38	62	39	61	42	58
香川	53	47	47	53	45	55
愛媛	51	49	46	54	45	55
高知	69	31	75	25	65	35
福岡	75	25	71	29	73	27
佐賀	80	20	78	22	75	25
長崎	43	57	35	65	43	57
熊本	62	38	50	50	63	37
大分	63	37	56	44	61	39
宮崎	83	17	67	33	68	32
鹿児島	70	30	59	41	66	34
沖縄	77	23	82	18	—	—
全国	61	39	67	33	63	37

1902・03（明治35・36）年は、第22・24回『日本帝国統計年鑑』から算出した平均値である。
1927・28（昭和2・3）年は、第47・49回『日本帝国統計年鑑』から算出した平均値である。
1952・53（昭和27・28）年は、第29・30次『農林省統計表』から算出した平均値である

べた麦飯の米と麦の割合の全国平均値は、米63に大麦と裸麦37（表27)、およそ米6麦4であった。

すなわち、19世紀後半から20世紀中頃の統計にみる農民が食べた麦飯中の米と麦の割合の全国平均は、米6～7に大麦と裸麦3～4で、ほとんど変わっていない。したがって、「昔は麦の割合が大きかったが、次第に米の割合が大きくなってきた」との解釈は適切ではない。

第3節　妥当な割合を記述する食の民俗報告の例

この節では、筆者の手元にある食の民俗報告の中から、麦飯中の米と麦（大麦と裸麦）の割合が近世末までの国または道府県を統計単位にする領域の割合とほぼ一致する事例を、北から南西に向かう順で記述する（表28)。麦飯中の米と麦の割合とは、各領域で生産された米の半分の量と、大麦と裸麦の全生産量の割合である。

表28　米と麦の割合が国または道府県の値とほぼ一致する領域の例

地域	時期	割合	出典
山形県（文献（2）106頁）			
西村山郡大谷村栗木沢	1920年代	米13：麦2	『聞き書 山形の食事』
天童市天童	1920年代	米8：麦2	『聞き書 山形の食事』
最上郡真室川町木ノ下	1920年代	米10：麦3	『聞き書 山形の食事』
飽海郡平田町砂越	1920年代	米4：麦1	『聞き書 山形の食事』
西田川郡大泉村倉沢	1920年代	米8：麦1	『聞き書 山形の食事』
長野県（文献（2）127頁）			
上水内郡鬼無里村西京	昭和初期	米6-7：麦3-4	「長野県短大紀要」40
更級郡稲里村田牧	昭和初期	米7：麦3	「長野県短大紀要」40
北佐久郡望月町	昭和初期	米7：麦3	『望月町誌』2
上伊那郡高遠町	大正時代	米7：麦3	『高遠町誌』下
愛知県の三河国（本書210-215頁）			
渥美郡伊良湖岬村	1920年代	米7：麦3	『聞き書 愛知の食事』
八名郡石巻村	1920年代	米6-7：麦3-4	『聞き書 愛知の食事』
北設楽郡上津具村	1920年代	米5：麦5	『聞き書 愛知の食事』
滋賀県（文献（2）79頁）			
野洲郡中主町安治	昭和初期	米10：麦2	『湖南安治の生活と伝承』
神埼郡南五荘村川並	1920年代	米10：麦1	『聞き書 滋賀の食事』
伊香郡余呉町上丹生	1920年代	米だけ	『聞き書 滋賀の食事』
高島郡朽木村宮前坊	1920年代	米だけ	『聞き書 滋賀の食事』
香川県			
県下7郡の120小学校	昭和10年頃	米麦半々が43校	『香川県綜合郷土研究』
三豊郡仁尾村	大正5年	米5：麦5	『三豊郡仁尾村村是』

表28の出典欄にある『聞き書　～の食事』は、「この本は、大正の終わりから昭和の初めころの～の食生活を再現したものです。」と記述しているので、『聞き書　～の食事』の記載内容は1920年代とした。

(1) 山形県（前掲（2）101-106頁）

いずれも『聞き書　山形の食事』[8]が記述する1920年代の状況で、どの事例も米が8～9割を占めている（表28）。この割合は、羽前国における1877・78年羽前国の麦飯中の米の割合94％（表26）とほぼ一致する。

近代山形県の農民が食べた麦飯には、米が8割以上入っていた。山形県の気候環境下では、ほぼ夏期に一毛作しかできない。山形県の農民は夏作物のイネを地産し、その種実である米を地消していたのである。

(2) 長野県（前掲（2）126-128頁）

表28に記載した4地区は、南北方向に長い長野県の領域内にほぼ等間隔で配列する。いずれの地区も麦飯中の米の割合が6～7割で、1877・78年信濃国の66%（表26）とほぼ一致する。

(3) 愛知県の三河国（本書209-210頁）

表28に記載した3地区は、三河国内にほぼ等間隔で分布する。麦飯中の米の割合は5～7割で、1877・78年三河国の45%（表26）よりやや大きい。三河国の農民は米の割合がやや大きい麦飯を食べていたようである。

(4) 滋賀県（前掲（2）75-80頁）

表28に記載した4地区は、滋賀県の領域内にほぼ等間隔で分布する。いずれの地区も米の割合が8割～10割の飯を食べており、1877・78年近江国の84%（表26）よりやや大きい。なぜか。庶民は、納める税金を減らすために、実際の暮らしぶりよりも低めの申告をする。税負担とは関係ない統計の素資料申告でも低めの申告をするのが人情である。したがって、統計の値は実状の下限を表示していると、筆者は位置付けている。この視点に立てば、麦飯中の米の割合が統計から算出した割合よりも大きいことの理由を説明できる。

(5) 香川県

表28に記載した『香川県綜合郷土研究』[(9)]が表示する香川県下7郡の120小学校ごとに麦飯中の米と麦の割合を見ると、米麦半々の小学校数が

43、米4～6割の小学校数がほぼ7割を占め（前掲（9）568頁)、1877・78年讃岐国の統計から算出した48%と一致する（表26)。また、1916（大正5）年の『香川県三豊郡仁尾村是』(10) も米麦半々と表示している。

第4節　米の割合が小さい食の民俗報告の例

この節では、筆者の手元にある食の民俗報告の中から、近世末までの国または道府県を単位にする麦飯の米と麦（大麦と裸麦）の割合がかけ離れている領域の諸事例を、北から南西に向かう順で記述する（表29)。

(1) 愛知県の尾張国濃尾平野（本書234-235頁）

尾張国の濃尾平野は、耕地面積のうち、田の割合が9割を超える。したがって、地産地消の視点に立てば、濃尾平野に住む農民が食べた麦飯中の

表29　米と麦の割合が国または道府県の値とかけ離れている領域の例

尾張国の濃尾平野（本書235頁）			
海部郡大治町	－	米4：麦6	『大治町民俗誌』
海部郡佐屋町日置	明治初年	米3：麦7	『愛知の民俗』
海部郡弥富町	－	米3：麦7	『弥富町誌』
海部郡飛島村新政成新田	－	中は米2：麦8	『木曽川下流域低湿地域民俗資料調査報告 2』
三重県の伊賀国（文献（2）87-90頁）			
阿山郡伊賀町	－	米4：麦6	『伊賀町の民俗』
伊賀東部	－	米3：麦7	『伊賀東部山村習俗調査報告書』
大阪府			
池田市細河と秦野	－	米5：麦5	『池田市史』5
山口県			
吉敷郡秋穂町	明治時代	米3：麦7	『秋穂町史』
	大正時代	米5：麦5	

素材の大半が米だったと想定されるが、表29に示すように、米の割合は小さかったとする報告が多い。とりわけ『木曽川下流低湿地域民俗資料調査報告 2』[11]は、ほぼ水田だけの海部郡飛島村新政成新田では「良いところで米4、麦6。中は米2、麦8」（前掲（11）9頁）だったと記述している。1877・78年の尾張国では、麦飯中の米麦の割合はほぼ半々であった（表26）。尾張国の中でも、東部は丘陵地で畑が多いことを考慮すると、濃尾平野の農民が食べた麦飯は、米の割合が大きかったはずである。聞きとりした相手が適切でなかったようである。

上記のことを、1884（明治17）年の『愛知県統計書』[12]に記載されている米と麦（大麦と裸麦）の収穫量と、1885（明治18）年の『愛知県勧業雑誌』が記載する「県下人民常食歩合表」[13]の「普通食」（中位庶民の各食材比率）を使って検証する。『愛知県統計書』の米の割合は、米の

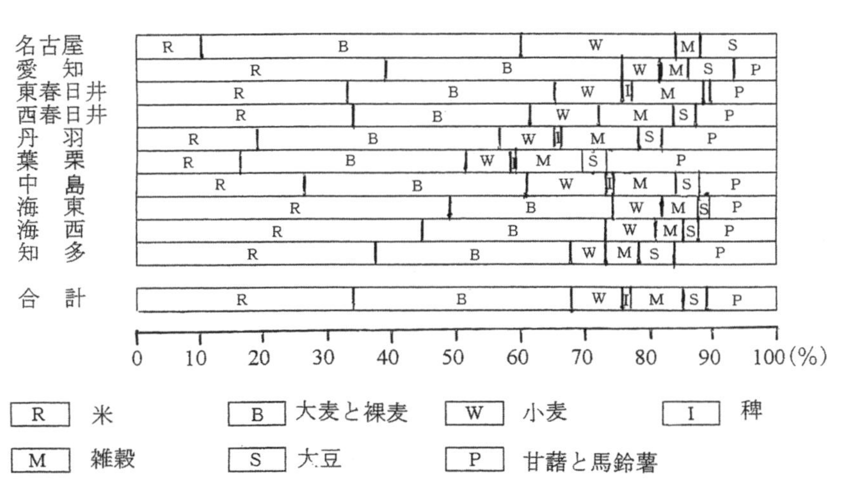

図29　1884（明治17）年の農作物収穫量から推計した尾張国農民の日常食材構成比

『愛知県統計書』（明治19年刊行）から作成した。

米は、生産量の半分を支出分および農民が祝祭日に食べた量と仮定し、それを差し引いた割合である。

米以外は収穫した全量を郡内で食べたと仮定した。

雑穀は粟（アワ）と黍（キビ）と蜀黍（モロコシ）と蕎麦（ソバ）である。

甘藷と馬鈴薯の収穫量は貫目で記載されているので、1貫目を0.025石で計算した。

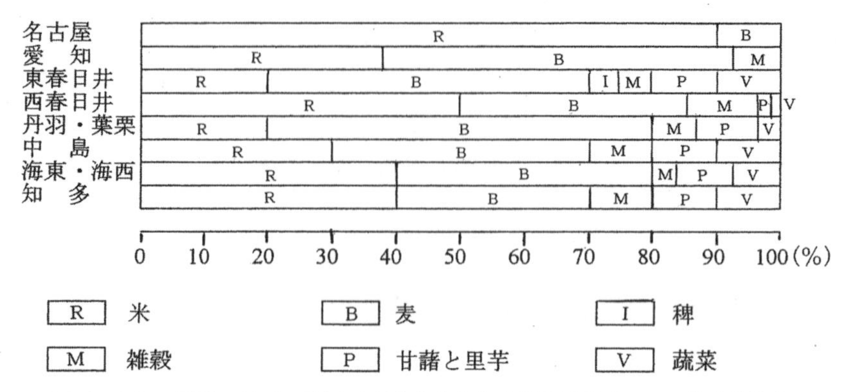

図 30　1885（明治 18）年「県下人民常食歩合表 尾張国普通食」の日常食材構成比

愛知県農商課（1885）『愛知県勧業雑誌』10 号に掲載されている「県下人民常食歩合表」（頁欠）の「普通食」に記載された各食材の割合を表示した。

収穫量の半分を麦飯の食材にしたと仮定した値である（図 29）。

新政成新田は 1913（大正 2）年までは海西郡に属する村であった。『愛知県統計書』では、海西郡の麦飯中の米と麦（大麦と裸麦）割合は、およそ米 6 麦 4 になる。また、「県下人民常食歩合表」は海東郡と海西郡をひとまとめにして、米 5 麦 5 の割合と記載している（図 30）。「県下人民常食歩合表」は麦類の比率を一括して記載しているので、小麦の割合はわからないが、『愛知県統計書』では小麦の割合は大麦と裸麦の 2 割ほどなので、「県下人民常食歩合表」の麦の割合から 2 割を差し引くと、麦飯の米と麦（大麦と裸麦）の割合はおよそ米 6 麦 4 になり、『愛知県統計書』の割合と一致する。

したがって、新政成新田民が食べた麦飯の「良いところで米 4、麦 6。中は米 2、麦 8」（前掲（11）9 頁）の記述は、2 つの統計と比べると麦の割合が大きいので、妥当ではない。

愛知県海東郡伊福村の数値を使って、上記の解釈を傍証する。伊福村は新政成新田から北へ 10 km 遡った三角州上に立地し、新政成新田とほぼ同じ土地条件の村である（図 31）。『愛知県海東郡伊福村是』[(14)] によれば、

図 31　伊福村および新政成新田の位置と周辺の土地利用

縮尺 20 万分の 1 地勢図「名古屋」（昭和 56 年編集）を複写し、伊福村（記号 I）と新政成新田（記号 S）の所在地を記入した。

1902（明治 35）年の水田率は 85%（前掲（14）14 頁）で、粳米を 3,564 石、麦飯の食材にする裸麦を田畑合計で 533 石生産していた（前掲（14）35 頁）。表 30 は、伊福村で生産された粳米の半分を農民が食べたと想定して計算した、農家構成員 1 人当り粳米消費量（C）と、農家構成員 1 人当り麦飯に使った米麦の消費量（F）と、麦飯中の粳米の割合（G）である。

表 30　1902（明治 35）年に愛知県海東郡伊福村の農家が食べた麦飯中の粳米の割合試算

農家人口（人）A	粳米収量（石）	粳米収量の半分（石）B	B／A（石）C	裸麦収量（石）D	B＋D（石）E	E／A（石）F	C／F（%）G
1,771	3,564	1,782	1.01	533	2,315	1.31	77

『愛知県海東郡伊福村是』から作成した。
「粳米収量の半分」は伊福村の農家が 1 年間に食べた粳米の推定量である。
記号Ｃは伊福村の農家構成員 1 人当り粳米の年間推定消費量である。
記号Ｅは麦飯に炊いた粳米と裸麦の総量である。伊福村では大麦は作付していなかった。
記号Ｆは伊福村の農家構成員 1 人当り麦飯の年間推定消費量である。
記号Ｇは麦飯中の粳米の割合である。

この試算では、米は麦飯中の約 8 割を占める。また、粳米の消費量を生産量の 4 分の 1 に設定した場合でも、麦飯中の米の割合は約 4 割になる。『伊福村是』は、『木曽川下流低湿地域民俗資料調査報告　2』が記述する新政成新田民が食べた麦飯中の米麦の割合「良いところで米 4、麦 6。中は米 2、麦 8」（前掲（11）9 頁）は妥当ではないことを示唆している。この項目については、詳細に検証した結果を第 14 章で記述する。

(2)　三重県の伊賀国（前掲（2）87-94 頁）

伊賀国は四周を山地が囲む領域だが、中央には上野盆地が立地しているので、耕地面積の約 8 割は田である。したがって、地産地消の視点に立てば、伊賀国も麦飯中の米の割合は 5 割以上のはずだが、表 29 の 2 つの民俗報告は、米 3 ～ 4 割と記述している。他方、1877・78 年の伊賀国は麦飯中の米の割合がほぼ 9 割で（表 26）、両者の隔たりは大きい。麦飯の米の割合は 7 割ほどだったと記述する民俗調査報告もあるので、米の割合が小さい報告は聞きとりした相手が適切ではなかったようである。ちなみに、伊賀国は朝食に米だけを使う「茶粥（ちゃがゆ）」を食べてきた領域である（前掲（2）87-88 頁）。その分だけ昼と夜に食べる麦飯の米の割合は低くなるが、それでも米 6 ～ 7 割ほどが妥当な値であろう。

(3) 大阪府

『池田市史』[15]によれば、表 29 に示す大阪府北部に位置する池田市内の 2 地区では、麦飯の米と麦の割合は半々であった。1877・78 年の摂津国は麦飯中の米の割合が約 7 割（表 26)、大阪府は 1902・03 年以降も麦飯中の 6 〜 7 割を米が占めている（表 27）ので、『池田市史』が記述する割合は適切ではない。

(4) 山口県

瀬戸内海の周防灘沿岸に位置する吉敷郡秋穂町の『秋穂町史』[16]には、農民が食べた麦飯の米の割合は、明治時代が 3 割、大正時代が 5 割と記述されている（表 29)。農民の暮らしぶりが良くなったことを、麦飯の米の割合で表現したかったようである。しかし、周防国における 1877・78 年の麦飯中の米の割合は約 6 割（表 26)、1902・03 年以降の山口県も 6 割台（表 27）で、『秋穂町史』より 2 〜 3 割大きい。ここでも聞きとり対象者の選択が不適切だったと筆者は考える。

ここでとりあげた 4 領域の民俗報告は、「歴史は発展するもので、昔が今より良いはずがない」との発展的歴史観と、「農民は自分が作った米を食べられなかった」とのタテマエの歴史観にとらわれて聞きとりの相手を選び、自らの歴史観に合致する情報だけを記述したと、筆者は考える。20 世紀前半の日常の暮らしを知る人がほとんどいなくなった今、再調査は困難ではあるが、調査ができる場合は、自らの歴史観を白紙に戻して聞きとりをおこない、同時代の統計などと対照して、聞きとったことの是非を検証する手続きを踏んだうえで、適切な情報を記述することを、民俗調査をおこなう人々に望みたい。

第5節　おわりに

この章の目的は2つあった。ひとつは、近代以降の統計を使って農民が日常食べた麦飯中の米と麦の割合を推計すること、もうひとつは日常食の民俗に関わる報告書と地方自治体の史誌類の中から、近代以降の統計に近い割合を記述するものと、麦の割合が大きいものをいくつかとりあげて、それぞれに対して筆者の見解を記述することであった。

第一の目的の検討結果を図32に示した。これは図27を昇べき順に並べかえた図で、割合ごとの各領域の出現頻度がわかる。図32から、いずれの時期の平均も米が6割をやや上回り、各領域の割合も6割を中心に分布しており、米が4割未満の領域は3～6しかないことが明らかである。

次に、食の民俗に関わる諸文献の中には、「百姓は米作民だったが、米食民ではなかった」「昔ほど生活が苦しく、米の割合は小さかった」との、聞きとり者が持つ先入観の枠内に入る人々を選んで聞きとりをおこなったと思われるものがあり、かつ対象地域で生産された主食材になる農作物の量と対照する作業など、聞きとったことの是非を検証する手順を踏んでいない。これが第二の目的の検討結果である。

今は20世紀初頭以前の聞きとりはできないので、不適切な相手から聞きとった、不適切な記録が、事実として後世に継承され、米を作りながら米を食べられなかった「哀れな農民像」が子孫へ伝えられていく。「聞きとったことも事実である」との見解もあろうが、妥当な相手から聞きとったか、聞きとったことの検証をおこない、聞きとった内容の妥当性を検討すべきである。

1950（昭和25）年頃、岩手県北上山地の村々で古着を売り歩きながら、農民たちの本音を聞いた経験を持つ大牟羅良は、『ものいわぬ農民』(17)の中で「アンケートや統計にどれほどの真実があるものでしょうか。」（前掲（17）184頁）と記述し、安易な回答用紙方式の聞きとりや統計資料ではなく、本音を語ってくれるまで親しくなった住民からの聞きとりから、

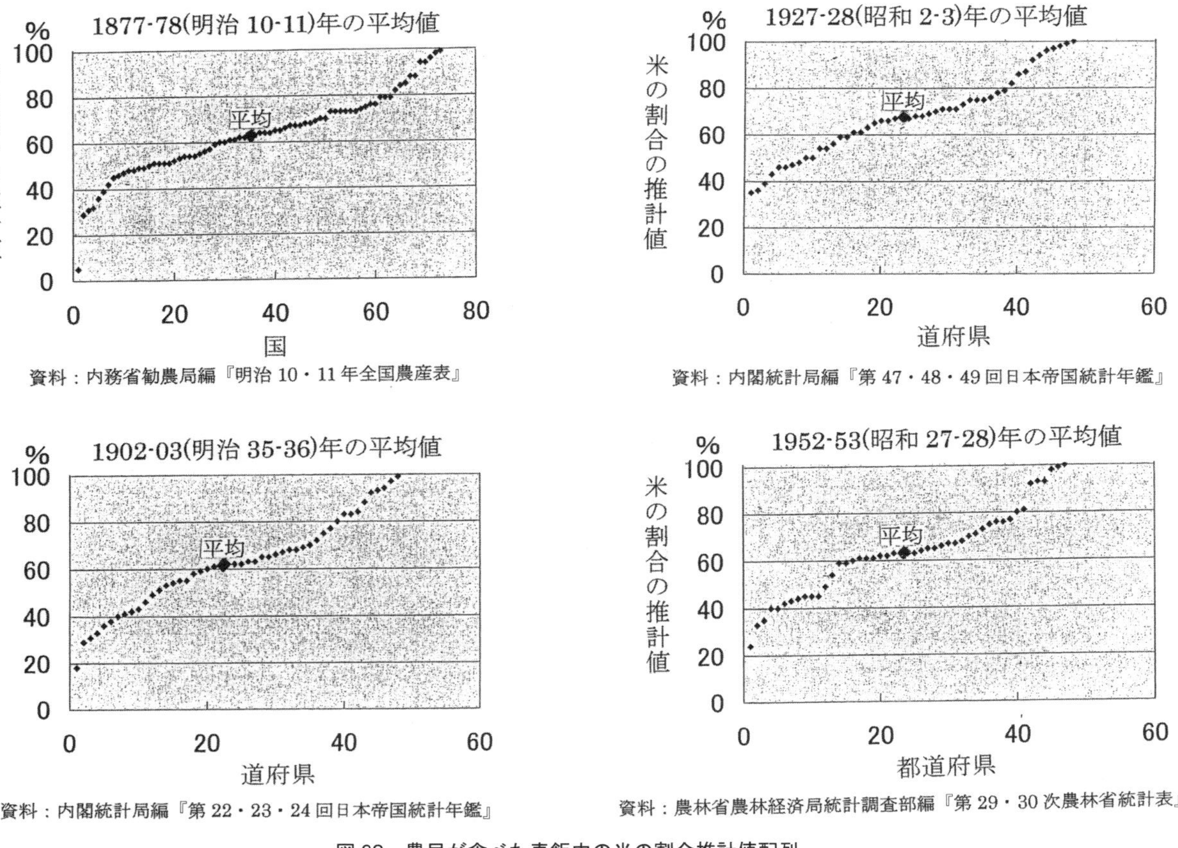

図32　農民が食べた麦飯中の米の割合推計値配列

事実を引き出すことを奨めている。

しかし、これは各家を幾度も訪れた大牟羅だからできたことで、1～2度訪問した程度では、本音は語ってくれない。それではどうすれば聞きとったことの中から数少ない事実を拾い上げることができるか。その方法が、人々から聞きとったことの是非を検証する作業であり、検証手段のひとつが統計資料などにもとづく量的検討である。

庶民（名もない人々）から聞きとったことを、適切な数値や情報を使って検証して、誰もが納得する事実を後世へ伝えることが、我々に与えられた課題である。

モノゴトの是非を計る物差しを持たない人は、記述されたことを信じざるをえない。

一例をあげよう。ある高校日本史の教科書[18]に、江戸時代の百姓の食材について、「1642（寛永19）年の飢饉のあと（中略）一般の百姓の（中略）食事は日常での主食として米はまれで、麦・粟・稗などの雑穀が主とされ（中略）衣食住のすべてにわたって貧しい生活を強いられた」（前掲（18）168頁）と記述されている。よく読むと「強いられた」と記述されているので、実際に「麦・粟・稗などの雑穀」を主に食べるかどうかは百姓たちが決めたのだが、近世の米の生産量を知らない人々は、教科書の記述は事実であったと解釈するであろう。

もうひとつ事例を記述する。四半世紀前、筆者は中部地方の20世紀前半まで使われていた、人2人が反復動作を繰返して主に田を起こす人力犂に関心を持ち、形態と用途と使用法を知るために、使用体験者からの聞きとりと資料館巡りをしていた[19]。その中で、ある民俗資料館に展示されている人力犂の説明文に、「犬が引いたという」との記述を見た記憶がある。この人力犂の使用経験者はすでにいないであろうから、「犬が引いたという」憶測が後世に伝えられていく恐れがある。

この章を日常食の民俗に関心を持つ人々へ提供し、ご批判を待つことにしたい。

表31　1877・78年における農家の主食材の構成推計値国別一覧

国　名	米 A (%)	大麦 裸麦 B (%)	小麦 (%)	粟 (%)	稗 (%)	雑穀 (%)	蕎麦 (%)	大豆 (%)	甘藷 (%)	馬鈴薯 (%)	合計 (%)	合計石高 (石)	A：B
山　城	68	12	1	0	0	0	0	1	18	0	100	326,344	85：15
大　和	78	12	2	1	0	0	0	2	4	1	100	606,961	87：13
河　内	75	18	2	0	—	0	0	1	4	—	100	433,733	81：19
和　泉	60	18	1	0	—	0	0	2	19	0	100	237,692	77：23
摂　津	76	18	2	0	0	0	0	1	3	0	100	735,083	81：19
伊　賀	84	6	2	0	0	0	0	1	5	1	100	143,765	93：7
伊　勢	75	14	3	1	1	1	1	2	3	0	100	834,350	84：16
志　摩	47	22	1	1	0	1	2	4	22	—	100	36,404	68：32
尾　張	56	24	5	2	1	3	1	3	6	0	100	991,737	70：30
三　河	43	27	4	3	2	3	1	3	13	1	100	865,678	61：39
遠　江	56	24	2	2	2	2	1	2	8	0	100	492,707	70：30
駿　河	59	18	5	2	4	1	2	2	7	0	100	334,539	77：23
甲　斐	45	23	9	4	5	2	2	4	2	5	100	503,917	66：34
伊　豆	48	20	5	3	2	1	3	2	17	0	100	145,178	71：29
相　模	29	23	11	13	4	0	6	1	13	0	100	627,706	56：44
武　蔵	30	32	9	5	3	1	2	6	11	0	100	262,479	48：52
安　房	48	24	3	9	0	0	1	2	13	—	100	125,176	67：33
上　総	55	19	3	7	0	1	1	6	8	0	100	584,953	74：26
下　総	41	21	6	4	1	1	1	5	20	0	100	1,140,868	66：34
常　陸	50	21	7	5	4	0	2	6	5	0	100	999,521	70：30
近　江	87	8	1	0	0	0	0	2	1	0	100	1,002,292	92：8
美　濃	60	23	4	1	3	3	1	2	2	0	100	907,620	72：28
飛　騨	61	7	2	1	20	1	1	3	0	3	100	93,987	90：10
信　濃	54	14	8	4	8	1	3	7	0	1	100	1,342,325	79：21
上　野	27	33	14	5	8	1	2	9	1	1	100	849,446	45：55
下　野	42	25	9	3	8	0	2	6	4	0	100	1,041,504	63：37
磐　城	75	12	4	1	1	0	1	6	0	0	100	667,823	86：14
岩　代	73	12	3	1	0	0	2	8	0	1	100	675,934	86：14
陸　前	69	15	3	1	3	0	1	8	0	1	100	925,400	82：18
陸　中	52	11	3	6	15	0	3	9	0	1	100	779,635	83：17
陸　奥	70	1	1	2	14	0	2	10	—	—	100	597,296	99：1
羽　前	89	3	1	1	0	0	1	6	0	0	100	801,775	97：3
羽　後	91	0	0	1	1	0	1	5	0	0	100	901,551	100：0
若　狭	84	11	1	0	1	0	1	2	0	0	100	78,167	88：12
越　前	81	7	1	1	3	1	1	4	0	0	100	375,867	92：8
加　賀	80	5	1	1	3	1	2	3	4	0	100	450,341	94：6
能　登	74	10	2	1	4	1	1	4	2	1	100	287,843	88：12
越　中	92	2	1	0	2	0	0	2	1	0	100	920,038	98：2
越　後	85	3	1	1	1	0	1	5	1	1	100	1,598,891	97：3

佐渡	80	11	2	0	1	0	2	3	—	1	100	95,879	88 : 12
丹波	72	21	2	1	0	0	0	3	1	0	100	471,380	77 : 23
丹後	75	14	2	2	0	1	1	2	3	0	100	167,507	84 : 16
但馬	71	19	1	1	1	0	1	3	2	0	100	203,927	79 : 21
因幡	77	14	1	1	0	0	0	2	4	1	100	191,475	85 : 15
伯耆	71	16	2	1	0	0	1	1	9	0	100	309,175	82 : 18
出雲	74	13	1	0	0	0	1	2	9	0	100	479,417	85 : 15
石見	60	16	2	3	0	0	1	2	16	0	100	274,277	79 : 21
隠岐	43	30	2	1	1	1	4	6	12	0	100	19,101	59 : 41
播磨	69	23	5	0	0	0	1	0	2	0	100	1,077,981	75 : 25
美作	69	19	3	1	0	0	2	4	2	0	100	303,561	78 : 22
備前	64	21	2	1	0	0	0	1	10	0	100	587,110	75 : 25
備中	48	26	4	2	1	1	2	2	16	0	100	634,841	65 : 35
備後	47	26	2	2	1	1	2	2	16	0	100	508,342	64 : 36
安芸	51	24	1	2	0	0	1	1	21	0	100	677,694	68 : 32
周防	62	24	2	1	0	1	2	2	6	0	100	544,326	72 : 28
長門	74	18	1	1	1	0	2	1	1	0	100	385,699	80 : 20
紀伊	66	19	2	1	0	0	0	2	10	0	100	666,522	78 : 22
淡路	64	31	1	1	—	0	0	2	1	—	100	289,439	67 : 33
阿波	33	29	2	3	2	1	1	5	21	3	100	607,621	53 : 47
讃岐	48	26	4	0	0	0	0	1	20	0	100	727,809	65 : 35
伊予	42	20	2	1	0	4	0	2	29	1	100	948,033	68 : 32
土佐	54	10	2	0	1	3	2	1	27	0	100	570,155	84 : 16
筑前	74	13	3	3	0	0	1	2	5	0	100	712,507	85 : 15
筑後	57	16	11	10	0	0	1	2	3	—	100	571,464	78 : 22
豊前	64	21	4	3	1	0	1	2	3	0	100	469,814	75 : 25
豊後	32	17	6	8	1	1	1	3	31	1	100	1,067,191	65 : 35
肥前	34	11	4	3	0	0	1	3	43	0	100	1,970,379	76 : 24
肥後	32	14	4	15	1	1	1	5	26	0	100	1,836,731	70 : 30
日向	40	10	2	7	0	2	4	3	32	0	100	433,126	80 : 20
大隅	15	4	1	4	—	0	1	0	75	—	100	665,059	79 : 21
薩摩	17	6	1	6	—	0	1	1	68	—	100	844,979	74 : 26
壱岐	22	24	2	4	0	0	1	10	36	—	100	64,292	48 : 52
対馬	3	26	0	1	—	0	4	1	66	—	100	84,766	10 : 90
合計	51	15	3	3	2	1	1	3	20	0	100	44,178,735	77 : 23

1877・78(明治10・11)年『全国農産表』が記載する各食材の生産量から算出した平均値である。
米は生産量の5割が合計石高中に占める割合であり、その他の食材はそれぞれの生産量が合計石高中に占める割合である。
雑穀はキビ、モロコシ、トウモロコシの生産量の合計である。
A : Bは、米と大麦裸麦の構成比の合計値を100とした、麦飯中の米と麦の割合である。

表32　1927・28年における農家の主食材の構成推計値道府県別一覧

国　名	米 A （%）	大麦 裸麦 B （%）	小麦 （%）	粟 （%）	稗 （%）	雑穀 （%）	蕎麦 （%）	大豆 （%）	甘藷 （%）	馬鈴薯 （%）	合計 （%）	合計石高 （千石）	A：B
北海道	24	4	2	0	1	6	4	10	0	48	100	5,494	86：14
青　森	49	2	3	7	9	2	5	10	0	13	100	1,124	96：4
岩　手	28	18	7	4	17	0	2	14	1	8	100	1,914	61：39
宮　城	48	26	3	0	0	0	0	8	4	11	100	1,809	65：35
秋　田	85	0	0	1	0	0	0	5	1	7	100	1,193	100：0
山　形	84	2	1	0	0	0	1	5	2	6	100	1,191	98：2
福　島	54	17	3	1	0	1	1	7	5	11	100	1,575	76：24
茨　城	29	24	15	1	0	1	2	5	21	3	100	3,566	55：45
栃　木	36	25	17	0	1	1	1	2	12	4	100	2,030	59：41
群　馬	24	26	18	1	1	1	1	3	16	10	100	1,658	48：52
埼　玉	21	28	12	0	0	1	0	4	27	6	100	3,066	43：57
千　葉	29	18	6	1	0	1	0	3	40	2	100	3,560	62：38
東　京	13	23	8	1	0	1	0	1	40	13	100	1,084	36：64
神奈川	18	21	11	2	0	0	1	2	41	5	100	1,451	46：54
新　潟	71	2	1	0	0	0	1	5	12	7	100	2,357	97：3
富　山	82	1	1	0	0	0	0	3	8	4	100	988	99：1
石　川	67	6	1	0	0	0	1	6	14	5	100	852	92：8
福　井	72	5	1	0	1	0	1	4	8	8	100	707	94：6
山　梨	32	32	13	1	0	3	1	3	8	8	100	677	50：50
長　野	52	17	8	2	1	0	2	6	2	10	100	1,325	75：25
岐　阜	47	20	7	1	2	1	0	2	16	4	100	1,421	70：30
静　岡	34	19	5	0	0	1	1	1	35	3	100	2,030	64：36
愛　知	45	20	11	0	0	1	0	1	19	3	100	2,272	69：31
三　重	53	22	4	0	0	0	0	1	18	1	100	1,291	71：29
滋　賀	78	11	2	0	0	0	0	2	5	2	100	974	88：12
京　都	59	22	4	0	0	0	0	2	10	4	100	737	73：27
大　阪	59	24	2	0	0	0	0	1	10	4	100	973	71：29
兵　庫	50	24	15	0	0	0	0	2	5	3	100	2,395	68：32
奈　良	50	24	9	0	0	0	0	2	9	5	100	708	68：32
和歌山	48	24	4	0	0	0	0	1	22	1	100	696	67：33
鳥　取	62	16	2	0	0	0	1	2	13	4	100	569	79：21
島　根	58	13	1	1	0	1	1	3	20	2	100	898	82：18
岡　山	43	23	19	1	0	0	1	2	8	4	100	2,103	65：35
広　島	34	29	3	1	0	1	1	1	26	4	100	2,109	54：46

山　口	50	26	3	0	0	0	1	2	15	3	100	1,475	66：34
徳　島	25	38	4	1	0	1	1	2	26	2	100	1,110	40：60
香　川	31	35	22	0	0	0	0	1	10	1	100	1,418	47：53
愛　媛	26	30	3	0	0	3	0	1	35	2	100	1,853	46：54
高　知	30	10	1	0	0	4	1	1	52	1	100	1,083	75：25
福　岡	46	19	19	1	0	0	1	1	8	5	100	2,491	71：29
佐　賀	46	13	15	1	0	0	0	2	20	2	100	1,256	78：22
長　崎	9	17	4	3	0	0	0	4	59	4	100	2,970	35：65
熊　本	21	21	8	7	0	1	1	3	37	1	100	3,563	50：50
大　分	33	26	13	2	0	1	1	2	20	1	100	1,586	56：44
宮　崎	25	12	4	2	0	2	2	3	49	1	100	1,825	68：32
鹿児島	11	7	3	5	0	0	2	2	69	0	100	5,286	61：39
沖　縄	1	0	0	0	0	0	0	1	98	0	100	3,494	100：0
合　計	35	17	7	1	1	1	1	4	26	7	100	87,334	67：33

第47～49回『日本帝国統計年鑑』から算出した平均値である。
雑穀はキビとトウモロコシの生産量の合計である。
米は生産量の5割が合計石高中に占める割合であり、その他の食材はそれぞれの生産量が合計石高中に占める割合である。
A：Bは、米と大麦裸麦の構成比の合計値を100とした、麦飯中の米と麦の割合である。

注

(1) 静岡県浜名郡役所（1926）『静岡県浜名郡誌』静岡県浜名郡役所，650頁.

(2) 有薗正一郎（2007）『近世庶民の日常食－百姓は米を食べられなかったか－』海青社，219頁.

(3) 大豆生田稔（2007）『お米と食の近代史』（歴史文化ライブラリー 225）吉川弘文館，231頁.

(4) 内務省勧農局編（1877・78）『明治十年全国農産表』『明治十一年全国農産表』（藤原正人編，1966,『明治前期産業発達史資料』別冊2･3所収，明治部県資料刊行会）.

(5) 内閣統計局編（1903・04・05・28・29・30）『第22・23・24・47・48・49次日本帝国統計年鑑』東京統計協会出版部.

(6) 農林省農林経済局統計調査部編（1953・54）『第29・30次農林省統計表』農林統計協会.

(7) 豊川裕之･金子俊（1988）『日本近代の食事調査資料 第一巻明治篇 日本の食文化』全国食糧振興会，20-21頁．この文献は素資料を「人民常食種類調査」と表記しているが、筆者は「人民常食種類比例」と表記することにする。その理由は注（2）の

17～18頁に記述した。

(8)「日本の食生活全集　山形」編集委員会編（1988）『聞き書　山形の食事』農山漁村文化協会，357頁．

(9) 香川県師範学校・香川県女子師範学校編（1939）『香川県綜合郷土研究』香川県師範学校・香川県女子師範学校，882頁．（1978年再刊，名著出版）．

(10) 香川県三豊郡仁尾村役場編（1916）『香川県三豊郡仁尾村是』香川県三豊郡仁尾村役場, 66頁．（一橋大学経済研究所附属日本経済統計情報センター（1999）『郡是・町村是資料マイクロ版集成』所収，丸善出版事業部）．

(11) 愛知県教育委員会（1973）『木曽川下流低湿地域民俗資料調査報告　2』愛知県教育委員会，88頁．

(12) 愛知県庶務課（1885）『愛知県統計書 明治17年』愛知県．

(13) 愛知県農商課編（1885）「県下人民常食歩合表」『愛知県勧業雑誌』10，頁欠．

(14) 山田増太郎編（1904）『愛知県海東郡伊福村是』愛知県海東郡伊福村農会，143頁（一橋大学経済研究所附属日本経済統計情報センター（1999）『郡是・町村是資料マイクロ版集成』所収，丸善出版事業部）．

(15) 池田市史編纂委員会編（1998）『池田市史』5，池田市，808頁．

(16) 秋穂町史編集委員会編（1982）『秋穂町史』秋穂町，1280頁．

(17) 大牟羅良（1958）『ものいわぬ農民』岩波書店（岩波新書 301），208頁．

(18) 石井進ほか（2011）『詳説日本史 改訂版』山川出版社，408頁．

(19) 有薗正一郎（1997）「岐阜県東部で使われていた人力犂の研究」（『在来農耕の地域研究』第3章，古今書院，37-60頁）．

第 11 章

近代越後平野における庶民の日常食

第 1 節　はじめに

筆者は前章で、近代庶民の日常食材中に占める米と麦の構成比を統計資料を使って検討し、「日常食材中に占める米の構成比は 20 世紀前半まで低かった」とする民俗報告類は事実を伝えていないとの結論に至った。この章では、越後平野庶民の日常食材に関する資料を拾って検討した結果を記述する。なお、この章でいう庶民とは農民のことである。

越後平野は、沿岸流が浅瀬に砂を堆積して沖合に砂州を作り、砂州と沿岸山地の間にできた潟湖（せきこ）に河川が土砂を運んできて、水面を埋積して形成された平野である。越後平野には近年までいくつかの潟湖があり、その周辺には水位の僅かな上昇で冠水する低湿地が展開していた。近世以降、潟湖と周辺の低湿地の開発がおこなわれて、見渡す限りの水田と微高地上に点在する集落からなる景観が見られるようになった。北蒲原郡の紫雲寺潟と福島潟、中蒲原郡の鳥屋野潟（とやのがた）、西蒲原郡の鎧潟（よろいがた）は、越後平野に並置する潟湖群の例である（図 33）。

この章では、まず近世の史料 2 つを使って、越後国長岡藩領における庶民の日常食を記述する。

次に、北蒲原郡の福島潟周辺に立地する 4 村の『村是』と、北蒲原郡葛塚町新鼻の農家の記録を使って、近代越後平野庶民の日常食材と消費量を記述する。これら 4 村と葛塚町新鼻は、低湿地を水田にした平地村で、日

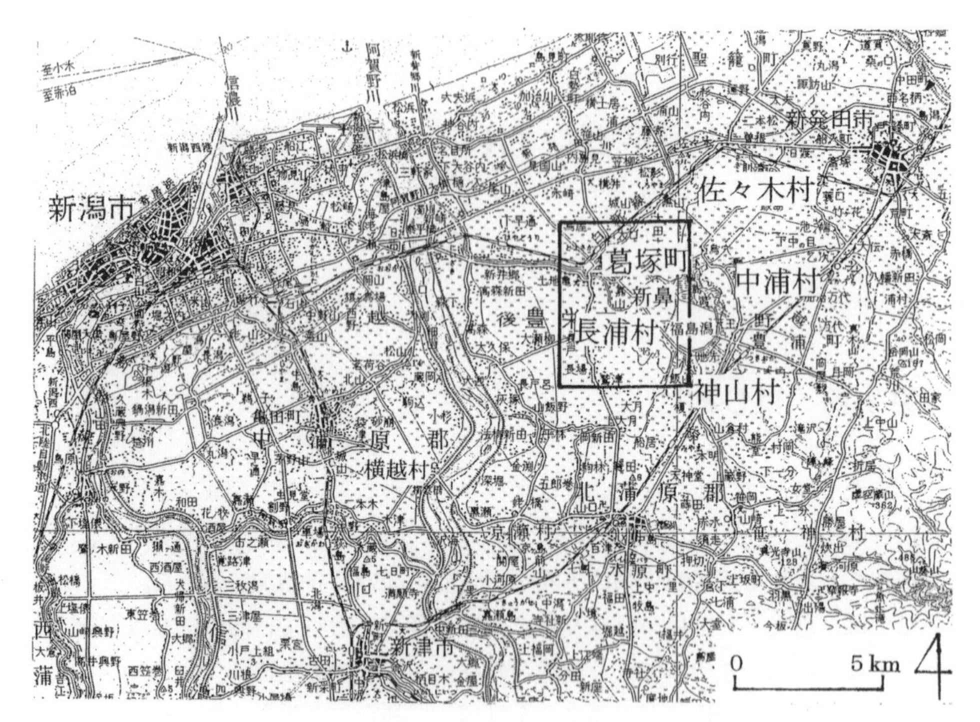

図 33　福島潟周辺 5 町村および新鼻の位置と土地利用

縮尺 20 万分の 1 地勢図「新潟」を複写し、5 町村名と新鼻を記入した。
中央右の枠内が図 34 の範囲である。

本でもっとも耕地利用率が高かった 20 世紀中頃でも、ほぼすべての水田が一毛作田であった（表 33）。1916（大正 5）年に刊行された『新潟県北蒲原郡是』[(1)] によれば、北蒲原郡の湿田率は 95%、一毛作田率は 99.9%（前掲（1）167 頁）で、「稲田麦作二毛作は（中略）郡内川東村及び一二の農村に行はるゝのみ」（同 263 頁）との記述がある。とりわけ潟湖周辺に立地する村落における生産物の大半は米であり、米以外では、潟湖から獲れる蓮根と、微高地上の集落周辺の畑地で作る大豆・馬鈴薯・里芋・大根などが自給食材に使われてきた。

第三に、蒲原 3 郡の市町村誌史類から庶民の日常食材に関する記述を拾

表33 新潟県北蒲原郡5町村における1950年の一毛作田率

村　名	田の面積（町歩）	一毛作田の面積（町歩）	一毛作田率（%）
佐々木村	972	932	96
神山村	1,080	1,075	100
葛塚町	984	982	100
長浦村	1,238	1,233	100
中浦村	1,497	1,442	96

『1960年世界農林業センサス市町村別統計書NO.15新潟県』から算出した。

い、上記の『村是』と農家の記録は、近代越後平野庶民の日常食材とそれらの消費量を代表していることを傍証する。

第2節　近世越後平野庶民の日常食材

1805（文化2）年に著作されたとされる『粒々辛苦録』[(2)]は、越後平野南部における近世後半の庶民の日常食を窺い知ることができる、正月から始まる歳時記型の農書である。『粒々辛苦録』の翻刻者は解題で、著者は「長岡城下に居を占める微禄の長岡藩家中の士」（前掲（2）154頁）であり､著作目的は｢｢予も農家に生れされハ　農事に疎し｣とした著者が｢皆見聞所」によって「農家の艱難辛苦をしらさる人の為に記し」、また農家の心得にもなる｣(同172頁)ことであったと記述している。すなわち『粒々辛苦録』は、伝聞にもとづいて著作された農書である。

『粒々辛苦録』から､庶民の日常食材に関わる記述を拾って次に列挙する。

①四民の内ニ　殊ニ筋骨を労し　悪衣を着　悪食を食し　寒暑を厭ハす　いふせき屋に住むものハ　農民也（前掲（2）7-8頁）

②（自宅から）遠き所ハ　往来の暇を惜て　かて飯（メシ）を面桶に入て持行昼あかりの時ハ田の畔に腰かけて喰ふ也（同15頁）

③（水呑百姓は）春ハ　うど　わらひ　せんまい　竹のこ　其外野山の草木の若葉を取て糧とし（中略）秋ハ落穂なと拾ひて　世を渡る（同 20 頁）

④（正月元日に）上農ハ餅雑煮を祝ふ　其次ハゆりご餅を祝ふ（中略）其次ニ至てハ団子雑炊食する也（同 21 頁）

⑤菜大根切て　ほし葉　芋の茎　蕎麦のめはな　とうの葉等貯置也　とうの葉ハ（中略）日にほし　粉にして粟稗の粉ニ交て食するなり（同 39 頁）

⑥田植の日ハ　貧家ニても米の飯を食す（同 50 頁）

⑦（五月）女の所作ハ（中略）粮草を摘み　三度の食の用意し　麦をこきひきし　舂き　夜は又明日の食の拵へなとする（同 61 頁）

⑧（百姓の）食事ハ　多くハ牛馬に等し（中略）夏ゟ秋に至り　骨折節ニハ　朝飯昼飯小昼飯夕飯と　四度喰ふ所も有　しかも大食すれハ　いかほと作りても　百姓の年中食足るハ　少しと云　其食ハ水と粮とのミ多し（中略）粒々の姿は見へぬ也（同 66 頁）

⑨（九月）女ハ雑水の菜大根をきさみ　ゆでさわし　団子の粉　ゆりご　稗　麦の粉を石臼にて挽也（同 78-79 頁）

以上、列挙したように、米しかとれない土地条件の場所で著作されたにもかかわらず、『粒々辛苦録』は生産した米をほとんど食べられない農民像を記述している。

ただし、『粒々辛苦録』の記述中には、地方書（じかたしょ）『民間省要』(3) を参考にしたと思われる箇所が散見される。

上記『粒々辛苦録』の①と⑧は、『民間省要』の次の文章に近い。

百姓は（中略）朝夕誰か牛馬にひとしき食を食ひ　乞食に似たる綴を着て　世を渡らん　粒々皆辛苦してかくのごとし（前掲（3）59 頁）

また、③④⑤⑨は、『民間省要』の次の文章に近い。

田方に生るゝ百姓は　雑炊にしても米を喰ふ事あれど　山方野方に生れては　正月三ケ日といへど　米を口に入るゝ事なき所多し　粟稗麦

> など食に焼とても　菜蕪干葉芋の葉豆さヽげの葉　其外あらゆる草木の葉を糧として　穀物の色は見へぬばかりにして（中略）衣食住の哀さをいはゞ　誠に涙もとゞめ難し（前掲（3）100-101頁）

他方、長岡藩領には、農民の日常食材がわかる、『粒々辛苦録』と同時期に著作された農書『やせかまど』[4]がある。『やせかまど』は越後国三島郡片貝村の手作り地主・太刀川喜右衛門が1809（文化6）年に著作した、家伝書に近い農書である。片貝村は、長岡城下から南西方向へ直線で12 kmほどの距離にあり、信濃川下流左岸に位置する農村である。片貝村域のうち、東半分の信濃川沿岸の沖積平野には水田が、西半分の丘陵斜面には畑と樹林地がある。

『やせかまど』の記述中に、米を主食材にしていた農民の暮らしが読みとれる箇所がある。

> 米つきは　来年のぶじき米凡弐拾四俵はかりも（中略）餅米の中下うる米上中下　月に弐俵当りに　餅米共用意せし也（中略）四斗四升壱俵にて（前掲（4）327-328頁）

すなわち、1俵が4斗4升の米俵で、1年間に24俵分、10.56石の米を食材にするとの記述である。そのうちの2割を糯米とすると、粳米は8.448石になる。

太刀川家の家族人数は不明だが、奉公人は「下仕男女三人」（前掲（4）156頁）と記述しているので、3人いた。家族を5人とすると、合計8人が粒食する粳米の1人当り年間可能消費量は1.056石になる。したがって、1日当り粳米可能消費量はおよそ3合で、主食にした日常食材の4分の3ほどが米であったことになる。

『やせかまど』は家伝書に近い農書なので、本音が記述されている。片貝村の手作り地主家では、米が4分の3ほど入った飯を、日常食べていたのである。同じ長岡藩領で著作された『粒々辛苦録』とは異なる日常食像が、『やせかまど』から浮かんできた。『粒々辛苦録』と『やせかまど』の記述のいずれが、越後平野庶民の日常食像に近いのか。第3節で近代の資料を使って検討する。

ちなみに、『やせかまど』には、米の凶作による食料不足への対応として、稗と米籾を村で備蓄しているとの記述がある。

> 文化九申年迄に　村囲稗凡百五十俵程りもかこひ置也　是は凶作の年は　小前へ夫食の助成にせん為なれは（中略）籾は（中略）石数凡七十石計りもあらん（前掲（4）308-309 頁）

第 3 節　近代越後平野庶民の日常食材と消費量

ここでは、20 世紀前半の資料を使って、北蒲原郡庶民の日常食材と消費量を記述する。

(1) 福島潟周辺 4 村の『村是』にみる米麦の消費量

ここに記述する 4 村は、いずれも福島潟周辺に立地する（図 33・図 34)。表 34 に示すように、1916 ～ 17 年の湿田率は 65 ～ 94%で、稲作ができない深水地の「水腐地」も含めると、75 ～ 100%を占める。なお神山村には土地が僅かに高くて水が行きわらない旱損場が 25%あった。水田率は 82 ～ 92%、水田のほぼすべてが一毛作田であり、集落近辺の微高地を除いて、夏は見渡す限りイネが作付され、晩秋から田植前までの間は作物の姿が見られない景観が展開していた。

なお、4 村とも消費した食材の量は村民の総量で、職業別の数値は記載されていないが、村民の中で農業に従事した人の割合は、佐々木村 95%、中浦村 85%、神山村 88%、長浦村 95%で、その中のほぼ 9 割が農業専業者であった。したがって、4 村の『村是』は、庶民すなわち農民が消費した食材の量を表示していると考えてよい。

1917（大正 6）年に刊行された『佐々木村是』[(5)] が記載する 1914（大正 3）年「消費食料費」の米の量は 4,843 石、麦は 50 石で、米麦合計で

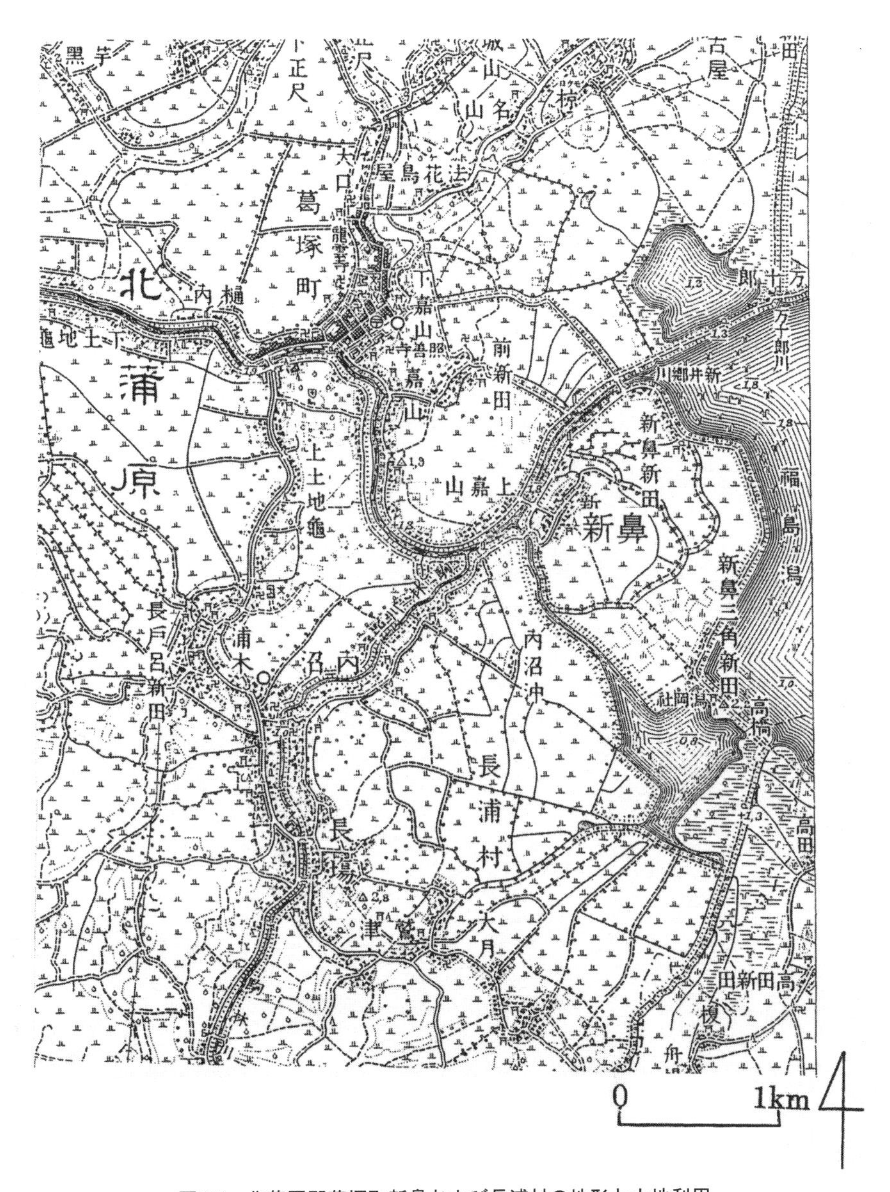

図34　北蒲原郡葛塚町新鼻および長浦村の地形と土地利用

縮尺5万分の1地形図「新潟」（明治44年測図）を110%に拡大複写した。

表34　新潟県北蒲原郡福島潟周辺4村の米と麦の年間消費量と水田の状況

村名	年	人口（A）	消費量（石）米（B）	麦（C）	B/A（石）	C/A（石）	湿田率（%）	水腐地率（%）	水田率（%）	一毛作田率（%）
佐々木村	1917	4,036	4,843	50	1.2	0.01	88	4	92	99.8
中浦村	1916	7,401	粳 9,208	大 79	1.2	0.01	94	0.7	90	100
			糯 1,480	小 42	0.2	0				
			計 10,688	計 121	1.4	0.02				
神山村	1917	4,337	粳 5,023	大 64	1.2	0.01	65（旱損場率25）	10	92	100
			糯 887	小 10	0.2	0				
			外 124		0.03					
			計 6,034	計 74	1.43	0.01				
長浦村	1917	6,913	粳 7,768	大 371	1.1	0.05	88	12	82	99.7
			糯 1,298	小 12	0.2	0				
			計 9,066	計 383	1.3	0.05				

新潟県北蒲原郡『佐々木村是』『中浦村是』『神山村是』『長浦村是』から作成した。
B/Aは米の1人当り年間平均消費量、C/Aは麦の1人当り年間平均消費量である。
神山村米欄の「外」は「需要品輸入額」中の外国米の量である。
麦欄の「大」は大麦、「小」は小麦である。
湿田率は水田面積中の湿田の割合である。
水腐地率は水田面積中の水腐地の割合である。
水田率は耕地面積中の水田の割合である。
一毛作田率は水田面積中の一毛作田の割合である。

住民1人当り年間1.21石（表34）、そのうち米は99%を占める。ただし、1.21石は1日当り3.3合で、満腹にならないので、合計19,768貫（1人当り年間4.9貫）の甘藷・馬鈴薯・里芋で不足分を補っていた（前掲（5）63頁）。

1916（大正5）年に刊行された『中浦村是』(6) が記載する村民が食べた米麦の量は、粳米9,208石、糯米1,480石、大麦79石、小麦42石、米麦合計で住民1人当り年間1.42石（表34）、そのうち米が99%を占める。ただし、1.42石は1日当り3.9合で、満腹にならないので、46石（1人当り年間6合）の蕎麦（前掲（6）84頁）などで不足分を補っていた。

1917（大正6）年に刊行された『神山村是』(7) が記載する村民が食べ

た米麦の量は、粳米 5,023 石、糯米 887 石、外国米 124 石、大麦 64 石、小麦 10 石、米麦合計で住民 1 人当り年間 1.44 石（表 38）、そのうち米が 99%を占める。ただし、1.44 石は 1 日当り 3.9 合で、満腹にならないので、合計 20,465 貫（1 人当り年間 4.7 貫）の馬鈴薯と里芋で不足分を補っていた（前掲（7）37 頁）。

1917（大正 6）年に刊行された『長浦村是』[(8)] が記載する村民が食べた米麦の量は、粳米 7,768 石、糯米 1,298 石、大麦 371 石、小麦 12 石、米麦合計で住民 1 人当り年間 1.35 石（表 34）、そのうち米が 96%を占める。ただし、1.35 石は 1 日当り 3.7 合で、満腹にならないので、合計 6,210 貫（1 人当り年間 0.97 貫）の馬鈴薯と里芋などで不足分を補っていた（前掲（8）「普通農産物生産額」頁欠）。

以上記述したように、4 村の村人が日常食べた主食材の 9 割以上が米であることが明らかになった。また、日常食材から糯米を除いて計算しても、粳米は 9 割以上を占めることに変わりはない。北蒲原郡の庶民は穫れた米を「地産地消」していたのである。

(2) 葛塚町新鼻の小熊家の日常食材と消費量

『聞き書　新潟の食事』[(9)] の冒頭に「お米の食べ方だけでも五十数種類もあります。（中略）新潟の人びとは、（中略）お米をさまざまに味わい分けました。上米は上米として、くず米はくず米として見事に加工し、調理して使い分けたのでありました。お米の「食文化」は新潟において極まっております。」（前掲（9）1 頁）との記述がある。

『聞き書　新潟の食事』は、「蒲原の食－潟と田と川の恵みに囲まれて」の章で、福島潟の西岸に位置する北蒲原郡葛塚町新鼻（図 34）に住む小熊家の「大正の終わりから昭和の初めころ」（前掲（9）3 頁）の食生活を記述している。小熊家は小作農で、耕作する 2 町 8 反歩の田すべてが小作地であった（同 69 頁）。

『聞き書 新潟の食事』の 30 ～ 40 頁と 66 ～ 76 頁に記載された数値から、

小熊家が1年間に食べた米の量を計算して、表35を作成した。

糯米は「ハレの日」の食材に使われた割合が大きいので、ここでは粳米の消費量について記述する。9人家族の小熊家の自家保有米は14.4石、1人当り1.6石、1人1日当り4.38合になる。自家保有米14.4石のうち1.5石（3.75俵）はくず米だったので、食べた米のうち、くず米が1人当り0.17石、1人1日当り0.5合が含まれていたことになる。

1人1日当り4.38合でも飯米の量としては足りなかったようで、「一日平均四升の米では足りないから、かてやくず米で補う。」（前掲（9）33頁）との記述がある。それでも、成年男子の1日当り飯の量を5合とすると、日常食材のほぼ9割が米であったことになる。

米に混ぜる「かて」の主食材は大根と大根葉で（前掲（9）33頁）、消費量の半分は購入していた（同72頁）。また、里芋と馬鈴薯は自家菜園で作ったが、甘藷は1里ほど離れた海岸砂丘地から、甘藷3貫を稲わら10貫の割合で交換して手に入れた（同28・72頁）。しかし、小熊家が麦類を購入して食材にしていたとの記述はない。くず米は米と混ぜて炊くほか、「笹だんご」（同37頁）など、粉にしてから加熱する調理法で食べていた。

以上のことから、小作農の小熊家では、ほぼ米9割の飯を日常食べていたことが明らかになった。小熊家は、土地条件に適応して作った米を、「地産地消」して暮らしていたのである。

表35　北蒲原郡葛塚町新鼻の農家（小熊家）が1925年頃食べた米の量

家族構成員 A	自家保有米 B	1人当り保有米 B/A	1人1日当り保有米
9人	粳14.4石（36俵） 糯　2石　（5俵） 計16.4石（41俵）	粳1.6石　（4俵） 糯0.22石（0.55俵） 計1.82石（4.55俵）	粳4.38合 糯0.6合 計4.98合

注（9）の30・33・72頁にある記述から筆者が作成した。

(3) 越後平野の市町村誌市史類に見る近代庶民の日常食材と消費量

『新潟県史 資料編 22 民俗・文化財一 民俗編 Ⅰ』[10] は「主食」の項目で「飯米の量は男で年四俵（一石六斗）としている所が多い（東蒲原郡鹿瀬（かのせ）町鹿瀬・長岡市福島町）」（前掲（10）315 頁）と記述している。1 年に 1.6 石は、先に記述した北蒲原郡葛塚町新鼻の小熊家が食べた粳米の量と一致する。長岡市福島町は北蒲原郡葛塚町と同じ沖積低地の水田卓越地に立地する領域である。

1916 年に刊行された『新潟県北蒲原郡是』[11] によれば、1914（大正 3）年の耕地面積は 33,601 町歩で、そのうち田は 75%を占めるが、裏作田 1.8 町歩中の麦は 0.1 町歩、畑作物作付反別中の麦も 381 町歩で、耕地面積の 1%ほどである（前掲（11）166-167 頁）。その実状は「従来稲田麦作（二毛作）は屢々奨励を加へたりと雖も僅かに行はるヽに至りしは両三年来の事にして郡内川東村及び一二の農村に行はるヽのみ」（同 263 頁）であった。

また、『中蒲原郡誌』[12] が記載する 1911・12（明治 44・大正 1）年平均収穫量は、粳米・糯米・陸米が 228,815 石、大麦・裸麦・小麦が 32,921 石であり（前掲（12）214 頁）、郡内で米の収穫量の半分と麦の全量を食べたと想定しても、米 8 麦 2 の割合になる。

第 4 節　越後平野庶民の日常食「かてめし」の調理手順

近代越後平野の庶民は、米に若干の雑穀を入れた飯か、大根を加えて炊く「かてめし」を日常食べていたことを、多くの市町村史誌類が記述している。

阿賀野川下流左岸の自然堤防帯に立地する中蒲原郡横越村（図 33）の『横越村誌』[13] は、「かてめし」の調理手順を次のように記述している。

純農村の誇りで郷土の常食が昔から米を主としたことは誰もが親しく

経験してゐる。と言っても（中略）大抵の家では所謂三段飯であった。三段飯といふのは（中略）先づ大鍋の底へ大根の葉、場合によっては干葉などを細かに刻んで入れ、中段にはケシネ米（ケシネは褻稲で常食用の粗製米である）を若干置き、それが煮えた時分に火加減を見て最上段に雑穀或はフカシモン米と称した今なら縦線下の粉米を載せ之は文字通り下の熱気で蒸かし立てるのである。（中略）炊き上がると下へ下ろし、十分蒸した上で掻き雑ぜて椀に盛る。（前掲（13）294-295 頁）

「三段飯」とは、釜の底に大根葉を敷き、その上に米を乗せて炊き、炊きあがる頃に雑穀か粉米を乗せて蒸らす手順で調理する「かてめし」であった（図 35）。

『横越村誌』は日常食べる飯の素材の変化を、次のように記述している。

大正初期第一次世界大戦後の好景気以来一般農家で白米飯を喰ふやうになったが、（中略）昨今は甘藷と馬鈴薯、特に馬鈴薯の利用が目につく。（前掲（13）295 頁）

豊栄市は第 3 節で採りあげた長浦村と葛塚町新鼻を含む行政区である。『豊栄市史　民俗編』[14] にも「カテ飯」の素材と調理手順が記述されている（前掲（14）94-96, 425 頁）。その内容は『横越村誌』と同じであり、「前

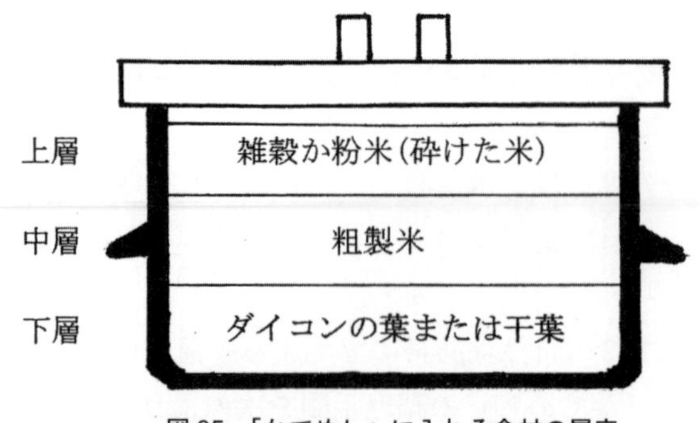

図 35 「かてめし」に入れる食材の層序
（『横越村史』294-295 頁の記述から筆者作成）

の晩からゆでた大根カテをしぼって、1 升くらい入れておく。次に 1 升 5 合の米を入れる。」（同 95 頁）、「1 家族 9 人の場合、1 日米 2 升、小米 5 合を必要とした。」（同 425 頁）と記述しているので、大根と米と屑米の割合は 13：20：5 で、米と屑米が 3 分の 2 を占めていた。

また、南蒲原郡の『中之島村史』[15]は、大根を釜の底に敷かない「かてめし」の調理手順を次のように記述する。その内容は、大根が素材に加わらないこと以外は、『横越村誌』『豊栄市史　民俗編』と同じである。ここでは白米 3、屑米 1 の割合の「かてめし」であった。

> 白米を先ず炊き、釜の火を止める寸前に全体に対して、約三分の一の糧米（かてごめ）をパラパラと上から釜の中にまく。しばらく蓋をして、水がなくなる頃を見計らって、めし棒といわれる大型の竹はし二本で、十か所ほど表面から釜の底にかけてつきさす。（前掲（15）118 頁）

上記文献のほか、中蒲原郡の『新津市史　資料編第六巻』[16]「農村部の食生活」（前掲（16）113-125 頁）、『五泉市史　民俗編』[17]「食事と食制」（前掲（17）132-138 頁）、『亀田の歴史　資料編』[18]「衣食住」（前掲（18）492-496 頁）、北蒲原郡の『豊浦町史』[19]「衣食住」（前掲（19）697-699 頁）、『安田町史　民俗編』[20]「食生活」（前掲（20）23-31 頁）、『笹神村史　資料編四　民俗』[21]「食物」（前掲（21）380-403 頁）、西蒲原郡の『燕市史　民俗・社会・文化財編』[22]「日常の食事」（前掲（22）134-136 頁）が記述する「かてめし」を炊く手順の記述は、いずれも同じである。

米と屑米を合わせると、「かてめし」の素材の 3 分の 2 以上を占めていたことが、いずれの文献からも読みとれる。日常のおかずは、味噌など大豆の加工品と大根や葉菜類の漬物であった。

第 5 節　おわりに

この章では、近代の資料を使って越後平野庶民の食材の大半は、米であったことを明らかにした。

また、近世の史料のうち、越後国長岡藩領の武士が著作した『粒々辛苦録』には、支配者側の「百姓の食生活はこうあるべきである」「こうあってほしい」との願望が記述され、三島郡片貝村の豪農が記録した『やせかまど』には庶民の日常食に関わる本音が記述されている。片貝村の豪農家では、米が4分の3ほど入った飯を、日常食べていたことが明らかになった。近世長岡藩領の豪農家では、これだけの割合の米が入った飯を日常食べていたのである。

近代については、北蒲原郡福島潟周辺の低湿水田中に立地する4村の『村是』と、『聞き書 新潟の食事』が記述する北蒲原郡葛塚町新鼻の小熊家の事例と、越後平野に立地する市町村史誌類を使い、米が日常の穀物食材の9割以上を占め、大根や大根葉を加えて炊く「かてめし」の素材は3分の2以上が米であったことを明らかにした。ただし、これは屑米を含む割合である。

尾張国西部の木曽三川下流域から河口部の周辺では、米と混ぜて炊く麦飯の素材の大麦と裸麦がある程度生産されていたのに対し、越後平野の北蒲原郡と中蒲原郡には、低湿地が多い土地条件と冬期に積雪がある気候条件の制約で、自家消費量を超える大麦と裸麦を生産する場所はなかった。北蒲原郡4村の米と麦の年間消費量は、その事実を端的に示している（表34）。鉄道が開通する前は、大量の物資を輸送する手段が制約されていたために、越後平野では大麦と裸麦を主食材にする日常食は形成されていなかった。

近代越後平野の庶民は、後背湿地の水田で穫れる米に微高地の畑で作った雑穀や大根を加えて飯に炊き、微高地の畑で穫れたイモ類も日常の食材に加える、「地産地消」の暮らしをしていたのである。

この章の目的は、前章で記述し、第13・14章でも採りあげる尾張国近代庶民の日常食材に関する民俗研究者の報告への筆者の反論を、同じ低湿地である越後平野庶民の日常食材で傍証することであり、この目的は達成されたと考えている。聞きとりで得たデータは、諸資料と対照する過程を踏まえて、内容の妥当さの是非を裏付ける作業が不可欠である。

ちなみに、越後平野は低湿な三角州平野であるが、仮に水はけのよい扇状地平野であったとしても、庶民は麦類を食材に加えることはなかったであろう。冬季の長期積雪が冬作物である麦類の生育を遅らせるために、夏作物との二毛作はできないので、夏作物の一毛作をおこない、日常の主食材にしていたからである。すなわち、越後平野は、大枠の気候条件と小枠の土地条件のいずれにも制約されて、麦類を日常食材にすることができなかった領域なのである。第9章の150頁に示した図24は、近代初期庶民の日常食材の構成比を国別に示す図である。越後国以北の日本海沿岸北部諸国において麦類の構成比が低いことの要因は、冬季の長期積雪でほぼ説明できると、筆者は解釈している。

注

(1) 新潟県北蒲原郡役所（1916）『新潟県北蒲原郡是』新潟県北蒲原郡役所, 1038頁（一橋大学経済研究所附属日本経済統計情報センター（1999）『郡是・町村是資料マイクロ版集成』所収，丸善出版事業部）.

(2) 著者未詳（1805）『粒々辛苦録』（土田隆夫翻刻，1980，『日本農書全集』25，農山漁村文化協会，3-148頁）.

(3) 田中丘隅（1721）『民間省要』（瀧本誠一校訂, 1928,『日本経済大典』5, 史誌出版社, 3-514頁）.

(4) 太刀川喜右衛門（1809）『やせかまど』（松永靖夫翻刻，1994，『日本農書全集』36，農山漁村文化協会，149-345頁）.

(5) 北蒲原郡佐々木村村是調査会（1917）『新潟県北蒲原郡佐々木村是』北蒲原郡佐々木村村是調査会, 115頁（一橋大学経済研究所附属日本経済統計情報センター（1999）『郡是・町村是資料マイクロ版集成』所収，丸善出版事業部）.

(6) 北蒲原郡中浦村村是調査会（1916）『新潟県北蒲原郡中浦村是』北蒲原郡中浦村村是調査会, 150頁（一橋大学経済研究所附属日本経済統計情報センター（1999）『郡是・町村是資料マイクロ版集成』所収，丸善出版事業部）.

(7) 北蒲原郡神山村村是調査会（1917）『新潟県北蒲原郡神山村是』北蒲原郡神山村村是調査会, 90 頁（一橋大学経済研究所附属日本経済統計情報センター（1999）『郡是・町村是資料マイクロ版集成』所収，丸善出版事業部）.
(8) 北蒲原郡長浦村村是調査会（1917）『新潟県北蒲原郡長浦村是（稿本）』北蒲原郡長浦村村是調査会, 頁欠（一橋大学経済研究所附属日本経済統計情報センター（1999）『郡是・町村是資料マイクロ版集成』所収，丸善出版事業部）.
(9)「日本の食生活全集　新潟」編集委員会編（1985）『聞き書　新潟の食事』(『日本の食生活全集』15）農山漁村文化協会，350 頁.
(10) 新潟県編（1982）『新潟県史　資料編　22　民俗・文化財一　民俗編Ⅰ』新潟県，1078 頁.
(11) 新潟県北蒲原郡役所（1916）『新潟県北蒲原郡是』新潟県北蒲原郡役所，1038 頁.
(12) 中蒲原郡役所（1918）『中蒲原郡誌　上編』中蒲原郡役所, 1369 頁（名著出版翻刻，1973）.
(13) 伊藤威夫編（1952）『横越村誌』横越公民館，372 頁.
(14) 豊栄市史調査会民俗部会編（1999）『豊栄市史　民俗編』豊栄市，549 頁.
(15) 中之島村史編纂委員会編（1988）『中之島村史　民俗・資料編』中之島町，911 頁.
(16) 新津市史編さん委員会編（1991）『新津市史　資料編第六巻　民俗・文化財』新津市，685 頁.
(17) 五泉市史編さん委員会編（1999）『五泉市史　民俗編』五泉市，746 頁.
(18) 亀田町史編さん委員会編（1990）『亀田の歴史　資料編』亀田町，578 頁.
(19) 豊浦町史編さん委員会編（1987）『豊浦町史』豊浦町，825 頁.
(20) 安田町史編さん委員会編（1997）『安田町史　民俗編』安田町，258 頁.
(21) 笹神村編（2002）『笹神村史　資料編四　民俗』笹神村，511 頁.
(22) 燕市編（1990）『燕市史　民俗・社会・文化財編』燕市，417 頁.

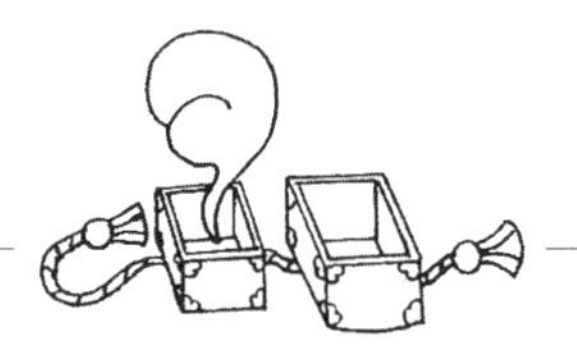

話の小箱（5）
潟と高い米食率との因果関係

庶民が 1880（明治 13）年頃に食べていた日常食材の割合がわかる資料「人民常食種類比例」を見ると、日本海沿岸の北部に位置する新潟県・山形県・秋田県は、米が占める割合が８割を超えていて、ここは日本列島でもっとも米を多く食べた領域でした。

米はイネの種実です。熱帯が故郷（ふるさと）のイネの種実がなぜ日本海沿岸北部の領域で多く食べられていたのか。これは気候条件と地形条件で説明できます。

まずは気候条件。日本列島は北へ向かうほど夏の期間が短くなりますが、夏は日本中が夏です。真夏の最高気温は北海道が沖縄より高くなる日もあります。したがって、短い日数で生育して実を結ぶ早稲を作れば、北海道でも稲作はできます。

しかし、東北地方の場合、日本海沿岸のほうが太平洋沿岸よりも庶民の米食率が高かった理由を、気候条件では説明できません。

この事実は地形条件で説明できます。東北地方は南北方向に配列する奥羽山脈が分水嶺になっていて、奥羽山脈の西側斜面に降った雨は日本海へ、東側斜面に降った雨は太平洋へ流れ下ります。問題は日本海側の地形です。奥羽山脈の西側には出羽山地が奥羽山脈と並んで配列しています。したがって、奥羽山脈から流れ下る水は奥羽山脈と出羽山地の間に並ぶ盆地群に入ると流れが遅くなって、運びきれない土砂を盆地に置いていくので、その分だけ身軽になった水が、出羽山地を抜けて日本海へ流れ出ます。

河川水は出羽山地を流れる間に多少の土砂を削って下流へ運びます

から、土砂の量は少しは増えますが、その量は少ないので、出羽山地を出た所に土砂が堆積してできる平野は、太平洋側へ流れ下る河川と比べると、それほど広がりません。すなわち、日本海沿岸北部は平野ができにくい土地条件の場所なのです。

他方、日本海沿岸には海岸に並行して流れる海流（沿岸流）があって、運んできた砂を２つの岬の間に置いていくので、入り江の沖に長い砂州ができて、入り江をほぼ塞ぎます。

このような地形条件の場所で、河川が運んでくる土砂の量が少ないために広がらない平野と砂州の間にできる浅い水面が「潟（かた）」すなわち潟湖（せきこ）です。これで象潟（きさかた）や紫雲寺潟などができた理由が説明できました。

「潟」は低湿地です。このような地形の場所を好んで育ち、子孫を残せる作物はイネだけです。また、日本海岸北部は積雪期間が長いことに加えて、湿気を嫌うムギ類は、収量は少ないです。

日本海沿岸北部の庶民は、土地条件の制約下で穫れる米と、畑で作る少量の夏作雑穀を組み合わせる、「地産地消」の暮らしをしていたのです。

第12章

近代三河国庶民の日常食

第1節　三河国をとりあげる理由

第9章150頁の図24は、1880（明治13）年頃の庶民の日常食材の構成比を国別に表示した、「人民常食種類比例」[(1)]と称される帯グラフである。国ごとに各食材の構成比を物差しで測り、全国平均値を計算すると、米52%、麦28%、粟6%、雑穀9%、稗1%、甘藷3%、その他1%になる（表36）。

全国平均値を図24の右端に加筆した。全国平均値と各国の食材構成比を対照すると、各食材の構成比が全国平均値に近い国はほとんどないので、

表36 「人民常食種類比例」からみた全国と三河国庶民の食材構成

食材名	全　国（%）	三河国（%）
米	52	51
麦	28	41
粟	6	―
雑　穀	9	7
稗	1	1
甘　藷	3	―
その他	1	―

全国の割合は梅村又次ほか（1983）『地域経済統計』（東洋経済新報社）250頁の「全国人ロウエイトの加重平均」から引用し、三河国は「人民常食種類比例」の帯グラフを物差しで測った。

1880年頃の庶民は、それぞれの領域内で容易に手に入る食材を調理して食べる、「地産地消」の生活をしていたとの作業仮説を立てることができる。そして、筆者は前著『近世庶民の日常食－百姓は米を食べられなかったか－』[(2)]で、8つの領域（羽前国・羽後国・信濃国・近江国・伊賀国・肥前国大村藩領・薩摩藩領・琉球国）では、この作業仮説が成り立つことを証明した。

しかし、食材ごとに全国平均値と各国の構成比を対照すると、全国平均値に近い国もある。三河国は米の構成比が51％（表36）で、全国平均値52％とほぼ一致するので、三河国庶民の食生活は当時の日本人の典型であったと位置付けることもできるように思えるのだが、この解釈は妥当であろうか。

第2節　何を明らかにするか

この章では、近代三河国庶民の日常食の内容がわかる資料を使って、三河国庶民の日常食は1880年代の日本人の平均的な姿として位置付けることができるか否かについて考察する。

考察の手順は次のとおりである。

第一に、「人民常食種類比例」（1880年頃）と『全国農産表』（1877・78年）[(3)]を対照して、「人民常食種類比例」が表示する三河国庶民の食材構成比が妥当か否かを検討する。

第二に、愛知県が作成した「県下人民常食歩合表」（1885年）[(4)]から、三河国庶民の食材構成比を郡ごとに対比して、三河国の中における相違の有無を検討する。

第三に、市町村史誌類と民俗報告書から近代三河国庶民の日常食に関わる記述を拾い、三河国を地形で区分した4つの領域ごとに日常食の内容を検討して、日常食の類型を設定する作業をおこなう。

第四に、「人民常食種類比例」が表示する三河国の食材構成比は、異なる領域にあった2つの類型の平均値なので、三河国庶民の日常食は近代日本人の日常食の平均的な姿ではないとの結論を記述する。

人間の体内で熱源になるデンプンを摂取するための食材である植物の果実（穀粒）または根茎（イモ）の多くは、加熱して食べる。食材を加熱して食品にする調理法は大きく2つある。

ひとつは穀粒またはイモをその姿のまま煮るか蒸して食べる方法で、この章ではこれを「粒食」と呼ぶことにする。もうひとつは、穀粒またはイモを粉にしてから加熱するか、穀粒を加熱後に粉にして食べる方法で、前者の例が「うどん」、後者の例が「コガシ」である。この章ではこれを「粉もの食」と呼ぶことにする。

「粉もの」は粉にする手間がいるので、米や大麦などの日常食材の量が確保できて、それらの食材を「粒食」する領域では、「粉もの」を食べるのは慶弔日に限られる。したがって、このような領域の日常食の形態は「粒食型」である。

他方、粒食する日常食材の量が足りない領域では、麦や雑穀類を粉にして、「粒食」だけでは足りない日常食材を補ってきた。それでも、日常食材の主な摂取形態は「粒食」なので、「粉もの」が加わる領域の日常食の形態は「粒食＋粉もの食型」である。

この章では、ここに記述した「粒食」と「粉もの食」の概念にもとづいて、近代三河国庶民の日常食の性格を明らかにしてみたい。

なお、筆者は近世三河国庶民の日常食の内容がわかる史料をほとんど知らない。矢作川下流域を舞台にして著作したとされている『百姓伝記』（1681-3年）の「万粮集」[5]や、碧海郡大浜村の『石川家文書』（1783年）[6]から、近世に生きた庶民の日常食の一端を見ることはできるが、史料がある場所の数が少ないので、事象の空間配置とその理由を明らかにする地理学の視点からは、近世三河国庶民の日常食の空間配置を示すことはできない。したがって、この章では考察する時期を近代に限ることにする。

第３節　「人民常食種類比例」と『全国農産表』にみる三河国庶民の食材構成

表37は、内務省勧農局が編集した『全国農産表』に記載されている、食用農産物の生産量と構成比の1877・78（明治10・11）年平均値である。「人民常食種類比例」の三河国の食材構成比（表36）と、『全国農産表』の三河国の食用農産物生産量構成比（表37）を対照すると、「人民常食種類比例」は米（『全国農産表』では米と糯米（もちごめ）の合計）の構成比が8%高く、麦（『全国農産表』では大麦と小麦と裸麦の合計）の構成比が10%高い。

表37　『全国農産表』からみた三河国の主食材の生産量構成比

食材農産物名	全　国		三河国	
	生産量（石）	構成比（%）	生産量（石）	構成比（%）
米	23,862,882	47	340,902	39
糯　米	2,077,909	4	33,770	4
大　麦	4,807,110	9	190,144	22
小　麦	1,777,860	3	34,341	4
裸　麦	2,931,011	6	43,153	5
粟	1,422,970	3	28,926	3
稗	937,372	2	20,957	2
その他の雑穀	346,768	1	23,654	3
大　豆	1,762,257	3	27,453	3
蕎　麦	551,223	1	9,989	1
甘　藷	10,230,126	20	111,614	13
馬鈴薯	182,929	0	778	0
合　計	50,890,417	100	865,678	100

注（3）から作成した。
数値は1877・78（明治10・11）年の平均値である。
「その他の雑穀」は黍・モロコシ・トウモロコシである。

表38に示す1878（明治11）年『全国農産表』の三河国の米と麦の作付面積構成比（米と糯米の合計42%、大麦と小麦と裸麦の合計35%）が、表37の生産量構成比（同43%、同31%）とほぼ同じ値を示すので、『全国農産表』の三河国の米と麦の生産量構成比は妥当な値である。

次に、雑穀類と甘藷（サツマイモ）の構成比について記述する。いずれも「地産地消」されていた食材である。

三河国の雑穀類の構成比は、「人民常食種類比例」（稗と雑穀）が8%（表36）、『全国農産表』（粟と稗と雑穀と蕎麦）が生産量構成比で9%（表37）、作付面積構成比で13%（表38）で、「人民常食種類比例」の値がやや低い。

甘藷（サツマイモ）は近代初頭には三河国でも生産されており、『全国農産表』の生産量構成比では13%（表37）、作付面積構成比では3%（表38）を占めるが、「人民常食種類比例」には甘藷（サツマイモ）は出てこ

表38　『全国農産表』からみた三河国の主食材の作付面積構成比

食材農産物名	全　国		三河国	
	作付面積（町歩）	構成比（%）	作付面積（町歩）	構成比（%）
米	2,268,644	46	31,020	38
糯　米	221,122	5	3,352	4
大　麦	594,230	12	18,089	22
小　麦	346,800	7	5,703	7
裸　麦	424,592	9	5,269	6
粟	219,023	4	3,984	5
稗	106,989	2	1,645	2
その他の雑穀	57,938	1	2,749	3
大　豆	414,691	8	5,849	7
蕎　麦	147,244	3	2,561	3
甘　藷	149,457	3	2,166	3
馬鈴薯	9,634	0	139	0
合　計	4,960,364	100	82,526	100

注（3）の『明治十一年全国農産表』から作成した。
「その他の雑穀」は黍・モロコシ・トウモロコシである。

ない（表36）。なお、『全国農産表』で甘藷（サツマイモ）の生産量構成比が作付面積比よりも高いのは、甘藷（サツマイモ）は単位面積当り収穫量が多いからである。

このように「人民常食種類比例」は『全国農産表』よりも米麦の構成比が高く、雑穀の構成比がやや低く、甘藷（サツマイモ）を記載していない。その理由は何か。筆者はこれを検討するための資料を持たないが、「人民常食種類比例」は抽出調査なので、やや生活水準が高い庶民から聞きとりをおこなったように思われる。そのことが建前では悉皆調査にもとづいて編集された『全国農産表』との構成比の差として現れたのであろう。この推測が正しければ、三河国庶民が食材にした米の構成比は、「人民常食種類比例」が示す値よりもやや低く、『全国農産表』に近い値になるであろう。

第4節　「県下人民常食歩合表」にみる三河国庶民の食材構成

「県下人民常食歩合表」は、愛知県農商課が編纂して1885（明治18）年12月に刊行した、『愛知県勧業雑誌』10号に掲載されている表である（前掲（4））。素資料を集めるために庶民から日常食材の聞きとりをした年は、「県下人民常食歩合表」が「人民常食種類比例」よりも5年ほど遅いと考えられるので、両者は異なる資料を使って作成されたと思われる。

表39に示すように、「県下人民常食歩合表」の形式は、縦方向に愛知県下の郡名が記載され、横方向には「最上等食」「普通食」「最下等食」の3欄があり、各欄に総人員と食材名が記載されている。

「県下人民常食歩合表」の説明文によれば、総人員とは「一郡区の人員を百とみなし」た値で、各郡中「最上等食」「普通食」「最下等食」のいずれかに配置された人員の合計を100人に見立てている。また、「常食は壱人平均の食料を百とし種類を区別せし歩合」、すなわち各食材の構成比が

表39　県下人民常食歩合表

縣下人民常食歩合表	最上等食							普通食							最下等食								備考
郡區名／科目	総人員	米	麦	稗	雑穀	甘藷里芋	蔬菜	総人員	米	麦	稗	雑穀	甘藷里芋	蔬菜	総人員	米	麦	稗	雑穀	甘藷里芋	蔬菜	木實	
名古屋	三〇	一〇〇	〇	〇	〇	〇	〇	五〇	九〇	一〇	〇	〇	〇	〇	二〇	六〇	三八	〇	〇	一	一	〇	本表総人員の欄は一郡區の人員を百とみな志これを上中下よ區分志又常食も右よ依里壹人平均の食料を百とし種類を區別せし歩合なり
愛知	二〇	六二	三八	〇	〇	〇	〇	六三	三八	五五	〇	七	〇	〇	一七	一五	六七	〇	一六	二	〇	〇	
東春日井	一〇	七〇	二〇	〇	五	一	四	七〇	二〇	五〇	五	五	一〇	一〇	二〇	五	三〇	一〇	一〇	二〇	二〇	五	
西春日井	一〇	七〇	二九	〇	〇	〇	一	三〇	五〇	三五	〇	三	二	一	六〇	二〇	四五	〇	二〇	一〇	五	〇	
丹羽葉栗	一三	五〇	四〇	〇	二	五	三	三五	二〇	六〇	〇	七	一〇	三	五二	一五	二五	五	二〇	二五	一〇	〇	
中島	一〇	六〇	二〇	〇	一〇	七	三	四〇	三〇	四〇	〇	一〇	一〇	一〇	五〇	一〇	四〇	〇	二〇	一〇	二〇	〇	
海東西	一〇	七五	一六	〇	一	五	三	三〇	四〇	四〇	〇	三	一〇	七	六〇	二八	三六	二	五	一七	三	〇	
知多	一〇	五〇	三〇	〇	一〇	〇	一〇	六〇	四〇	三〇	〇	一〇	一〇	一〇	三〇	二〇	〇	三〇	一〇	二〇	二〇	〇	
碧海	二五	一〇〇	〇	〇	〇	〇	〇	六〇	五〇	三〇	〇	二〇	〇	〇	一五	一〇	三〇	〇	二五	一〇	二五	〇	
幡豆	一〇	七〇	三〇	〇	〇	〇	〇	三〇	四〇	六〇	〇	〇	〇	〇	六〇	一〇	七〇	〇	一〇	五	五	〇	
額田	二〇	九〇	一〇	〇	〇	〇	〇	五〇	五〇	三〇	〇	四	七	九	三〇	二五	五〇	〇	七	八	一〇	〇	
西加茂	一五	八〇	一五	〇	三	一	一	六〇	五〇	三〇	〇	一〇	五	五	二五	二五	四五	〇	一五	七	八	〇	
東加茂	一〇	七〇	二五	〇	三	一	一	六五	四五	四三	〇	八	二	二	二五	三〇	四七	一	一五	三	四	〇	
北設楽	一〇	四〇	四〇	一〇	一〇	〇	〇	六〇	二〇	二〇	三〇	二〇	五	五	三〇	一〇	一〇	五〇	一〇	一〇	七	三	
南設楽	一〇	八〇	二〇	〇	〇	〇	〇	七五	四〇	三五	五	一四	五	一	一五	一五	一五	二〇	一五	一五	二〇	〇	
寶飯	一五	八〇	一五	〇	一	二	二	六五	四〇	三四	〇	一〇	八	八	二〇	一	六三	二	一五	一〇	一〇	〇	
渥美	二〇	一〇〇	〇	〇	〇	〇	〇	五〇	五〇	四〇	〇	一〇	〇	〇	三〇	一五	五九	二	一三	一三	〇	〇	
八名	一五	八〇	一〇	〇	四	三	三	六五	三〇	五〇	〇	一〇	六	四	二〇	一〇	五〇	五	一五	一〇	一〇	〇	

愛知県農商課（1885）『愛知県勧業雑誌』10号に掲載されている「県下人民常食歩合表」（頁欠）を筆写転載した。

記載されている。したがって、総人員は「最上等食」「普通食」「最下等食」3欄の合計が100人、日常食材の構成比は「最上等食」「普通食」「最下等食」それぞれの食材欄の合計が100%になる。

「県下人民常食歩合表」は「最上等食」「普通食」「最下等食」の区分基準を説明していないが、ここでは「普通食」欄を平均的庶民欄と解釈して、三河国各郡の日常食材構成を検討する。表40の「調査対象者中の構成比」欄の最下行に示すように、三河国各郡調査対象者のうち、「普通食」（平均的庶民）の構成比は約6割であった。

まず「県下人民常食歩合表」の日常食材構成比は妥当か否かを検討してみたい。表40の最下欄は三河国10郡「普通食」（平均的庶民）の日常食材構成比の平均値である。この値は『全国農産表』の生産量構成比（表37）および作付面積構成比（表38）とほぼ一致する。食用農産物の大半

表 40 「県下人民常食歩合表」の普通食からみた三河国庶民の食材構成

郡　名	調査対象者中の構成比(%)	米(%)	麦(%)	稗(%)	雑穀(%)	甘藷里芋(%)	蔬菜(%)
碧　海	60	50	30	0	20	0	0
幡　豆	30	40	60	0	0	0	0
額　田	50	50	30	0	4	7	9
西加茂	60	50	30	0	10	5	5
東加茂	65	45	43	0	8	2	2
北設楽	60	20	20	30	20	5	5
南設楽	75	40	35	5	14	5	1
宝　飯	65	40	34	0	10	8	8
渥　美	50	50	40	0	10	0	0
八　名	65	30	50	0	10	6	4
平　均	58	42	37	4	11	4	3

普通食とは、庶民のうちで中位の生活水準にある人々の日常食をさす。
数値は注（4）による。
平均値は筆者の計算による。

は20世紀中頃まで「地産地消」されていたので、三河国「普通食」の平均値欄に関する限り、「県下人民常食歩合表」が示す日常食材の構成比は「人民常食種類比例」よりも実状に近いと、筆者は解釈したい。

次に、三河国10郡の日常食材構成比をそれぞれ対照すると、2つのことが読みとれる。

第一は、米と麦の構成比を合わせると、多くの郡が8割前後を占めることである。したがって、三河国庶民の多くは、米と大麦を粒の状態で炊いた「粒食」型の飯を食べていたことがわかる。表39と表40の麦の中には、粉にしてから調理する小麦も含まれるので、「麦飯」に入っている米麦の割合は、米2大麦1程度であったと推察される。この割合が適切であることについては、第5節で記述する。

第二は、北設楽（きたしたら）郡の構成比が他の郡と異なることである。北設楽郡は稗と雑穀の合計が50%で、米と麦の合計よりも高い。北設楽郡については2つのことを記述しておきたい。

まず、稗と雑穀はいずれも初夏に播種して秋に刈りとる夏作物である。すなわち三河国の中でも標高が高い領域に立地する北設楽郡では、晩秋に播種して初夏に刈りとる麦類の生産量が足りないので、夏作の穀物を畑に作付して、日常食材に加えていたのである。

次に、北設楽郡の庶民は、米と大麦を粒の状態で炊いた「粒食」型の飯のほかに、雑穀類を粉にしてから調理する「粉もの」の飯も食べていたと思われることである。このように推察する根拠は、雑穀の粒は小さいので、粒のまま搯(す)って精白する手順と、粉にして殻をより分ける手順の、いずれも手間がかかるという視点では一緒であるし、粉にすれば多様な食べ方ができるからである。これについても、第5節で記述する。

「県下人民常食歩合表」には不可解な値がいくつかある。幡豆(はず)郡では「普通食」（平均的庶民）の人員が30%で、「最下等食」（貧窮庶民）が60%を占めること（表39）、幡豆郡と八名(やな)郡の「普通食」は米より麦の構成比が高く、碧海(へきかい)郡の「普通食」は雑穀の構成比が高いこと（表40）が、その例であるが、筆者は適切な説明ができる資料を持っていない。

ここまでは食材の話、これからは食材を加熱して食べる飯の話である。

第5節　近代三河国庶民の日常食

近代三河国庶民の日常食について記述する資料の数は、筆者が拾っただけでも約50ある。ここでは、第一に、熱源になる食材を加熱調理した「飯」の内容と、主な副食を記録する、27事例を選び、地形を物差しにして区分した4つの領域ごとに要点を記述する。27事例の場所を図36に示し、飯の内容と出典を表41に記載する。第二に、諸資料の記述を踏まえて、近代三河国庶民の日常食には2つの類型があったことを記述する。

なお、麦飯とは米と麦を一緒に炊いた飯のことである。麦飯に入れる麦は、1910年代（大正時代）頃までは丸麦であった。丸麦は煮ると穀粒の

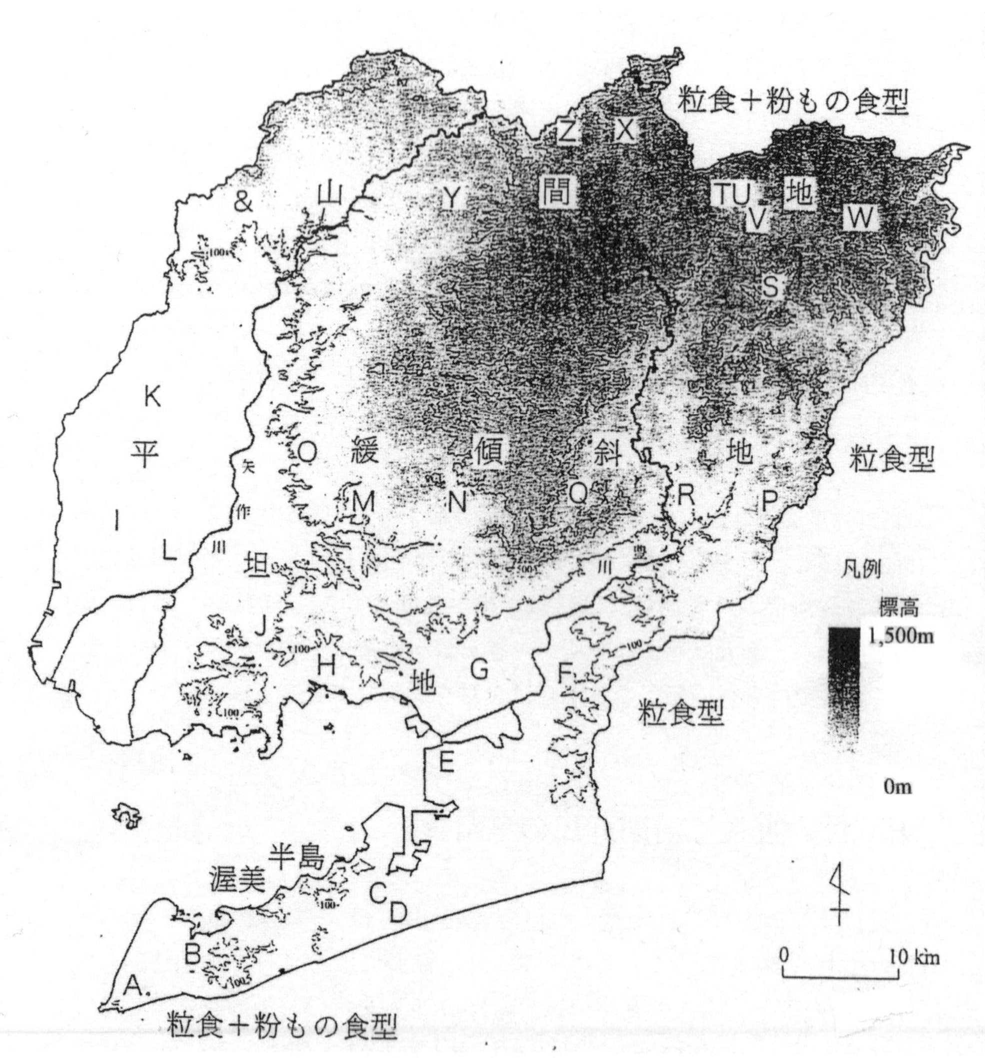

図 36　表 41 と表 42 の事例所在地と日常食の類型

表 41　近代三河国庶民の日常食に関わる記述一覧

領域名	記号	場所	日常食の内容		出典
			主食	副食	
渥美半島	A	伊良湖岬村 内藤家	麦飯の米は 7 割 小麦は麺やまんじゅうに使う	味噌は自家製	愛知の食事
	B	渥美町	明治時代まで麦飯・粟飯・黍飯 蕎麦粉を熱湯で練ったそばがき 大正末期から昭和初期は米麦飯	自然発酵の豆味噌	渥美町史
	C	田原町	明治 10 年頃　富裕者は半麦飯 中流者は麦粟飯，下級者は荒麦の挽き割りを湯でねったもの	自然発酵の豆味噌 味噌汁と漬物	田原町史
	D	神戸村大草	昭和 16 年 米 7 ～ 5 割の麦飯 男青壮年は 1 日 7 合（朝 2 合，昼 2.5 合，晩 2.5 合） 1 日の食事 4 回	豆味噌の味噌汁	日本の食文化
平坦地	E	豊橋市牟呂	昭和 16 年　米 8 麦 2 米は七分搗き，祝い日は精白米 飯の量は 1 人 3 合（夏は 4 合）	朝と晩は味噌汁 昼は醤（ひしお）味噌，漬物，味噌，今は麦味噌	日本の食文化
	F	石巻村 小柳津家	普段は麦が 3 ～ 4 割の麦飯	味噌は小麦糀味噌	愛知の食事
	G	豊川市	麦飯の米は 3 ～ 6 割 1 日の食事 4 回	味噌は豆味噌 味噌汁と漬物	豊川市史
	H	蒲郡市	大正頃の麦飯は米麦半々 昭和 30 年頃まで麦飯は米 7 割 1 日の食事 4 回，農繁期 5 回	自然発酵の豆味噌	蒲郡市誌
	I	安城町	冬春はくず米飯，夏秋は米 7 麦 3	味噌は豆味噌	愛知の食事
	J	幸田町	大正時代まで米麦半々 1 日の食事 4 回	味噌は豆味噌	幸田町史
	K	高岡町駒場	米 4 麦 6，1 日の食事 4 回	味噌は豆味噌	愛知の民俗
	L	桜井町印内	米 6 麦 4，1 日の食事 4 回	味噌は豆味噌	愛知の民俗
緩傾斜地	M	岡崎市河合	米 7 麦 3，大人は 1 日 7 合	味噌は豆味噌	岡崎市史
	N	額田町千万町	米 1 升麦 4 ～ 6 合 1 日の食事 4 回		愛知の民俗
	O	岡崎市滝町	米 1 升麦 3 合，1 日の食事 4 回 晩に雑穀粉入の団子汁を食べる		愛知の民俗
	P	鳳来町 七郷 一色	雑穀入りの飯，間食に粉もの		愛知の民俗
	Q	作手村	明治期の飯は米 6 麦 3 稗 1	味噌汁と漬物	作手村誌

	R	鳳来町	昭和初年頃 米所で米7麦3 麦所で米3麦7 1日の食事4回	味噌汁と漬物 味噌は豆味噌	鳳来町誌
山間地	S	東栄町下粟代	大正頃まで米2麦6稗2と乾菜 1日の食事5回，間食に粉もの		愛知の民俗
	T	上津具村 三城家	麦飯は米麦半々　夏の夕食は そうめん　秋の昼飯はうどん	味噌は大麦糀味噌	愛知の食事
	U	上津具村	米5麦3と干葉	大麦糀の味噌汁	愛知の民俗
	V	津具村	明治中期上等で米5麦3稗2 昭和初期は米麦半々 1日の食事4回，農繁期6回	味噌は豆味噌	津具村誌
	W	豊根村	昭和10年頃まで米・麦・稗か 粟が等分の「みくさめし」		豊根村誌
		北設楽郡	粉ものも食べる		北設楽郡史
	X	稲武町夏焼	夏は麦飯，冬は菜飯 間食に粉ものを食べる 1日の食事4回	漬物・煮しめ・豆味噌の味噌汁	愛知の民俗
	Y	足助町綾渡	米6麦4，1日の食事4回 蕎麦がきを食べた		愛知の民俗
	Z	旭町牛地	米8麦2, 50年前は米麦半々		愛知の民俗
	&	猿投町猿投	米6麦4，男は1日5合 粉ものを食べた 1日の食事4回		愛知の民俗

表面にヌメリができて中が煮えにくくなるので、米と混ぜて飯に炊く場合は、まず麦を煮て、表面についたヌメリを水で洗ってとってから、生米と混ぜて炊いていた。

(1) 渥美(あつみ)半島

『聞き書 愛知の食事』[7] に伊良湖岬村（図36のA）内藤家の日常食が記述されている。『聞き書 愛知の食事』の「本書の表現と読み方について」には、「この本は、大正の終わりから昭和の初めころの愛知県の食生活を再現したものです。（中略）各地域の食についての調査・取材の協力者は、昭和初期に食事つくりにたずさわってこられた主婦の方々を中心にいたしました。」（前掲（7）4頁）と記述されているので、1920年代後半頃の食事が記述されていることになる。太平洋岸の日出集落に住む内藤家は、半農半漁で暮らしていた。日常の飯は米7大麦3の麦飯であった。小麦は、この土地で「じょじょ切り」と呼ぶ太めの麺や、まんじゅうの材料に使う（同180頁）。副食の材料の塩・味噌・たまり・豆腐は自家製で、売れ残った魚も食べた。

『渥美町史』「考古・民俗編」[8]（図36のB）には「明治時代までの主食は、麦飯・粟飯・稗飯・黍飯・蕎麦粉を熱湯で練ったそばがき等を常食としていた。大正末期から昭和初期にかけて、米麦飯が主となり、甘藷も用いられた。味噌は「なめみそ」として大切な副食物であった。味噌は大豆を煮て、臼でつぶして味噌玉にして、自然のかびが付いた味噌玉を水洗いし、塩を入れて桶に入れて仕込んだ。」（前掲（8）440-441頁）との記述がある。20世紀初頭までは雑穀が入った飯だったが、その後は雑穀は作付されなくなり、米と麦の飯になったようである。副食の素材は、煮た大豆を自然発酵させる豆味噌であった。

『田原町史　上巻』[9]（図36のC）は「農民は雑穀が主食であった。明治10年頃は上流富裕者で半麦飯、中流者で麦粟飯、下級生活者家庭では荒麦を煎って引き割りにし湯で練ったものを常食としたという。」（前掲（9）762-763頁）と記述している。主な副食は味噌と漬物（同766-768頁）で、味噌は蒸した大豆を自然発酵させる豆味噌であった（同771頁）。

『日本の食文化－昭和初期・全国食事習俗の記録－』[10]は民間伝承の会（日本民俗学会の前身）が1941（昭和16）年～42（昭和17）年におこなった食習調査の記録で、100の質問事項を印刷した『食習採集手帳』に従って、全国58か所の家で聞きとった記録が収録されている。渥美郡神戸村大草（図36のD）は農業が主、漁業が副業の村である。調査対象になった大草の農家寺田家（前掲（10）381-388頁）では、米5～7割、大麦3～5割の飯か、穀物にサツマイモを入れた飯が主食であった。寺田家についての記述にもとづいて筆者がおこなった試算では、家族員1人当り1

年間の主食材消費量は、平均すると2石3斗ほどで、そのうち米が1石1斗（48%）、大麦が4斗（17%）、小麦が1斗5升（6%）、サツマイモが6斗2升5合（27%）、その他（2%）になる（同381頁）。男の青壮年は2石6斗2升（1日7合）、子供でも1石8斗（1日5合）食べていた（同384頁）。米の量は慶弔日の米飯や餅を含むので、これを差し引くと、「米に3～5割の麦を混ぜて食べた」（同381頁）との記述は的確である。1日の食事回数は朝・昼・晩の3回で、農繁期は16時頃にコジハン（間食）を食べたので4回になる（同384頁）。副食に使う味噌は豆味噌であった（同383頁）。

(2) 平坦地

豊橋市牟呂町公文（図36のE）の農家白井家（前掲（10）368-380頁）では、七分搗きの米8割、麦2割の飯を食べることが多かった。祝い日には精白した米飯を食べた。白井家についての記録にもとづいて筆者がおこなった試算では、1人1日の飯の量は3合ほどで、夏は4合ほどになる。飯のほかに50貫目（187.5 kg）ほど穫れるサツマイモなどを間食した。味噌は昔は豆味噌だったが、調査時の1941年には麦味噌を使っていた。いずれも自家製の味噌である。副食は朝と晩が味噌汁、昼は醤味噌か漬物であった。

『聞き書 愛知の食事』によると、八名郡石巻村（図36のF）の農家小柳津家（前掲（7）231-276頁）では、普段は大麦を3～4割入れる麦飯を食べていた。小柳津家の米と麦の消費量にもとづいて筆者がおこなった試算では、1人1年間の米の消費量は約6斗（粳米4斗5升と糯米1斗5升）、麦の消費量は3斗7升5合（大麦2斗2升5合と小麦1斗5升）になる。味噌の糀は小麦を使っていた。

『新編豊川市史』「9民俗」[11]（図36のG）によると、20世紀前半頃、麦飯に入れる米の割合は集落ごとに異なるが、およそ3～6割であった（前掲（11）635頁）。1日の食事回数は朝・昼・オコジハン（間食）・晩の4回で、副食は味噌汁と漬物、晩には煮物がつく（同626-627頁）。味噌は豆味噌であった（同654-655頁）。

『蒲郡市誌』(12)（図36のH）によると、大正時代の飯は米麦半々の「半麦飯」、昭和30年頃までは米7麦3の麦飯で、1日の食事回数は通常はチャノコ（6時）・朝（10時）・昼（14～15時）・晩の4回、農繁期は夕飯も食べるので、5回であった（前掲（12）676-678頁）。

『聞き書　愛知の食事』によると、碧海郡安城町（図36のI）では、冬と春はくず米飯、夏と秋は米7麦3の麦飯を日常食べていた（前掲（7）186-203頁）。安城新田の農家大見家は7人家族で、1年で粳米18俵（7.2石、1人約1石）、糯米2俵（0.8石、1人0.1石）、小麦1俵（0.4石、1人0.06石）、裸麦2俵（0.8石、1人0.1石）、合計で1人1.3石ほどを食べていた（同205-210頁）。したがって、夏と秋に食べた米7麦3の割合は妥当である。味噌は自然発酵させる豆味噌だが、なめ味噌を作る時は米糀か小麦糀を使った（同220-222頁）。

『新編安城市史』「9資料編民俗」(13)には、聞きとった昭和初期の食生活が記述されており、その内容は『聞き書　愛知の食事』とほぼ同じである。

『幸田町史』「民俗　食生活」(14)（図36のJ）には「明治中ごろから大正時代は半麦飯と言われ米五麦五の割合が多かった。味噌は豆味噌、昭和10年頃まで食事はチャノコ・アサメシ（10時頃）・オヒル（13時頃）・ヨオメシ（日没後）の4回」（前掲（14）823-825頁）との記述がある。

『愛知の民俗－愛知県民俗資料緊急調査報告－』(15)によれば、碧海郡高岡町駒場地区（図36のK）では、毎日の食事は米4麦6の飯で、1日4回食べていた。味噌は自然発酵させる豆味噌であった（前掲（15）180頁）。また、碧海郡桜井町印内地区（図36のL）では、明治用水通水後は米6エマシ麦4で、1日4回食べていた（同219頁）。

(3) 緩傾斜地

『新編岡崎市史』「史料民俗 19」[16] は、乙川(おとがわ)中流域に立地する河合地区（図 36 の M）の日常食について、「昔から米が主食であった。昭和初年までは麦ご飯が主で、米 7 麦 3 の割合が多かった。大人は 1 日に米 7 合で、米 1 合は茶わん 2 杯に当たる。昔は自然発酵させる豆味噌を作り、粉食は麦（こうせん）・大豆（黄粉(きなこ)）・そば（そば粉）、食事は 1 日 4 回」（前掲（16）51-55 頁）と記述している。

『愛知の民俗－愛知県民俗資料緊急調査報告－』に収録されている額田(ぬかた)郡額田町千万町(ぜまんじょう)地区（図 36 の N）では、明治 20 年代までは米 1 升麦 4 ～ 6 合が常食で、1 日 4 回食べた（前掲（15）205 頁）。岡崎市滝町地区（図 36 の O）では、麦飯は米 1 升エマシ麦 3 合で、1 日 4 回食べた。晩飯には、野菜汁に蕎麦粉・黍粉・麦粉・屑米粉を湯がいて落して煮る、団子汁を作ることが多かった（同 192 頁）。

南設楽郡鳳来町七郷一色地区（図 36 の P）では、米の割合が少ない稗飯・粟飯・麦飯を食べ、チャノコ（間食）に麦香煎・ソバ粉などを熱湯でゆがき、コガシ・里芋・甘藷なども食べた（前掲（16）256 頁）。

南設楽郡(みなみしたら)『作手村誌』[17]（図 36 の Q）は、「明治時代は米 6 麦 3 稗 1 の三穀飯が普通であり、次第に米の割合が多くなってきた。戦前の副食は味噌汁と漬物、主な調味料はイエミソ・タマリ・塩」（前掲（17）977-978 頁）と記述している。

南設楽郡『鳳来町誌』「民俗資料編（1）民俗資料」[18]（図 36 の R）の記述を要約すると、昭和初年に米所では米 7 麦 3、麦所では米 3 麦 7 で、1 日 4 回食べた（前掲（18）38-39 頁）。副食は味噌汁と漬物で、味噌は蒸すか煮た大豆を自然発酵させる豆味噌であった（同 47・73 頁）。

(4) 山間地

山間地の日常食の特徴は、米麦のほかに稗を食べていたことと、「粉もの」を食べていたことである。

北設楽郡下津具村山崎譲平の日記『日知録』[19]には、稗を搗く前に蒸す「稗むし」作業をおこなったことが、1856（安政3）年10月1日、1857（安政4）年7月28日、9月20日、10月1日、12月15日に記述されている（前掲（19）398-445頁）。

北設楽郡下津具村村松家の『作物覚帳』[20]に記載されている1798（寛政10）年～1880（明治13）年の畑作物のうち、稗は他の畑作物と組み合わせる輪作方式で、筆者の試算では畑面積の20～35%に毎年作付されていた[21]。『作物覚帳』が記載する1872（明治5）年～95（明治28）年の穀物収穫量の平均値は、米籾が33.7石、麦29俵、稗11.8石であった（前掲（20）57-71頁）。麦2.5俵を1石に換算すると11.6石になるので、麦と稗の収穫量はほぼ同量であったと思われる。

北設楽郡東栄町下粟代地区（図36のS）の飯は、大正頃まで米2麦6稗2か、米3麦7で、乾菜を刻んで入れた。1日に2度の間食に、芋・コガシ（米・そば・小豆等を煎ってから粉にして熱湯で練って食べるもの）・こうせん（大麦を煎って粉にしたもの）・漬物を食べた（前掲（15）284頁）。

『聞き書 愛知の食事』に北設楽郡上津具村東長手（図36のT）の農家三城家の日常食が記載されている。4人家族の三城家では、1年を通して米麦半々の麦飯を食べるほか、夏の夕飯にはそうめん、秋の昼飯にはうどんを食べた。筆者の試算では、1人1年で米1石1斗（粳米9斗と糯米2斗）と大麦9斗を食べていた（前掲（7）278-300頁）。これに小麦が加わるので、2石余りの穀物を食べたようである。津具盆地では水田裏作ができなかったので、必要量に足りない大麦は買っていた（同295頁）。味噌は大麦糀で作った（同314-315頁）。

北設楽郡上津具村行人原（図36のU）の毎日の食事は、米5麦3にダイコンの干葉を入れた飯と味噌汁だった。1日4回食べた。味噌は麦糀を使った（前掲（15）317頁）。

『津具村誌』[22]（図36のV）によると、近世から明治中期までは上等の家で米5麦3稗2の飯、昭和初期には米麦半々の麦飯で、1日4回、農繁期は1日6回食べた。味噌は豆味噌であった（前掲（22）421-426頁）。

『豊根村誌』(23)（図36のW）によると、昭和10年頃まで米1麦1稗か粟1を混ぜて炊く「みくさめし」が普通であった（前掲（23）573-574頁）。また、間食に小豆か朝鮮稗の「コガシ」や大麦の「コウセン」を食べた（同577頁）。

『北設楽郡史』「民俗資料編」(24)には、間食に「茶づけ飯を食べるが、飯のない時には芋か粉を食べ、うどんや蕎麦を食べることもあった」と記述されている（前掲（24）76-79頁）。

北設楽郡稲武（いなぶ）町夏焼地区（図36のX）では、夏季は麦飯、冬季は菜飯（なめし）を食べた。米麦の割合は、明治初年は米3麦7、大正時代には米7麦3、昭和10年頃は米飯になった。間食にはシンコ（粳米粉のダンゴ）・ソバダンゴ・ソバボタモチ・コウセン（大麦・ササゲ・アズキを煎ってから粉にして、粉を口に入れて茶を飲む）・ダンゴ汁（ソバ粉・屑米粉・小麦粉等を水で練ってつまんで味噌汁に入れる）などの「粉もの」を食べた。1日4回食べた。副食は漬物・煮しめ・味噌汁で、味噌は自然発酵させる豆味噌であった（前掲（15）295-297頁）。

『東加茂郡誌』(25)は「食物ハ米麦ヲ混ジタルヲ常食トシ、常ニ蔬菜ヲ食ヒ、肉類ヲ食フコト稀ナリシ」と記述している（前掲（25）104頁）。

東加茂郡足助町綾渡（あやど）地区（図36のY）では、米6麦4の麦飯が普通であった。明治頃までは稗飯もかなり食べていた。晩飯は雑炊にすることが多かった。1日4回食べた。そばは粉に挽き、湯でかいて食べた（前掲（15）143頁）。

東加茂郡旭町牛地地区（図36のZ）の麦飯は米8麦2だが、50年くらい前は米麦半々だった。1日4回食べた（前掲（15）129-130頁）。

西加茂郡猿投（さなげ）町猿投地区（図36の&）では、米6大麦4の麦飯を食べた。男は1日5合の飯を食べた。1日4回食べた。主食の不足を補うため、ダンゴ汁・焼餅・うどん・そばを食べた（前掲（15）118頁）。

(5) 日常食の2つの類型－「粒食型」と「粒食＋粉もの食型」－

ここまで挙げた諸資料は、いずれも近代三河国庶民が日常食べた飯の大半が、米と麦を一緒に炊いた麦飯であったことを記述している。麦飯はおそらく古代以来日本人が食べ続けてきた飯である。この章ではこれを「粒食型」日常食と呼ぶことにする。近代三河国では、全域がこの「粒食型」であった。また、現在は麦が抜けているだけで、「粒食型」であることに変わりはない。

ただし、三河国庶民の日常食にはもうひとつの類型があった。すなわち、渥美半島と山間地には、穀物類を粉にしてから調理する方式が、各家で「粒食型」と並存していたのである。1戸の家において両者が並存するので、この章ではこの類型を「粒食＋粉もの食型」日常食と呼ぶことにする。

「粉もの」は粉にする手間がいるので、うどんやそばのように慶弔日に作られる例はどこでもあるが、渥美半島と山間地では「粉もの」も日常の食材にしていた（表42)。「粉もの」の素材にする穀物類のほとんどは畑作物である。渥美半島と山間地は水田の面積が小さいので、食べることができる米の量は平坦地よりも少なかった。

穀物類は粒のまま炊くことはできるが、粉に加工すれば、煎った粉を食べる、粉を水で練ってから蒸すか焼くか茹でて食べるなど、多様な調理法があるので、献立が多彩になる[26]。日本人の感覚では味が米に劣る雑穀類を主食材にするために、粉にしてから多様に調理する工夫がなされたと、筆者は解釈したい。

渥美半島と山間地では、土地条件の枠内で、調理法の多彩さで味の不味さを相殺したい人々の工夫によって、各家で「粒食型」と「粉もの型」が並存する、「粒食＋粉もの食型」の日常食が継承されてきたことが明らかになった。「粒食＋粉もの食型」日常食は、地域の条件に適応しつつ生きる人々が創り出した、「地産地消」の知恵の結晶であった。

表 42　近代三河国庶民の粉もの食に関わる記述一覧

領域名	記号	場所	記述	出典
渥美半島	A	伊良湖岬村 内藤家	小麦は麺やまんじゅうに使う	愛知の食事
	B	渥美町	蕎麦粉を熱湯で練ったそばがき	渥美町史
	C	田原町	明治 10 年頃　下級者は荒麦の挽き割りを熱湯でねったものを食べた	田原町史
緩傾斜地	O	岡崎市滝町	野菜汁に蕎麦粉・黍粉・麦粉・屑米粉を湯がいて落して煮る	愛知の民俗
	P	鳳来町 七郷 一色	間食に麦香煎・ソバ粉などを熱湯で練って食べる	愛知の民俗
山間地	S	東栄町下粟代	間食にコガシ（米・そば・小豆等を粉にして湯がいたもの）とこうせん（大麦を炒って粉にしたもの）を食べる	愛知の民俗
	T	上津具村 三城家	夏の夕食はそうめん　秋の昼飯はうどん	愛知の食事
	W	豊根村	間食に小豆か朝鮮稗のコガシや大麦のコウセン	豊根村誌
	X	稲武町夏焼	間食に粉もの（シンコ・ソバダンゴ・ソバボタモチ・コウセン・ダンゴ汁）を食べる	愛知の民俗
		北設楽郡	うどん・蕎麦・粉も食べる	北設楽郡史
	Y	足助町綾渡	蕎麦は粉に挽いて湯でかいて食べる	愛知の民俗
	&	猿投町猿投	(主食の補いに) ダンゴ汁・焼餅・うどん・蕎麦を食べる	愛知の民俗

第 6 節　明らかになったこと

この章では、4 つの手順を踏んで、近代三河庶民の日常食は 1880 年代の日本人の平均的な姿であるか否かについて考察した。ここでは、明らかになったことを 4 つの手順ごとに記述する。

手順の第一は、「人民常食種類比例」（1880 年頃）と『全国農産表』

（1877・78 年）を対照して、「人民常食種類比例」が表示する三河国庶民の食材構成比が妥当か否かを検討することであった。筆者は、『全国農産表』から作成した三河国の主食材の生産量構成比および作付面積構成比を、「人民常食種類比例」の三河国庶民の日常食材構成比と対照する方法を使った。「人民常食種類比例」は『全国農産表』の生産量構成比よりも米の比率が 8％高く、また麦の比率も 10％高く、甘藷（サツマイモ）が欠落しているので、「人民常食種類比例」はやや生活水準が高い庶民から聞きとって集約した資料であると考えられるが、大きくは三河国庶民の日常食材の実態が表示されていると言ってよい。これが第一の手順で明らかになったことである。

手順の第二は、「（愛知）県下人民常食歩合表」（1885 年）が表示する郡ごとの食材構成比を対照して、三河国の中における相違の有無を検討することであった。「県下人民常食歩合表」の「普通食」（平均的庶民欄）が表示する各食材構成比の三河国の平均値は『全国農産表』とほぼ一致するし、北設楽郡以外の諸郡は米と麦の比率が 8 割前後を占めるので、北設楽郡を除く諸郡の相違の幅は小さい。したがって、三河国庶民の日常食は、日本の多くの領域と同じく、「粒食型」であったと解釈することができる。ただし、北設楽郡は稗と雑穀の比率が 5 割を占めるので、日常食材の視点では、北設楽郡は他郡とは異なる性格を併せ持つ領域であると言えよう。これが第二の手順で明らかになったことである。

手順の第三は、近代三河国庶民の日常食に関わる記述を拾い、地形で区分した 4 つの領域ごとに日常食の内容を検討して、日常食の類型を設定することであった。図 36 と表 41 を対照すると、近代三河国庶民の日常食は、どこも米と大麦を炊いて主食にする「粒食型」であったことがわかる。ただし、渥美半島と山間地は、「粒食」に「粉もの食」を加える「粒食＋粉もの食型」日常食の領域であった。すなわち、近代三河国には 2 つの日常食類型が異なる領域に並存していたのである。1 人 1 日当り穀物消費量は 5 合前後、1 回の食事では普通の茶碗 2 ～ 3 杯ほどの量になる。また麦飯に入れる米と麦の割合は、平坦地で米7麦3程度、山間地では米麦半々ほどであった。これが第三の手順で明らかになったことである。

第一〜第三の手順で明らかになったことを整理して、この章の結論を導き出す作業が、第四の手順である。近代三河国庶民の日常食材は、「人民常食種類比例」の米の構成比に限って言えば、全国平均値とほぼ一致する。しかし、他の食材も加えると、近代三河国には、「粒食型」日常食と「粒食＋粉もの食型」日常食の類型が、異なる領域に並存していたことが明らかになった。したがって、「人民常食種類比例」が示す三河国の食材構成比は2つの類型の平均値なので、近代日本人の日常食の平均的な姿として位置付けることはできない。これがこの章の結論である。

ちなみに、三河国山間地の「粒食＋粉もの食型」日常食は、筆者が前著『近世庶民の日常食－百姓は米を食べられなかったか－』の第6章（前掲(2) 115-130頁）で記述した、信濃国庶民の日常食に似ている。三河国山間地の庶民の日常食は信濃国庶民の日常食とほぼ同じ内容なので、空間配置の視点で言えば、三河国山間地は信濃国庶民型日常食地域の南縁に位置する領域であると、筆者は解釈する。

注

(1) 豊川裕之・金子俊（1988）『日本近代の食事調査資料 第一巻明治篇 日本の食文化』全国食糧振興会，20-21頁．この文献は素資料を「人民常食種類調査」と表記しているが、筆者は「人民常食種類比例」と表記することにする。その理由は注（2）の17〜18頁に記述した。

(2) 有薗正一郎（2007）『近世庶民の日常食－百姓は米を食べられなかったか－』海青社，219頁．

(3) 内務省勧農局（1877･78）『明治十年全国普通農産表』『明治十一年全国農産表』（藤原正人編，1966，『明治前期産業発達史資料』別冊2･3所収，明治文献資料刊行会）．

(4) 愛知県農商課編（1885）「県下人民常食歩合表」『愛知県勧業雑誌』10，頁欠．

(5) 著者未詳（1681-83）『百姓伝記』（岡光夫翻刻，1979，『日本農書全集』17，農山漁村文化協会，314-323頁）．

(6) 碧南市史編纂会（1958）『碧南市史』1，碧南市，350-354 頁.

(7)「日本の食生活全集 愛知」編集委員会（1989）『聞き書 愛知の食事』（『日本の食生活全集』23）農山漁村文化協会，355 頁.

(8) 渥美町史編さん委員会（1991）『渥美町史』「考古・民俗編」渥美町，609 頁.

(9) 田原町文化財調査会（1971）『田原町史 上巻』田原町教育委員会，1162 頁.

(10) 成城大学民俗学研究所（1990）『日本の食文化－昭和初期・全国食事習俗の記録－』岩崎美術社，667 頁.

(11) 新編豊川市史編集委員会（2001）『新編豊川市史』「9 民俗」豊川市，1180 頁.

(12) 蒲郡市誌編纂委員会（1974）『蒲郡市誌』蒲郡市，1019 頁.

(13) 安城市史編集委員会（2003）『新編安城市史』「9 資料編民俗」安城市，816 頁.

(14) 幸田町史編纂委員会（1974）『幸田町史』愛知県幸田町，915 頁.

(15) 愛知県教育委員会文化財課（1973）『愛知の民俗－愛知県民俗資料緊急調査報告－』愛知県教育委員会，326 頁.

(16) 新編岡崎市史編集委員会（1984）『新編岡崎市史』「史料民俗 19」新編岡崎市史編集委員会，694 頁.

(17) 作手村誌編纂委員会（1982）『作手村誌』作手村，1004 頁.

(18) 鳳来町教育委員会（1976）『鳳来町誌』「民俗資料編（1）民俗資料」愛知県南設楽郡鳳来町，1155 頁.

(19) 山崎譲平（1856･57）『日知録』（田﨑哲郎･湯浅大司翻刻，1994，『日本農書全集』42，農山漁村文化協会，365-447 頁）.

(20) 村松與兵衛（1798-1896）『愛知県北設楽郡津具村村松家作物覚帳』（早川孝太郎翻刻，1973，『早川孝太郎全集』7，未来社，25-72 頁）.

(21) 有薗正一郎（1997）『在来農耕の地域研究』古今書院，143-153 頁.

(22) 津具村（2000）『津具村誌』津具村，614 頁.

(23) 豊根村（1989）『豊根村誌』豊根村，742 頁.

(24) 北設楽郡史編纂委員会（1967）『北設楽郡史』「民俗資料編」北設楽郡史編纂委員会，639 頁.

(25) 東加茂郡役所（1922）『東加茂郡誌』東加茂郡役所，134 頁（復刻版，名著出版，1973）.

(26)「粉もの」は、煎ってから粉にすれば「コウセン」、その粉を熱湯で練れば「コガシ」、粉を水で練って茹でると「うどん」「そば」、粉を水で練って焼くと「オヤキ」、粉を水で練り発酵させて蒸せば「マンジュウ」など、多様な調理法がある。

第13章

近代尾張国庶民の日常食

第1節　尾張国をとりあげる理由

第9章の150頁に掲載した図24は、1880（明治13）年頃の庶民（ごく普通の人々）の日常食材の構成比を国別に示した、「人民常食種類比例」[(1)] と称される帯グラフである。国ごとに各食材の構成比を物差しで計り、全国平均値を算出すると、米52%、麦28%、粟6%、稗1%、雑穀9%、甘藷3%、その他1%になる（表43）。

「人民常食種類比例」（150頁の図24）の右端に示した全国平均値と各国

表43　「人民常食種類比例」からみた全国と尾張国庶民の食材構成比

食材名	全　国（%）	尾張国（%）
米	52	43
麦	28	53
粟	6	3
雑　穀	9	1
稗	1	－
甘　藷	3	－
その他	1	－

全国の割合は梅村又次ほか（1983）『地域経済統計』（東洋経済新報社）250頁の「全国人ロウエイトの加重平均」から引用し、尾張国は「人民常食種類比例」の帯グラフを物差しで測った。－は帯グラフに記載がないことを示す。

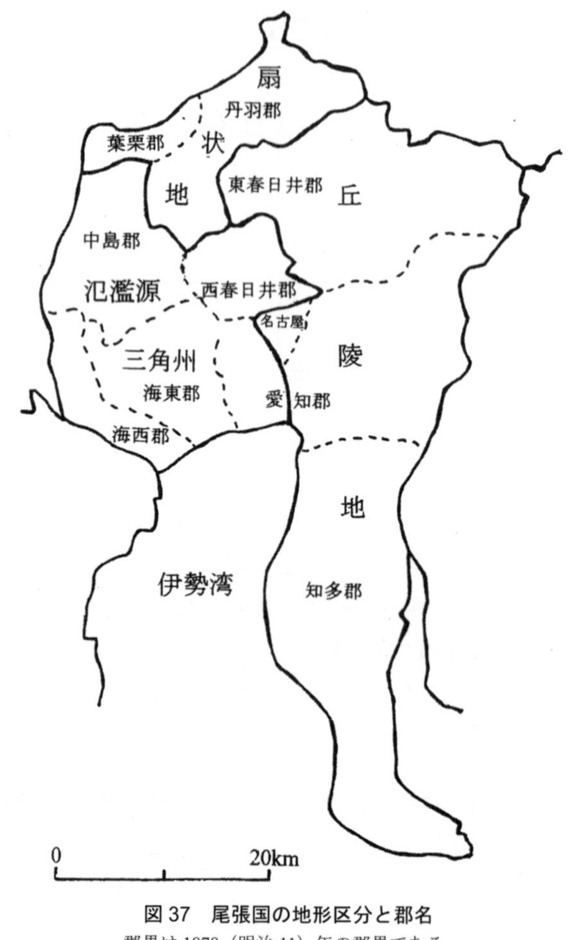

図 37　尾張国の地形区分と郡名
郡界は 1878（明治 11）年の郡界である。

の構成比を対照すると、各食材の構成比が全国平均値に近い国は少ないので、「1880 年頃の庶民は、それぞれの領域内で容易に入手できる食材を調理して食べる、地産地消の暮らしをしていた」との作業仮説を立てることができる。そして、筆者は『近世庶民の日常食－百姓は米を食べられなかったか－』[2] とこの本の第 11 章と第 12 章で、10 領域（羽前国・羽後国・

越後平野・信濃国・三河国・近江国・伊賀国・肥前国大村藩領・薩摩藩領・琉球国）では、上記の作業仮説は成り立つことを証明した。

この章の目的は2つある。尾張国の西半分は河川の堆積作用で形成された濃尾平野で、水田が卓越する領域である。したがって、「地産地消」の作業仮説が尾張国で成立する条件のひとつは、米の構成比が高いことであるが、表43を見るかぎり、尾張国の米の構成比は麦より低い。この章の目的のひとつは、「人民常食種類比例」が表示する尾張国庶民の食材構成比は妥当であるかを考察することである。

図37は尾張国の地形区分と郡の配置を示した図である。尾張国は東部の丘陵地、北部の扇状地、西部の氾濫原と三角州の3領域からなり、東春日井郡・愛知郡・知多郡は丘陵地、丹羽（にわ）郡・葉栗（はぐり）郡は扇状地、西春日井郡・中島（なかじま）郡・海東郡・海西（かいさい）郡は氾濫原と三角州に立地する。この章のもうひとつの目的は、この領域区分にもとづいて、尾張国に含まれる市町村の史誌類と民俗報告書を使い、庶民の日常食に領域ごとの相違があったかを明らかにすることである。

第2節　「人民常食種類比例」と『全国農産表』にみる尾張国庶民の食材構成

表44は、内務省勧農局が編集した『全国農産表』[(3)]に記載されている、食用農産物の生産量と構成比の1877・78（明治10・11）年平均値である。

尾張国の「人民常食種類比例」の食材構成比（表43）と『全国農産表』の主食材生産量構成比（表44）を対照すると、「人民常食種類比例」は、米（『全国農産表』では米と糯米（もちごめ）の合計）の構成比が13%低く、麦（『全国農産表』では大麦と小麦と裸麦の合計）の構成比が24%高い。すなわち、尾張国の庶民は生産量よりも米は少なめに麦類は多めに食べていたことになるが、この解釈は妥当か。

表 44 『全国農産表』からみた尾張国の主食材の生産量と構成比

食材農産物名	全国		尾張国	
	生産量（石）	構成比（%）	生産量（石）	構成比（%）
米	23,862,882	47	500,042	50
糯　米	2,077,909	4	56,571	6
大　麦	4,807,110	9	185,661	19
裸　麦	2,931,011	6	48,284	5
小　麦	1,777,860	3	52,318	5
粟	1,422,970	3	22,543	2
稗	937,372	2	10,169	1
その他の雑穀	346,768	1	24,681	2
大　豆	1,762,257	3	28,622	3
蕎　麦	551,223	1	6,499	1
甘　藷	10,230,126	20	55,029	6
馬鈴薯	182,929	0	1,321	0
合　計	50,890,417	100	991,740	100

注（3）から作成した。
数値は 1877・78（明治 10・11）年の平均値である。
「その他の雑穀」は黍・モロコシ・トウモロコシである。

『共武政表』(4) によれば、1878（明治 11）年の尾張国の人口は 801,215 人であった（前掲（4）88 頁）。『全国農産表』によれば、尾張国の 1877・78（明治 10・11）年の麦類生産量の平均値は 286,263 石で、これをすべて尾張国内で食べると、1 人当り 0.36 石になる。また、名古屋と熱田の住民 129,139 人が米だけを食べたとして、この人口を差し引いても 1 人当り 0.43 石である。1 人当り 1 年間の穀物消費量を 1 石として、「人民常食種類比例」の麦 53%が適切な値であったとすれば、尾張国庶民は尾張国で生産された麦類生産量の 1.5 倍（0.53 ／ 0.36）、名古屋と熱田の住民を除いても、1.2 倍（0.53 ／ 0.43）の量を食べていたことになる。これは、麦類の生産量を実際よりも少なめに記載したか、不足する量は他国から移入していたとして説明されるのであろうが、それでも「人民常食種類比例」の麦 53%は多すぎる。

表45に示す1878（明治11）年『全国農産表』の尾張国の米と麦の作付面積比（米と糯米の合計55%、大麦と小麦と裸麦の合計30%）は、生産量構成比（同56%、同29%）とほぼ一致するので、『全国農産表』の尾張国の米と麦の生産量構成比は妥当である。

尾張国の雑穀類の構成比は、「人民常食種類比例」（粟と雑穀）が4%、『全国農産表』（粟・稗・その他の雑穀・蕎麦）が生産量構成比で6%（表44）、作付面積構成比で9%（表45）で、いずれも低く、かつ「人民常食種類比例」の値のほうが低い。

甘藷（サツマイモ）は「人民常食種類比例」には記載がないが、『全国農産表』では生産量構成比で6%、作付面積構成比で2%を占める。甘藷（サツマイモ）の生産量構成比が作付面積構成比よりも高いのは、甘藷（サツマイモ）は単位面積当り生産量が多いからである。

表45 『全国農産表』からみた尾張国の主食材の作付面積と構成比

食材農産物名	全　国		尾張国	
	作付面積（町歩）	構成比（%）	作付面積（町歩）	構成比（%）
米	2,268,644	46	42,877	49
糯　米	221,122	5	4,935	6
大　麦	594,230	12	14,284	16
裸　麦	424,592	9	6,004	7
小　麦	346,800	7	6,313	7
粟	219,023	4	2,954	3
稗	106,989	2	624	1
その他の雑穀	57,938	1	2,452	3
大　豆	414,691	8	5,010	6
蕎　麦	147,244	3	1,449	2
甘　藷	149,457	3	1,430	2
馬鈴薯	9,634	0	4	0
合　計	4,960,364	100	88,336	100

注（3）の『明治十一年全国農産表』から作成した。
「その他の雑穀」は黍・モロコシ・トウモロコシである。

第3節　「県下人民常食歩合表」にみる尾張国庶民の食材構成

近代初期尾張国庶民の日常食材の構成比を郡ごとに検討できる、「県下人民常食歩合表」と称される資料がある。「県下人民常食歩合表」は、愛知県農商課が 1885（明治 18）年 12 月に刊行した『愛知県勧業雑誌』10 号[(5)]に掲載されている表である。

「県下人民常食歩合表」は、次の手順で作成されたと思われる。

（1）愛知県下各郡の庶民から日常食材の種類と構成比を聞きとる。

（2）日常食材の種類と構成比を物差しにして、聞きとり者を「最上等食」「普通食」「最下等食」のいずれかに割り振る。

（3）聞きとり者の総数を各郡とも 100 人と想定する。

（4）各郡ごとに、郡合計が 100 人になるように、3 類型の人数を割り振る。

（5）ある郡のある類型の人数が答えた食材の総量を 100%として、食材の種類ごとに構成比を記載する。

この手順を踏めば、日常食の内容の 3 類型（「最上等食」「普通食」「最下等食」）ごとに、郡を統計単位にする食材構成比の表ができる。「県下人民常食歩合表」は前章 205 頁の表 39 に翻刻したので、参照されたい。

「県下人民常食歩合表」は「最上等食」「普通食」「最下等食」の区分基準を記述していない。この章では「普通食」を平均的庶民と解釈して、尾張国各郡の「普通食」の日常食材構成比を検討する。

表 46 に示した項目「調査対象者の構成比」は、尾張国各郡の庶民 100 人中の「普通食」（平均的庶民）の割合である。尾張国 9 郡の平均値は 47%で、調査対象者のほぼ半分が「普通食」に位置付けられる人々であった。

表 46 の平均欄は尾張国 9 郡の各食材構成比の平均値である。平均欄の中から、米と麦が占める構成比を『全国農産表』の生産量構成比（表 44）

表46 「県下人民常食歩合表」の普通食からみた尾張国庶民の主食材構成

郡　名	調査対象者中の構成比（%）	米（%）	麦（%）	稗（%）	雑穀（%）	甘藷里芋（%）	蔬菜（%）
名古屋	60	90	10	0	0	0	0
愛　知	63	38	55	0	7	0	0
東春日井	70	20	50	5	5	10	10
西春日井	30	50	35	0	12	2	1
丹羽・葉栗	35	20	60	0	7	10	3
中　島	40	30	40	0	10	10	10
海東・海西	30	40	40	0	3	10	7
知　多	60	40	30	0	10	10	10
平　均	47	41	39	1	7	7	5
名古屋を除く平均	47	34	44	1	8	7	6

普通食とは、庶民のうちで中位の生活水準にある人々の日常食をさす。
数値は注（5）による。
平均値は筆者の計算による。

および作付面積構成比（表45）と対照すると、米は低く麦は高い。この点では「人民常食種類比例」と同じ傾向である。すなわち、「県下人民常食歩合表」からも、尾張国庶民は、米は生産量より少なめに食べ、麦類を多く食べたと解釈される。名古屋を除く平均値（表46の最下欄）を試算すると、その傾向がより強まる。

都市住民が大半を占める名古屋は、米が大半を占める。都市住民が米を食べた理由は、『近世庶民の日常食－百姓は米を食べられなかったか－』に記述した（前掲（2）112-114頁）ので、参照されたい。

次に、各郡の食材構成を見る。郡別主食材構成比と対照する資料は、『愛知県統計書』から筆者が計算した、1920年頃の郡別主食材収穫量構成比（表47）である。

「県下人民常食歩合表」（表46）で米の構成比が目立って低いのは、東春日井郡と丹羽・葉栗郡と中島郡だが、『愛知県統計書』（表47）では収穫量の中に占める米の構成比は4郡とも40%を超えている。とりわ

表 47　1920 年頃の尾張国における郡別主食材収穫量構成比

郡区名	米 (%)	麦 (%)	雑穀 (%)	甘藷 馬鈴薯 (%)
愛　知	67	21	1	11
東春日井	59	27	1	13
西春日井	68	28	0	4
丹　羽	44	31	3	23
葉　栗	41	22	3	34
中　島	61	23	3	13
海　部	76	15	0	9
知　多	57	17	2	24
平　均	62	22	1	15

愛知県知事官房統計係『大正十五年昭和元年 愛知県統計書第三編（産業)』（愛知県、1929、21-47 頁）から計算した。
米と麦は大正 8 ～ 15 年の平均値、雑穀と甘藷・馬鈴薯は大正 15 年の値である。
雑穀はアワ・ヒエ・キビ・トウモロコシ・ソバ・モロコシである。
平均は筆者の計算による。

け、氾濫原に立地する中島郡で、米が「県下人民常食歩合表」（表 46）は 30%、『愛知県統計書』（表 47）は 61%であることは不可解である。

「県下人民常食歩合表」（表 46）で麦の構成比が目立って高いのは、愛知郡と東春日井郡と丹羽・葉栗郡であるが、『愛知県統計書』（表 47）によれば、収穫量の中に占める麦の構成比は 4 郡とも平均値とそれほど変わらない。

「県下人民常食歩合表」（表 46）では、甘藷（サツマイモ）と里芋の構成比はいずれの郡も 10%以下だが、『愛知県統計書』（表 47）の甘藷と馬鈴薯の構成比は郡ごとの違いが大きい。

以上記述したように、「県下人民常食歩合表」は「普通食」（平均的庶民欄）の平均値では「人民常食種類比例」の構成比に近いが、郡ごとの値を検討すると不可解なことが多く、1920 年頃の食材農作物の収穫量構成比とも一致しない。したがって、「県下人民常食歩合表」は、近代初期尾張国における庶民の日常食材の内容を、郡単位で明らかにする資料としては使えない。

第4節　市町村史誌類と民俗報告書が記述する近代尾張国庶民の日常食

木曽三川河口部の干拓地に立地する大宝新田の地主であった長尾重喬が19世紀中頃に著作した農書『農稼附録』(6)の中に、農民の日常食材と食事回数についての記述がある。

> 此辺の喰物　上分といへバ　大かたハ米計にて　少し気の有ものは麦の二三分も交セる也（中略）小作人共も大概(おほかた)ハ米半分に麦半分程を交セ　平生の喰とし　麦七分も交て喰ふ程の者ハ　いといと稀なる事也（前掲（6）165-166頁）
>
> 農夫ハおしなへて大喰をするものなり（中略）此辺にてハ　短日ハ朝昼晩と三度にして　長日ハ小昼とて八ツ半頃ニ茶付を喰ふ事也　上在にてハ　四度にも五度にも喰事也　朝も此辺よりハ早き故也（同179頁）

すなわち、上層の農民は米が7割以上入った飯を、小作人も米麦半々の飯を、それぞれ大量に食べ、日が長い季節には間食を含めて1日4～5回食事するとの記述である。

図38は、近代以降の尾張国庶民の日常食、とりわけ主食の飯に炊いた米と麦の割合を記述する市町村史誌類と民俗報告書が記載する34か所の所在地である。それらの中で、下線が引いてある記号は、米の割合が麦より低かったとの記述がある市町村史誌類と民俗報告書の所在地を示す。すべての記述が正しいとの前提で図38を見ると、飯に炊いた米と麦の割合に、地形で区分した領域ごとの差異はない。米と麦が生育する土地条件を指標にすれば、丘陵地、扇状地、氾濫源と三角州の順に米の割合が高

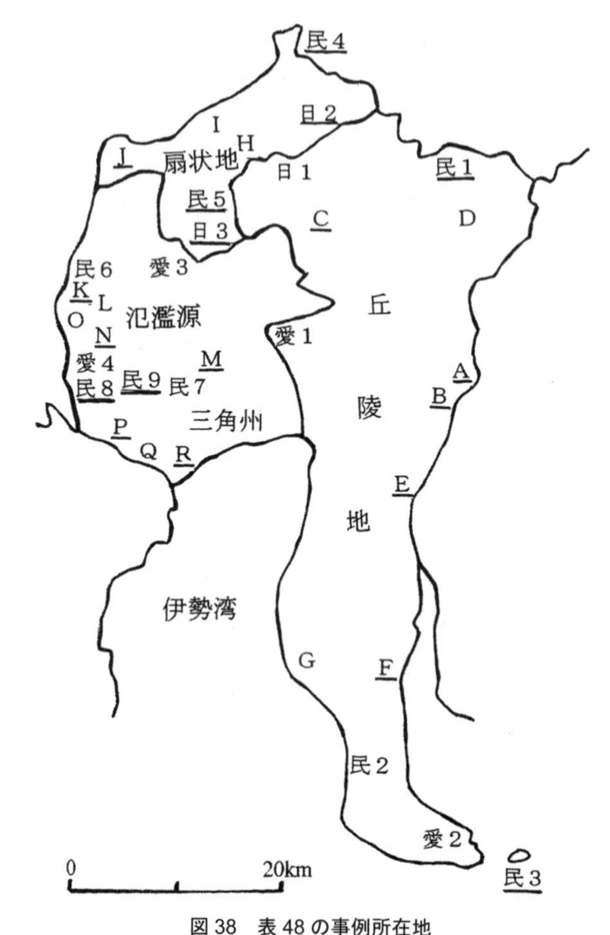

図38　表48の事例所在地
記号に下線を引いた事例は、米の割合が半分未満であることを示す。

くなると予測されるが、図38では3つの領域ごとの違いはまったく読みとれず、同じ領域内の隣接地で米麦の割合はかなり異なる。このような分布を示すことへの筆者の解釈を、次に記述する。なお、飯に入れる麦は、1920年代（大正時代）頃までは丸麦であった。丸麦は煮ると穀粒の表面にヌメリができて中が煮えにくくなるので、米と混ぜて飯に炊く場合は、麦を先に煮て水洗いした後、生米と混ぜて炊いた。

表48は、市町村史誌類と民俗報告書が記載する34か所[(7)]の記述から、日常食の内容の要点を筆者が抜書きして作成した表である。これらの文献の大半は、20世紀前半の日常食について、住民から経験と伝聞を聞きとった情報を記述している。

筆者が前章で報告した近代三河国庶民の日常食には、米と麦を粒のまま混ぜて炊く平坦地および緩傾斜地の「粒食型」と、粒食する食材だけでは必要量に足りないので、粒食に加えて麦と雑穀類の粉を調理して食べる渥美半島および山間地の「粒食＋粉もの食型」があった。表48に示す尾張国内34か所は、いずれも日常は粉ものを間食材として用いる程度の「粒食型」日常食である。したがって、近代尾張国庶民の日常食は、三河国平坦地および緩傾斜地の「粒食型」日常食と同じ類型に位置付けることができる。

しかし、表48には不可解な記述が多数ある。表48の記号欄に下線を引いた場所は、「日常食の内容」の「主食」欄に米より麦の割合が高いと記述されている事例で、18か所ある。そのうち、6事例（A、B、F、日2、日3、民9）が「明治の頃（または昔）は米2～3麦7～8」と記述し、その中で4事例（A、日2、日3、民9）はその後米の割合が増えたと記述している。すなわち、昔は生活が苦しかったが、時代が下るにつれて豊かになったことを記述したかったようである。

他方、1903～05（明治36～38）年の愛知県庁文書「農事」は「米食ノ割合　明治初年ノ頃ニアリテハ農民ハ一般ニ質素ニシテ従テ生活程度低ク雑食者割合ニ多クシテ米ノ消費額年一人平均玄米七、八斗に止マリシモ世ノ進運ニ伴ヒ明治拾四年ノ頃ヨリ逐年生活程度高マリ従来ノ雑食者モ純粋ノ米食者ト変スルアリテ現時ハ年平均一人玄米一石余ヲ消費スルニ至レリ」[(8)]と記述している。主食材の農民1人当り年間消費量は、20世紀前半までは1石5斗ほどだったので、明治初年でも米麦の割合は半々が普通であったと考えられる。また、『全国農産表』が記載する食材農産物の生

表 48　近代尾張国庶民の日常食に関わる記述一覧

領域名	記号	場所	日常食の内容		出典
			主食	副食	
丘陵地	愛 1	名古屋市 吹原家	押し麦を 2 割入れた麦飯	大豆の赤味噌	愛知の食事
	A	東郷町諸輪	明治の頃は米 3 麦 7 大正期は米麦半々 農閑期は 1 日 4 食，農繁期は 5 食	自然発酵の豆味噌 漬物や菜味噌	諸輪の歴史
	B	東郷町	明治の頃は米 3 麦 7 の麦飯 農閑期は 1 日 4 食，農繁期は 5 食	梅干，漬物，味噌，野菜の煮物	東郷町誌
	日 1	味岡村 今枝家	数年前まで米麦半々，今は麦を少し入れる 1 日 4 食，夏は 5 食，冬は 3 食 1 日に大人 6 合，女 4 ～ 5 合	昔は自家製味噌	日本の食文化
	C	春日井市 東野	米 2 麦 8 の麦飯 農閑期は 1 日 4 食，農繁期は 5 食 蕎麦粉・コガシ・米の粉を湯でかいて食べる	自然発酵の豆味噌	東野誌
	D	瀬戸市品野	米 7 麦 3 の麦飯，1 日 4 食 ソバ粉・小麦粉を湯でかいて食べる	自然発酵の豆味噌	瀬戸市史民俗調査報告書
	民 1	瀬戸市沓掛	米 4 麦 6 の麦飯 昭和 10 年頃米 7 麦 3 の麦飯	自家製の麦豆味噌	愛知の民俗
	E	大府市	米 4 麦 6 の麦飯，1 日 4 食	―	大府市誌
	F	半田市	明治の頃は米 3 麦 7 の麦飯 農閑期は 1 日 3 食，農繁期は 4 ～ 5 食	自然発酵の豆味噌	半田市誌
	G	常滑市	大正期は米 1 升に麦 2 ～ 3 合 1 日に大野では 3 食，三和では 4 ～ 5 食	自然発酵の豆味噌 味噌汁，漬物，煮物	常滑市誌
	民 2	美浜町野間	農家は米 7 麦 3，漁家は米飯	―	愛知の民俗
	愛 2	師崎町大井 石黒家	米 7 裸麦 3	味噌汁，漬物，魚貝類	愛知の食事
	民 3	南知多町 日間賀島	米 3 麦 10 金持ちでも粟飯を食べていた	自家製の麦豆味噌	愛知の民俗
	日 2	池野村	米 7 ～ 8 麦 2 ～ 3 の麦飯 昔は米 2 麦 8，20 年ほど前まで米麦半々，1 日 4 食，男大人 8 合，老人 6 ～ 7 合，女 5 ～ 6 合，子供 2 ～ 6 合	自家製の麦豆味噌	日本の食文化
	民 4	犬山市来栖	米 3 麦 10，夏は 5 食	味噌は自家製	愛知の民俗

扇状地	日 3	岩倉町川井 真野家	米 5 ～ 7 麦 5 ～ 3 の麦飯 昔は米 2 麦 8，1 日 5 食，男大人 7 ～ 8 合，女 6 合，子供 5 ～ 6 合	自家製の豆味噌	日本の食文化
	民 5	岩倉市神野	米 3 麦 7 の半白メシ	味噌は自家製	愛知の民俗
	H	大口町	麦 3 ～ 4 割の麦飯 農閑期は 1 日 3 食，農繁期は 4 ～ 5 食	味噌は自家製	大口町史
	I	扶桑町	明治の頃は米麦半々，米は 7 ～ 8 分搗 農繁期は 1 日 4 ～ 5 食	味噌は自家製	扶桑町史
	J	木曽川町	米 3 麦 7 が普通	味噌は自家製	木曽川町史
氾濫原・三角州	愛 3	稲沢町 大野家	米 7 大麦 3	味噌汁	愛知の食事
	K	祖父江町	大正初年まで麦過半，今は純米食 1 日 3 食，農繁期は 4 ～ 5 食	―	祖父江町史
	民 6	祖父江町 祖父江	米 6 麦 4 の半麦飯 1 日 3 食，農繁期は 4 食	味噌は自家製	愛知の民俗
	L	平和町	中流で米 5 麦 5，農閑期は 1 日 4 食，農繁期は 5 食	自家製の豆味噌	平和町誌
	M	大治町	米 4 麦 6，農閑期は 1 日 3 食 農繁期は 4 食	自家製の豆味噌	大治町民俗誌
	民 7	七宝町桂	米麦半々の半白飯，1 日 3 食	―	愛知の民俗
	N	佐織町	麦飯の麦は 2 ～ 7 割 普段は 1 日 3 食，農繁期は 4 食	味噌は自家製	佐織町史
	O	八開村	米 6 ～ 7 割の麦飯	自家製の豆味噌	八開村史
	民 8	立田村福原	50 ～ 60 年前まで米 3 麦 7 貧乏人は稗飯	―	愛知の民俗
	愛 4	立田村 橋本家	米 7 麦 3 くらい	味噌は自家製	愛知の食事
	民 9	佐屋町日置	明治初年は米 3 麦 10 大正期は米 10 麦 2 ～ 3	味噌は自家製	愛知の民俗
	P	弥富町	米 3 麦 7 が普通 1 日 3 食と間食 2 度	―	弥富町誌
	Q	弥富町芝井	中流で米 5 麦 5	―	調査報告 2
	R	飛島村新政成新田	中は米 2 麦 8	―	調査報告 2

調査報告 2 は『木曽川下流域低湿地域民俗資料調査報告 2』である。
記号欄に下線が引いてある場合は、そこの米の割合が麦より低いことを示す。

産量と対照しても、愛知県庁文書「農事」の記述は妥当である。

三角州に含まれる海部郡は、麦の収穫量構成比がやや低い（表47）。また、ここには炊事の燃料に使う薪を採取する場であった「里山」がないので、二度炊きするために2倍の薪が必要な麦の消費量は少なかったはずである。しかし、海東郡と海西郡10事例のうち、6か所（M、N、民8、民9、P、R）は麦の割合が米を上回ると記述している。ここの庶民は、米を売り、麦を買って、麦が多く入った飯を食べたのであろうか。水田率が95％を占め、薪を採取する「里山」がなかった、干拓地の飛島村新政成新田（R）を事例にして、検討してみたい。

『木曽川下流域低湿地域民俗資料調査報告　2』[7－Q, R]は、小作料率が高かった飛島村新政成新田では「良いところで米4、麦6。中は米2、麦8」（前掲（7－R）9頁）であったと記述している。

1950年の飛島村は、農家人口が3,761人、大麦と裸麦の収穫面積が61町歩であった[9]。大麦と裸麦の1反歩当り収穫量を1石5斗とすると、収穫量は915石で、農家人口1人当り大麦と裸麦の可能消費量は2斗4升になる。1人当り主食材の消費量を1石5斗とすると、その8割は1石2斗である。したがって、『木曽川下流域低湿地域民俗資料調査報告　2』の記述が適切であれば、飛島村の農民は差し引き9斗6升の大麦と裸麦を購入して食べていたことになる。

しかし、元来は自給用に作る麦類を、これだけの量購入できたか。飛島村の農家人口1人当り大麦と裸麦の可能消費量2斗4升は、近世～近代の1人当り主食材の消費量1石5斗の16％である。したがって、「地産地消」の視点に立てば、飛島村の麦飯は米8麦2が妥当な値で、米を売り麦を買って食べたとしても、当時の大麦と裸麦の生産量と輸送手段では、米麦半分ほどが限度であろう。

図39は1891（明治24）年に測図された飛島村近辺の縮尺5万分の1地形図である。この図から土地利用の大半は田であったことがわかる。図の中央右下の新政が新政成新田であり、土地利用の記号が記入されてない場

図 39　愛知県海部郡飛島村近辺の土地利用

縮尺 5 万分の 1 地形図「熱田町」（明治 24 年測図）を 85%に縮小複写した。

所は畑ではなく、干拓直後の土地か水害後の未復旧地であった。

また飛島村新政成新田の中で、『1960 年農林業センサス集落カード』に「麦類・雑穀」の収穫面積が記載されている北新政集落における 1960 年の数値 (10) から計算すると、農家人口 1 人当り麦類と雑穀の可能消費量は 2 斗 9 升で、飛島村の 2 斗 4 升との差は小さい。したがって、新政成新田の

「中は米2、麦8」との記述が事実だとしても、筆者はきわめて限られた領域の事例として位置付けたい。

以上述べたように、市町村史誌類と民俗報告書の中で「日常の飯は米の割合が麦より小さく（18事例）、昔ほど米の割合が小さかった（6事例）」とする記述は、妥当かどうかを検証する必要がある。

第5節　市町村史誌類と民俗報告書の記述への疑問

表48に示す34事例のうち、記号欄の記号に下線を引いた18事例は、日常の飯に炊く麦の割合が米よりも大きい。とりわけA・B・C・F・J・N・P・Rと、『愛知の民俗』(11)の民3・民4・民5・民8・民9と、『日本の食文化』の日2・日3は、麦の割合が7割以上と記述している。しかし、これらの記述は近代の当該領域に適用できない。その根拠を次に記述する。

『聞き書　愛知の食事』(12)には尾張国内4家族の日常食が記述されている。『聞き書　愛知の食事』の「本書の表現と読み方について」は、「この本は、大正の終わりから昭和の初めころの愛知県の食生活を再現したものです。（中略）各地域の食についての調査・取材の協力者は（中略）昭和初期に食事作りにたずさわってこられた主婦の方々を中心にいたしました。」（前掲（12）4頁）と記述しているので、1920年代後半頃の庶民の日常食である。

表49は、尾張国域内の4家族が日常の飯に炊いた米と麦の割合に関する『聞き書　愛知の食事』の記述を拾って、筆者が作成した表である。これまで筆者が報告してきた他地域の消費量と対照すると、表49に示す「1人当り年間消費量」「日常の飯の1人1日当り消費量」は妥当な値であり、かついずれも米が7～8割、麦が2～3割を占めている。

表48の「記号」欄に「日～」で示す『日本の食文化』(13)には、1941（昭

表 49　尾張国 4 か所の事例家族における米と麦の消費量に関わる諸数値

記号	居住地と家族名	1 人当り年間消費量（石）米	麦	合計	日常の飯の 1 人 1 日当り消費量（合）米	麦	合計	飯に炊く米と麦の割合
愛 1	名古屋市中区和泉町 吹原家（商家）	0.95	0.12	1.07	2.6	0.4	3.0	押し麦を 2 割入れた麦飯
愛 2	知多郡師崎町大井 石黒家（半農半漁）	1.10	0.40	1.50	2.7	1.0	3.7	米 7 麦 3 裸麦の丸麦
愛 3	中島郡稲沢町下津（おりづ） 大野家（農家）	—	—	—	—	—	—	米 10 麦 3 丸麦か押し麦
愛 4	海部郡立田村 橋本家（農家）	1.33	0.58	1.91	3.3	1.2	4.5	米 7 麦 3　大麦と裸麦の丸麦か押し麦

『聞き書 愛知の食事』から作成した。掲載ページは注（7）の愛 1 ～ 4 に記載してある。
「1 人当り年間消費量」に含まれるのは粳米・糯米・大麦・裸麦・小麦である。
「日常の飯の 1 人 1 日当り消費量」に含まれるのは粳米・大麦・裸麦である。

和 16）年に尾張国の 3 家族からの聞きとり記録が記載されている。3 家族の中で、「日 2」と「日 3」は、「今」は米の割合が高いと記述している。

以上記述したように、1930 年前後と 1941 年のいずれの文献も、日常の飯に炊いた米と麦の割合は、米のほうが大きいと記述している。

また、表 50 に示すように、統計を使って日常の飯に入れた米の割合を計算すると、1877・78（明治 10・11）年平均は半分、1925 年頃は 3 分の 2 を占めていた。表 50 の「米と麦の割合」は、「粳米の収穫量の半分を自家消費した」と設定した場合の値であるが、1880 年頃の日本における米の収穫量と人口から見て、実際には収穫した米の 7 割は自家消費していたと考えられる（前掲（2）55-59 頁）ので、尾張国の庶民が日常の飯に炊いた米の割合は、1878 年で 6 割ほど、1925 年頃で 7 ～ 8 割が妥当な値である。この値が妥当であることは、『聞き書 愛知の食事』から筆者が作成した、表 49 の 4 家族の事例でも証明できる。

それでは、市町村史誌類と民俗報告書はなぜ「米より麦の割合が大きい」と記述したのかを推察してみたい。

表 50　尾張国庶民 1 人が飯で食べた米と麦の年間可能消費量

	1877・78 年平均		1925 年頃	
	粳米	大麦と裸麦	粳米	大麦と裸麦
収穫量（石）	500,042	233,945	1,053,263	82,802
粳米の収穫量の半分（石）	250,021		526,632	
人口（人）	801,215		1,523,773	
1 人当り可能消費量（石）	0.312	0.292	0.346	0.186
米麦合計可能消費量（石）	0.604		0.532	
米と麦の割合（%）	52	48	65	35

「1 人当り可能消費量」のうち、「粳米の 1 人当り可能消費量」は「粳米の収穫量の半分」を「人口」で除した値であり、「大麦と裸麦の 1 人当り可能消費量」は「大麦と裸麦の収穫量」を「人口」で除した値である。

1877・78 年平均収穫量は『明治十・十一年全国農産表』、人口は『明治十一年共武政表』による。

1925 年頃の収穫量と人口は『大正十四年・十五年愛知県統計書』による。

端的に言えば、聞きとり者は情報提供者が伝聞にもとづいて語った情報を鵜呑みにするか、通俗概念に近い情報を拾って、市町村史誌類や民俗報告書に記述したからである。

しかし、語る人が自ら経験していない過去の日常食については、当時の農作物の生産量、消費量、人口に関わる資料などを使って、情報の妥当性の是非を検討する作業をおこなうべきである。筆者が示した表 49 と表 50 がその例であり、筆者は「米より麦の割合が高い」との情報は妥当ではないとの結果に至った。

庶民生活の聞きとり者の多くは、民俗に関心を持つ人々であろう。民俗研究は聞きとったことを記録することに始まる。しかし、聞きとったことの是非の検討がなされていない場合が多い。その例が、庶民が日常食べた飯の中身は「米より麦の割合が大きかった」との記述である。

瀬川清子は 1968 年に刊行した『食生活の歴史』[14] の中で、1918（大正 7）年に内務省衛生局が作成した「全国主食物調査」を整理した表を掲載している（前掲（14）19-26 頁）。この表は、食材の種類と構成比が地域ごとに異なっていたことがわかる情報だが、瀬川は同じ著作の中で、

「先に挙げた大正七年の全国主食料調査によれば、（中略）麦飯といっても市部のものは米七合に麦三合が多く、それ以外の地域のものは麦七合に米三合の割合になり、粟、稗、蕎麦も混炊している」（前掲（14）56頁）と記述している。このような記述が積重なって、通俗概念が作られていく。

食に関心を持つ民俗研究者の多くは、瀬川の著作を読んでいるであろう。彼らは、調査して得た情報の中から、通俗概念と整合する情報を選んで記載した可能性がある。

そして、これが市町村史誌類や民俗報告書に記述されると、検証する手段を持たない読者は、記述を信用せざるを得ない。ここに、事実とは異なることが歴史上の事実として受け入れられて、「昔の庶民は米を食べられなかった」との通俗概念と合致する情報が語り継がれることになる。

しかし、1920年頃の尾張国主食材収穫量構成比中に占める麦の割合は、表47に示すように米の3分の1であり、麦類を生産する場のひとつである二毛作田の割合は、20世紀前半には動いていない（表51）。

情報提供者から聞きとりに疑問を持つ人の中には、『愛知県史』「別編

表51　旧尾張国諸郡の二毛作田率

郡　名	1924-26年平均（%）	1950年（%）
愛　知	29	26
東春日井	80	81
西春日井	90	85
丹　羽	67	86
葉　栗	16	62
中　島	39	68
海　部	54	49
知　多	32	21
合　計	49	53

1924-26年は『愛知県農林統計書 大正13-15年』、1950年は『愛知県農林水産統計 昭和28年』による。

民俗 2 尾張」[15]が「普段に食べる麦飯の米と麦の割合は、地域や家によっても異なる。経済状態が上流の家でも米のみの飯はほとんどなく、米八麦二程度、中流は米六麦四あるいは五分五分、下流では米三麦七程度であったという」（前掲（15）360 頁）と記述するように、複数の情報を階層差として解釈する人もいる。しかし、一定の水田率の領域内でこれだけの差が出ることを読者に納得させるためには、「貧乏人の経営耕地は金持ちよりも畑の割合が高かった」ことや、鉄道がない昔は重くて低価格の穀物の流動量は小さいのに、「貧乏人は単価が高い米を売って得た金で単価が低い麦を買って食べた」ことを証明する必要がある。『愛知県史』「別編　民俗 2 尾張」のように、「あったという」という安易な表現は避けるべきであろう。

第 6 節　丹羽郡西成村の地主文書が記述する 20 世紀初頭の消費穀物量の割合

近代尾張国庶民の日常食材の実情がわかる資料の一例を、ここに記述する。

尾張国丹羽郡西成村（現在の愛知県一宮市西大海道）は、木曽川が作った扇状地内の下流域に位置し、田畑の割合がほぼ相半ばする村である。西成村の地主・長谷川家の当主が明治〜昭和初期に記録した諸資料が 2010 年に愛知大学綜合郷土研究所へ寄贈されて、筆者はこれを見る機会を得た。

長谷川家の『明治四拾四年度棚卸財産精査原簿全』[16]によれば、同家が所有する明治 44（1911）年の耕地面積は、田 10 町 2 反 7 畝（46%）、畑 12 町 2 反 23 歩（54%）であった。この田畑割合は、西成村の土地条件とほぼ一致する値である。

次に、長谷川家の『明治三十九年度棚卸財産精査原簿全』[17]によれば、同家で 1 年間に消費した穀物の総量は 24 石 9 升 3 合で、その内訳は玄米

16石9斗9升5合（69%）、糯米1石8斗8升1合（8%）、精白麦4石3斗7升（18%）、小麦5斗6升3合（2%）、黍5斗9升（2%）、糯粟2斗2升5合（1%）であった。この年の家族人数と使用人数は12人なので、1人当り2石5升2合になるが、来客や季節雇いに供した量を差し引くと、1人当り1石5斗ほどの穀物を消費したと考えられる。

この章の「近代尾張国庶民の日常食に関わる記述一覧」（表48）に示した扇状地7事例のうち、4事例は米より麦の消費割合が高かった。これは扇状地上に立地することを反映した、田畑の割合から見ると妥当な値である。

しかし、扇状地内の下流域に立地する西成村の長谷川家では、所有田畑の割合はほぼ相半ばするが、上に示した1年間に消費した穀物のうち、玄米と糯米の割合がほぼ8割を占めていた。筆者は黍と糯粟の大半は餅に搗き混ぜたと解釈するので、精白による減量分も含めた玄米の3割と糯米と小麦と黍と糯粟を「ハレの日」や来客時の食材として差し引くと、長谷川家の家族と使用人が日常食べた飯には、米が7割ほど入っていたと考えられる。

第7節　明らかになったこと

1880（明治13）年頃に庶民の日常食材を調査して作られた資料「人民常食種類比例」（表43）によれば、尾張国は米43%麦53%で、筆者が『近世庶民の日常食－百姓は米を食べられなかったか－』で設定した「米と麦が大半の国」類型に含まれる、「麦の構成比が高い国」（前掲（2）29-31頁）のひとつであった。また、ほぼ同時代に愛知県が調査して作成した資料「県下人民常食歩合表」でも、尾張国平均的庶民の日常食材の構成比と思われる「普通食」の、名古屋を除く米麦の構成比は米34%麦44%（表46）で、「人民常食種類比例」と同様、麦の構成比が高い。

しかし、筆者が『全国農産表』などの近代の統計資料から作成した、尾張国における1880年頃の米と麦の生産量比（表44）、1920年頃の郡別主食材収穫量構成比（表47）、1877・78年平均と1925年頃の米と麦の1人当り年間可能消費量比（表50）の値と比べると、「人民常食種類比例」（表43）は米の構成比が低い。したがって、「地産地消」の視点に立てば、「人民常食種類比例」は近代尾張国庶民の日常食の内容を適切に示す資料ではない。これがこの章の第一の結論である。

また、「県下人民常食歩合表」の「普通食」（表46）の食材別構成比を郡ごとに検討すると、説明が困難な値が多く、1920年頃の郡別主食材収穫量構成比（表47）とも一致しない。したがって、「県下人民常食歩合表」は、近代尾張国庶民の日常食材の構成比を、郡ごとに明らかにするための適切な資料ではない。

次に、尾張国に含まれる市町村の史誌類と民俗報告書から、庶民の日常食に地形で区分した領域ごとの相違があったかを検討するための記述を拾った。

尾張国の地形は、東部の丘陵、北部の扇状地、西部の氾濫原と三角州の3領域からなり、東から西へ向かうほど低く、水田率が高くなる。しかし、市町村史誌類と民俗報告書から拾った34事例を見るかぎり、地形と庶民の日常食材の割合との関わりはなく、各領域内での相違のほうが大きい。また、調理法は米と麦を粒のまま炊く「粒食型」が大半であった。これが市町村史誌類と民俗報告書の記述から描ける近代尾張国庶民の日常食の姿である。庶民の日常食を物差しにした場合、尾張国はひとつの領域であったと言えよう。これがこの章の第二の結論である。

図40は、この章と前章「近代三河国庶民の日常食」の結論を空間配置として描いた図である。すなわち、三河国には「粒食型」と「粒食＋粉もの食型」の2類型があったが、尾張国は全域が「粒食型」であった。したがって、近代尾張国庶民の日常食は、三河国平坦部と緩傾斜地の庶民の日常食と同じ類型に含めることができる。近代初期の尾張国庶民は、米と麦

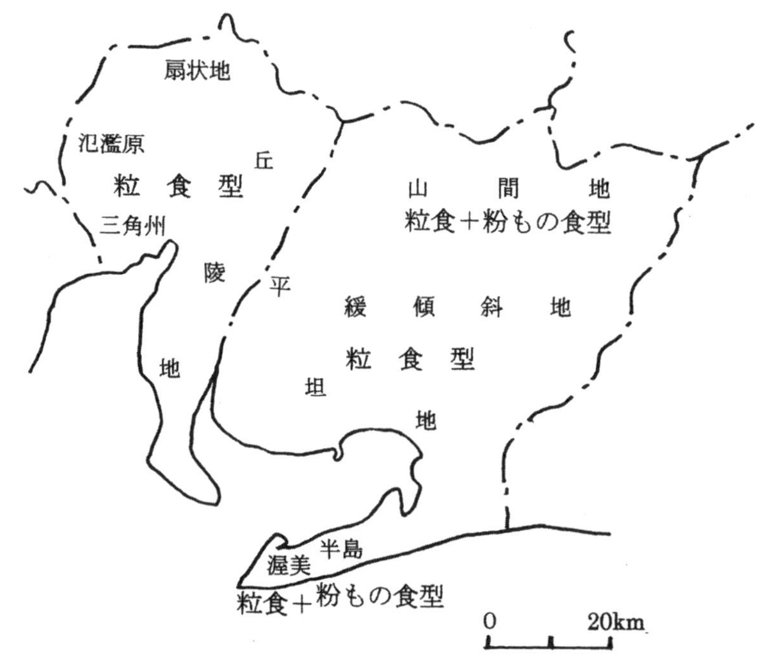

図40　近代尾張国と三河国庶民の日常食の2類型

を混ぜて炊いた飯を、ほぼ毎日食べていたのである。

ここで疑問をひとつ提示したい。

日常の飯の食材にする米麦の割合は、市町村史誌類と民俗報告書の記述を見るかぎり、ひとつの地形領域の中で、米の割合が高い事例と低い事例が並存し、かつ両者の事例数がほぼ等しい。また、「昔は米の割合が低かった」とする記述例が多い。

しかし、1920年代後半頃の尾張国庶民の日常食4事例を記述する『愛知の食事』と、1941年の尾張国庶民の日常食3事例を記述する『日本の食文化』のいずれも、日常の飯に炊いた米と麦の割合は、米のほうが高いと記述している。また、「地産地消」の視点から近代尾張国の米と麦の生産量統計を見ると、日常の飯に炊いた穀物の割合は米6～8割、麦2～4

割ほどになる。

したがって、市町村史誌類や民俗報告書の中で、米の割合が5割より小さかったとする記述を、筆者は事実として受けとれない。これらの資料の記述者は、「昔の庶民は米を食べられなかった」との通俗概念に束縛されて、諸情報の中から通俗概念と整合する情報を拾って記述したのであろう。筆者が第4節で飛島村の農家が食べた麦飯の米麦の割合を計算したように、聞きとり情報の妥当性の是非を、他の資料を使って検証する作業を踏んで、事実の解釈をおこなうべきである。

検証作業の一例を第6節に記述した。田よりも畑の割合が高い丹羽郡西成村の地主家では、20世紀初頭に米7麦3の飯を日常食べていた。この事実をどのように解釈すればよいか。22町歩余りの田畑を所有する地主家でも3割ほど麦が入った飯を日常食べていたとの解釈、田よりも畑の割合が高い家でも日常食べた主食材の7割を米が占めていたとの解釈など、様々あろう。判断は読者諸兄に委ねることにしたい。

注

(1) 豊川裕之・金子俊（1988）『日本近代の食事調査資料 第一巻明治篇 日本の食文化』全国食糧振興会，20-21頁．この文献は素資料を「人民常食種類調査」と表記しているが、筆者は「人民常食種類比例」と表記することにする。その理由は注（2）の17～18頁に記述した。

(2) 有薗正一郎（2007）『近世庶民の日常食－百姓は米を食べられなかったか－』海青社，219頁．

(3) 内務省勧農局（1877・78）『明治十年全国普通農産表』『明治十一年全国農産表』（藤原正人編，1966,『明治前期産業発達史資料』別冊2・3所収，明治文献資料刊行会）．

(4) 陸軍参謀部（1877）『共武政表 明治11年（1）』（一橋大学経済研究所附属日本経済統計情報センター編，1990,『明治徴発物件表集成』3，クレス出版，586頁）．

(5) 愛知県農商課（1885）「県下人民常食歩合表」『愛知県勧業雑誌』10，頁欠．

(6) 長尾重喬（1859）『農稼附録』（西田躬穂翻刻，1981,『日本農書全集』23，農山漁村文化協会，159-203頁）．

(7) 引用文献名を表48の記載順で記述する。

愛1 「日本の食生活全集 愛知」編集委員会（1989）『聞き書 愛知の食事』(『日本の食生活全集』23）農山漁村文化協会，61-63頁.

A　諸輪の歴史編さん委員会（1975）『諸輪の歴史』東郷町大字諸輪区, 327-328頁.

B　東郷町誌編さん委員会（1980）『東郷町誌』2，東郷町役場，868-869頁.

日1 成城大学民俗学研究所（1990）『日本の食文化－昭和初期・全国食事習俗の記録－』岩崎美術社，351-367頁.

C　東野誌編集委員会（1982）『東野誌』春日井東野土地区画整理組合，80-83頁.

D　瀬戸市史編纂委員会（2004）『瀬戸市史民俗調査報告書』4，瀬戸市，18-19頁.

民1 愛知県教育委員会文化財課（1973）『愛知の民俗－愛知県民俗資料緊急調査報告－』愛知県教育委員会，12-13頁.

E　大府市誌編さん刊行委員会（1989）『大府市誌』「資料編 民俗」愛知県大府市, 297-298頁.

F　半田市誌編さん委員会（1971）『半田市誌』「本文篇」愛知県半田市, 958-964頁.

G　常滑市誌編さん委員会（1976）『常滑市誌』常滑市役所，905-912頁.

民2 「民1」と同文献，87-88頁.

愛2 「愛1」と同文献，164-166頁.

民3 「民1」と同文献，98-99頁.

日2 「日1」と同文献，334-342頁.

民4 「民1」と同文献，2-3頁.

日3「日1」と同文献, 342-351頁.

民5「民1」と同文献, 25-26頁.

H　大口町史編纂委員会（1982）『大口町史』愛知県丹羽郡大口町役場, 747-748頁.

I　扶桑町（1976）『扶桑町史』扶桑町，384-386頁.

J　木曽川町史編集委員会（1981）『木曽川町史』木曽川町，1078-1081頁.

愛3 「愛1」と同文献，140-145頁.

K　祖父江町教育会編纂委員（1932）『祖父江町誌』祖父江町教育会，616-618頁.

民6 「民1」と同文献，37頁.

L　平和町誌編纂委員会（1982）『平和町誌』平和町，990-999頁.

M　名古屋民俗研究会（1979）『大治町民俗誌』「上巻」大治町，149-161頁.

民7 「民1」と同文献，47頁.

N　佐織町史編さん委員会（1989）『佐織町史』「通史編」佐織町役場，636-638 頁.
O　八開村史編纂さん委員会（1994）『八開村史』「民俗編」八開村役場, 230-241 頁.
民 8「民 1」と同文献，56-57 頁.
愛 4「愛 1」と同文献，98-107 頁.
民 9「民 1」と同文献，66-67 頁.
P　弥富町誌編集委員会（1994）『弥富町誌』弥富町，453-456 頁.
Q　愛知県教育委員会（1973）『木曽川下流低湿地域民俗資料調査報告 2』愛知県教育委員会，8 頁.
R　「Q」と同文献，9 頁.

(8) 愛知県史編さん委員会（2000）『愛知県史』「資料編 28 近代 5 農林水産業」愛知県，224 頁.
(9) 農林省統計調査部（1961）『1960 年世界農林業センサス市町村別統計書 NO.23 愛知県』農林統計協会，322，370-371 頁.
(10) 農林省統計調査部（1971）『1970 年農林業センサス 農業集落カード』農林統計協会.
(11) 愛知県教育委員会文化財課（1973）『愛知の民俗－愛知県民俗資料緊急調査報告－』愛知県教育委員会，326 頁.
(12) 「日本の食生活全集 愛知」編集委員会（1989）『聞き書 愛知の食事』（『日本の食生活全集』23）農山漁村文化協会，355 頁.
(13) 成城大学民俗学研究所（1990）『日本の食文化－昭和初期・全国食事習俗の記録－』岩崎美術社，667 頁.
(14) 瀬川清子（2001）『食生活の歴史』講談社，305 頁（原著は 1968 年に講談社から刊行されている。）
(15) 愛知県史編さん委員会（2008）『愛知県史』「別編 民俗 2 尾張」愛知県, 1007 頁.
(16) 愛知大学綜合郷土研究所所蔵『長谷川家旧蔵文書』整理番号 1-15.
(17) 愛知大学綜合郷土研究所所蔵『長谷川家旧蔵文書』整理番号 1-11.

第 14 章

近代尾張国庶民が日常食べた麦飯の米と麦の割合

第 1 節　はじめに

麦飯とは、米と麦を混ぜて炊いた飯のことである。飯に炊く麦は大麦か裸麦で、1910 年代（大正時代中頃）頃までは丸麦を使っていた。丸麦は加熱すると表面にヌメリが付いて、煮えにくくなるので、まず丸麦を煮て、笊（ざる）に移して表面のヌメリを洗い流した後、生米と混ぜて炊いていた。したがって、米だけの飯を炊く場合の 2 倍の燃料が必要であった。丸麦を蒸気で加熱して潰す「押し麦」が普及したのは 1920 年代であり、1 度の加熱で麦飯が炊けるようになるのは、この時期以降のことである。

麦飯は貧富の差を計る尺度のひとつとして使われてきた食物のひとつである。筆者が知る限り、食の民俗に関わる文献の多くが、米と麦を生産する農民の麦飯の米と麦の割合について、昔は麦の割合が米より大きかったが、その後少しずつ米の割合が大きくなってきたと記述している。

しかし、近代以降の米の生産量は人口の増加に対応して増えたので、日本人 1 人当り 1 石ほどの米を食べ続けてきた（第 10 章 154 頁の図 26）。図 26 の縦軸の目盛りのうち、万人と万石のほうの目盛りで、常に増え続ける人口の折れ線と、米の生産量を示す太い方の上下に動く折れ線との関わりを見ると、両者は並行して動いてきたことが読みとれる。

また、米と大麦と裸麦の国内生産量は、1877・78（明治 10・11）年平均で米が約 2,600 万石（82%）、大麦と裸麦が約 560 万石（18%）で、20

世紀前半までほぼ米 8 麦 2 の割合であったし、近代以降の貿易統計によれば、米と大麦の輸入量は皆無に近い（第 10 章 155 頁の表 23、表 24）。したがって、国内生産量はほぼ国内消費量でもあった。

近代尾張国庶民の日常食は前章で記述したが、この章では尾張国庶民の「食の民俗」に関わる報告の中から、麦飯中の米と麦の割合に疑問がある報告をひとつとりあげて、その内容の是非について、村の実情を数値で表示する『村是』を使い、筆者の見解を記述する。なお、この章でいう庶民とは農民のことである。

第 2 節　統計から「食の民俗報告」の是非を検証する

濃尾平野の低位部は、田が耕地面積の 9 割以上を占める領域である。したがって、「地産地消」の視点に立てば、濃尾平野の低位部に住む庶民が食べた麦飯の大半は米だったと想定される。

それを裏付ける近世末の史料がひとつある。木曽三川河口部の干拓地に立地する大宝新田の地主であった長尾重喬は、1859（安政 6）年に著作した農書『農稼附録』[1] に、農民の日常食材について、次のように記述している。

> 此辺の喰物　上分といへバ　大かたハ米計にて　少し気の有ものは麦の二三分も交せる也　又　其家々に召使はるゝ男女共　麦半分も交ると　人の喰ふべき物ならぬ様にやかましくいひて　麦を嫌ふ事也　小作人共も大概ハ米半分に麦半分程を交セ　平生の喰とし　麦七分も交て喰ふ程の者ハ　いといと稀なる事也（前掲（1）165-166 頁）

しかし、『農稼附録』以外の文献は、米の割合は小さかったと記述している（表 52）。とりわけ『木曽川下流低湿地域民俗資料調査報告 2』[2] は、ほぼ水田だけの海部郡「飛島村新政成新田地方では、良いところで米 4、麦 6。中は米 2、麦 8。「何んしろ年貢が高く、悪るけりゃ田ンボ返えせ」

表52　尾張国濃尾平野の「食の民俗」から拾った麦飯の米と麦の割合

領域名	時期	麦飯の米と麦の割合	出典
海部郡大治町	―	米4：麦6	『大治町民俗誌』
海部郡佐屋町日置	明治初年	米3：麦7	『愛知の民俗』
海部郡弥富町	―	米3：麦7	『弥富町誌』
海部郡飛島村新政成新田	―	中は米2：麦8	『木曽川下流域低湿地域民俗資料調査報告2』

とふたことめに言われる」（前掲（2）9頁）状況だったと記述している。新政成新田の位置は、第10章169頁の図31に示してある。土地利用は図41を参照されたい。1960（昭和35）年の新政成新田の水田率は92％[(3)]で、「見渡す限り田んぼ」の村であった。

第10章161頁の表26左端の中ほどにある1877・78年の尾張国は、麦飯中の米麦の割合がほぼ半々で、全国総計よりも米の割合が1割ほど低い。ただし、尾張国の中でも、東部は丘陵地で畑が多くて麦を多く食べたであろうが、濃尾平野の庶民が食べた麦飯は米の割合が大きかったはずである。

これを、1884（明治17）年の『愛知県統計書』[(4)]に記載されている米と麦（大麦と裸麦）の収穫量と、1885（明治18）年の『愛知県勧業雑誌』が記載する「県下人民常食歩合表」[(5)]の「普通食」（中位庶民の各食材比率）を使って検証する。

第10章167頁の図29は『愛知県統計書』から作成した1884（明治17）年の農作物収穫量中の各日常食材の割合、第10章168頁の図30は1885（明治18）年の『愛知県勧業雑誌』10号に収録されている「県下人民常食歩合表」の「普通食」（中流家庭）の各日常食材の割合である。

米の割合は、収穫量の半分を麦飯の食材にしたと仮定した値である。新政成新田は海西（かいさい）郡に属する。海西郡の麦飯の米と麦（大麦と裸麦）の割合は、およそ米6麦4になる（第10章167頁の図29）。

第12章205頁の「県下人民常食歩合表」（表39）は、海東郡と海西郡

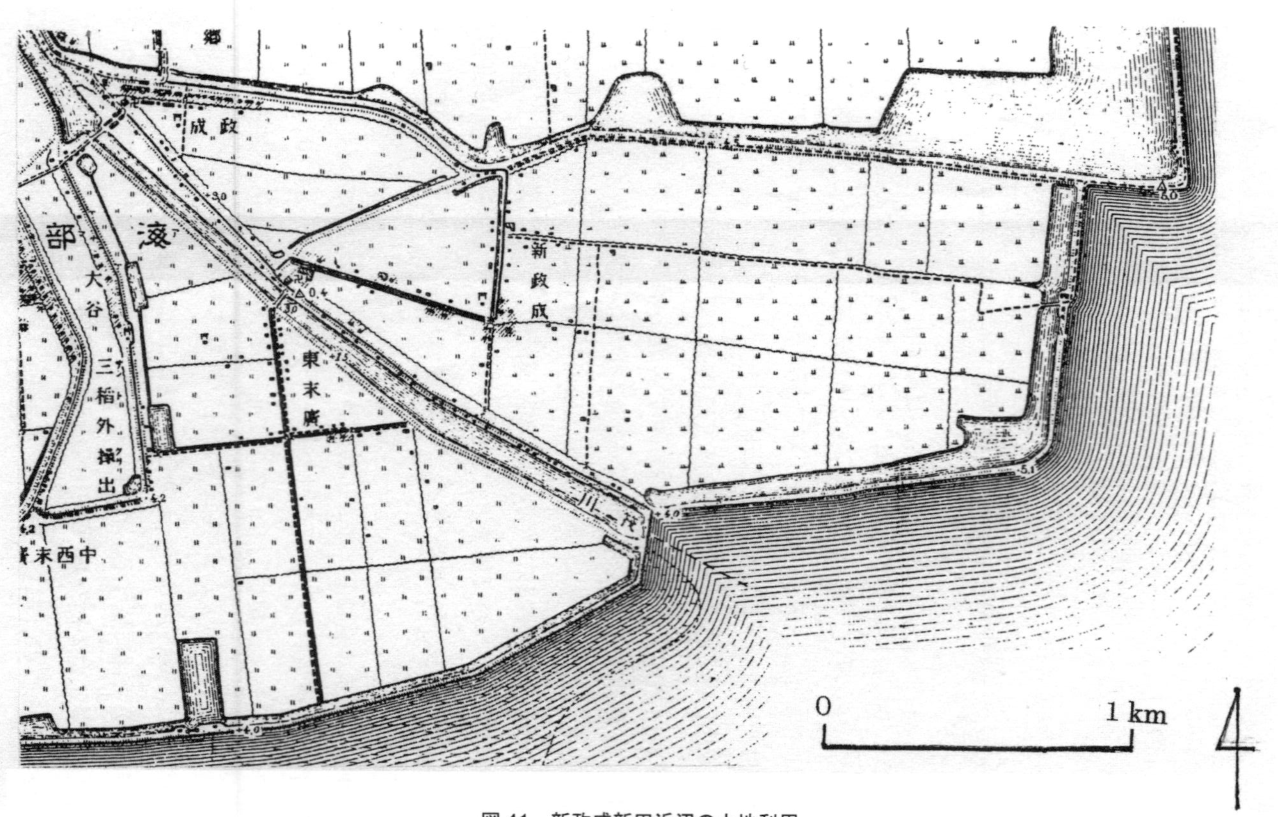

図 41　新政成新田近辺の土地利用

縮尺 2 万 5000 分の 1 地形図（大正 9 年測図）「飛島」を複写した。

をひとまとめにして、普通食（中流家庭）欄に米40麦40と記載している。「県下人民常食歩合表」は、麦類の比率を一括して記載しているので、小麦の割合はわからないが、第10章167頁図29の『愛知県統計書』では、海西郡の小麦の割合は大麦と裸麦の2割ほどなので、「県下人民常食歩合表」が記載する普通食（中流家庭）の麦の割合から2割を差し引くと、麦飯の米麦（大麦と裸麦）の割合はおよそ米6麦4になり、『愛知県統計書』の割合と一致する。

したがって、新政成新田の農民が食べた麦飯の「良いところで米4、麦6。中は米2、麦8」（前掲（2）9頁）の記述は、上記2つの統計と比べると麦の割合が大きいので、妥当ではない。

ちなみに、第10章の図29と図30の名古屋の項目を対照すると、図29では米が1割ほど、図30は米が9割を占めているが、これは間違いではない。

すなわち、図29は食材になるの農作物の収穫量から計算した「農民の日常食材構成比」である。行政区としての名古屋は台地の上にあって、農地のほとんどが畑なので、米の生産量比は凡例にある各食材生産量中の2割、農民は生産量の半分を日常食べたと設定したので、1割である。他方、行政区としての名古屋の住民の大半は都市居住民で、農民はごく僅かである。したがって、都市住民を含む住民の食材消費割合を示す図30では、9割が米になる。

ただし、名古屋以外は都市居住民の割合は小さいので、図30はほぼ「中流農民」の日常食材構成比を示している。したがって、図30の資料「県下人民常食歩合表」が示す普通食（中流家庭）における食材構成比の妥当性を、図29の資料『愛知県統計書』が記載する米の生産量の半分とその他の食材全量中の構成比で検討することは妥当である。

第3節　『伊福村是』から「食の民俗報告」の記述内容の是非を検証する

愛知県海東郡伊福村（現在はあま市伊福）農会が1904（明治37）年に刊行した『村是』の数値を使って、新政成新田に関わる『木曽川下流低湿地民俗資料調査報告 2』の記述内容の是非を検証する。

伊福村は新政成新田から10 kmほど北に位置する三角州上に立地し（第10章169頁の図31、写真10）、干拓地に立地する新政成新田とほぼ同じ土地条件の村である。また、図42は1920（大正9）年測図の縮尺2万5千分の1地形図で、伊福村近辺の土地利用が読みとれる。

『伊福村是』(6) が記載する1902（明治35）年の人口1,459人のうち、農業者は86%で、農家数255戸のうち約8割が「小作」「自作小作」「自作小作永小作」「小作永小作」階層の家であった（前掲（6）17頁）。地主と小作人の関係は新政成新田と比べるとよかったようで、「第十五章　地主

写真10　伊福の集落を東方から見る（2012年5月19日撮影）
水田は耕起が終わっている。水路にガマが自生している。

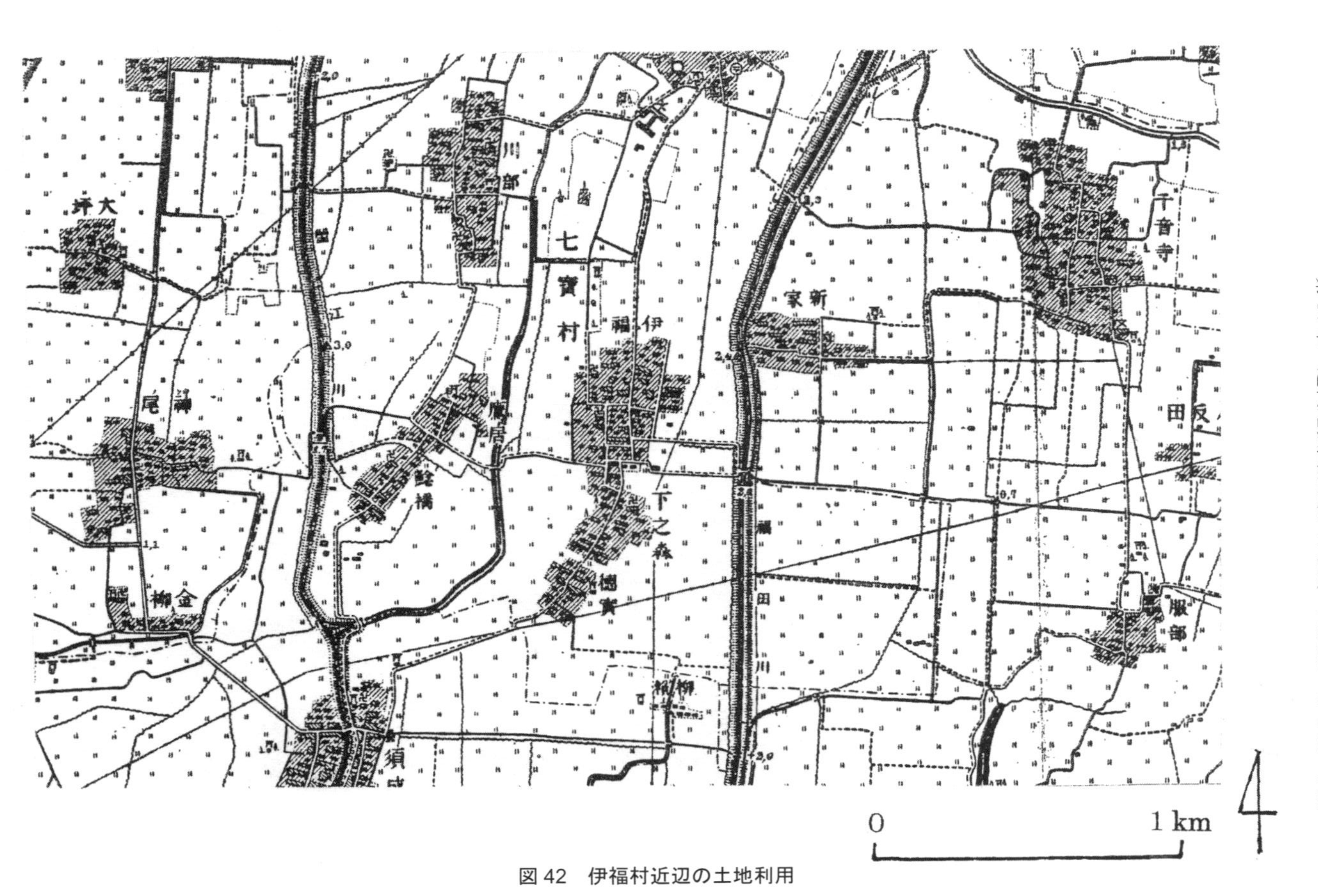

図 42　伊福村近辺の土地利用

縮尺 2 万 5000 分の 1 地形図「蟹江」（大正 9 年測図）を複写した。

及小作人ノ関係」には「本村ハ往古巳来地主ト小作人ノ関係円滑ニシテ親密ナリ（中略）確タル契約条件ナク　小作料未納及訴訟等ノ争ナク　偶々凶作ニ遭遇スト雖　協議上時期ニ依リ多少減除の習慣アリ」（同93頁）と記述されている。

『伊福村是』によれば、1902（明治35）年の総土地面積中の水田の割合は78%、総耕地面積中の水田率は85%（前掲（6）14頁）で、粳米を3,564石、糯米を432石、麦飯の食材にする裸麦を田畑合計で533石生産している（同35頁）。麺類と醤油麹に使う小麦の生産量は436石（同35頁）と記載されているので、米と麦の生産量比はおよそ米10麦2.5になる。新政成新田と伊福村では、冬期は水田に高さ数十cmの高畦を作って、畦（うね）の上で麦を作っていた(7)。新政成新田と伊福村には、米と麦類の他に生産量が多い作物はない。

第10章170頁の表30は、伊福村で生産された粳米の半分を村内の農民が食べたと想定して計算した、農家構成員1人当り粳米推定消費量(C)と、農家構成員1人当り麦飯に使った米麦の推定消費量（F）と、麦飯中の粳米の割合（G）である。

麦飯中の粳米の割合（G）に示すように、米は麦飯中の約8割を占めていた。また、粳米の消費量を生産量の4分の1に設定した場合でも、麦飯中の米の割合は約4割になる。したがって、『伊福村是』は、『木曽川下流低湿地域民俗資料調査報告　2』が記述する、新政成新田の農民が食べた麦飯中の米麦の割合「良いところで米4、麦6。中は米2、麦8」（前掲（2）9頁）は、妥当ではないことを傍証している。新政成新田で民俗調査者がおこなった聞きとりは、聞きとった相手が不適切だったようである。

新政成新田の食の民俗報告は、「歴史は発展するもので、昔が今より良いはずがない」との発展的歴史観と、「農民は自分が作った米を食べられなかった」とのタテマエの歴史観にとらわれて聞きとりの相手を選び、自らの歴史観に合致する情報だけを記述した例である。

20 世紀前半の日常の暮らしを体験として語れる人はほとんどいないが、まだ再調査ができる場合は、自らの歴史観を白紙に戻して聞きとりをおこない、同じ時代の諸資料と対照して、聞きとった情報の妥当性の是非を検証する手続きを踏んだうえで、適切な情報を記述することが肝要である。

第 4 節　おわりに

この章では、尾張国庶民の食の民俗に関わる報告の中から、海西郡飛島村新政成新田の庶民が食べた麦飯は「麦の割合が大きかった」と記述する『木曽川下流低湿地域民俗資料調査報告 2』をとりあげ、新政成新田と同じ土地条件の場所に立地する海東郡伊福村の『村是』が記載する諸数値と対照して、『木曽川下流低湿地域民俗資料調査報告 2』は聞きとった情報の内容の是非を検証する作業をおこなっていない資料であることを記述した。

食の民俗に関わる諸文献の中には、「農民は米作民だったが、米食民ではなかった」「昔は生活が苦しく、米の割合は小さかった」との、聞きとり者が持つ先入観の枠内に収まる人を選んで聞きとりをおこなったと思われるものがあり、かつそれらは収穫した食材農作物の量と対照する作業など、聞きとったことの是非を検証する手順を踏んでいない。

今は 20 世紀初頭以前の聞きとりはできないので、不適切な相手から聞きとった不適切な記録が事実として後世に語り継がれて、米を作りながら米を食べられなかった「哀れな農民像」が子孫へ伝えられていく。

「聞きとったことも事実である」との見解もあろうが、「妥当な相手から聞きとったか、聞きとったことがどれだけ普遍性を持つか」の検証をおこない、聞きとった内容の妥当性を検討すべきである。

聞きとったことを、適切な数値や情報を使って検証して、皆が納得する事実を後世へ伝えることが、我々に与えられた課題である。

注

(1) 長尾重喬（1859）『農稼附録』（西田夥穂翻刻，1981，『日本農書全集』23，農山漁村文化協会，159-203 頁）.

(2) 愛知県教育委員会（1973）『木曽川下流低湿地域民俗資料調査報告 2』愛知県教育委員会，88 頁.

(3) 農林省農林経済局統計調査部編（1975）『1975 年農業センサス農業集落カード 愛知県飛島村北新政および西新政』農林統計協会，頁欠.

(4) 愛知県庶務課（1885）『愛知県統計書 明治 17 年』愛知県.

(5) 愛知県農商課編（1885）「県下人民常食歩合表」『愛知県勧業雑誌』10，頁欠.

(6) 山田増太郎編（1904）『愛知県海東郡伊福村是』愛知県海東郡伊福村農会, 143 頁（一橋大学経済研究所附属日本経済統計情報センター（1999）『郡是・町村是資料マイクロ版集成』所収，丸善出版事業部）.

(7) 有薗正一郎（1997）『在来農耕の地域研究』古今書院，98-103 頁.

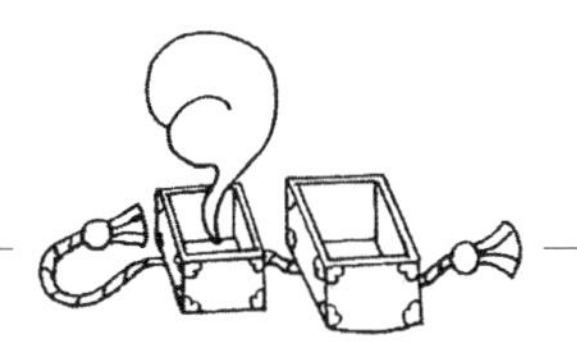

話の小箱（6）
大蔵永常が奨める麦飯の炊き方

「話の小箱 2」で話題にした営農指導者・大蔵永常は、様々な種類の糧飯の炊き方の本も書いています。彼は、食べた人が質量ともに満足する多種類の食材の調理法を、庶民に教えたかったのだろうと思います。『日用助食竈の賑ひ』（初板年不明）と、彼が一部を執筆したとされている『都鄙安逸伝』に記述した糧飯の炊き方は、その例です。ここでは、『日用助食竈の賑ひ』に記述されている麦飯の炊き方を、現代語訳してみます。

> いずれの国でも農家は麦飯を炊いて食べるので、ここに炊き方を記述する必要はないが、町に住む人の中には麦飯の炊き方を知らない人もいるので、炊き方のあらましを記述します。まず、搗いて精白した麦を水でよく洗い、麦と適度な量の水を釜に入れて炊きなさい。ただし、米だけの飯を炊くように強火で炊く必要はありません。麦が煮えた頃に、釜から笊へ移し、水をかけてから手でよくかき回す作業を繰り返して、（麦の表面に付いている）ヌメリがとれるように洗いなさい。次に、米だけで炊くのと同じ量の水と米を（釜に）入れ、洗った麦を一緒に入れて、よくかき混ぜてから炊きなさい。炊きあがったら、（竈から）薪と燃え残りをかき出し、タバコを３～４ぷく吸うほどの間を置いた後、焚きつけか鉋屑か杉の葉か藁の類をほんの少しの時間燃やしなさい。この手順で炊けば、（不快な）粘りけを感じない飯が炊きあがります。これが麦飯の炊き方の秘訣です。

この手順はもっとも一般的な炊き方であり、押し麦が普及して、1

度の炊飯で麦飯が食べられるようになる 1920 年代より前までは、庶民はこの手順か、挽き割った麦を米に混ぜて、麦飯を炊いていました。庶民の味方、大蔵永常の姿が、頭からではなく、腹から伝わってくる記述です。

ただし、炊飯用の燃料を居住地の近くで入手できる場合を除いて、上記の方法で麦飯を炊く都市住民はほとんどいなかったというのが、私の見解です。丸麦を使う麦飯は二度炊きせねばならないので、人か牛馬の背中で運んでいたために値段が高かった薪や木炭の量が米だけを炊く場合の２倍必要でしたし、１度で炊ける挽き割り麦は丸麦を石臼で挽き割る手間がかかったからです。また、火を扱う回数が増えると、火事がおこる危険度も大きくなります。

都市の住民が麦飯ではなく、米だけの飯を食べたのは、賢い選択だったのです。

第15章

近代香川県庶民の日常食

第1節　問題の所在

近代を生きた庶民の日常食材の割合を尺度に使って日本の各地を対比すると、一見した限りでは不可解な領域がいくつかある。この章で採りあげる香川県（讃岐国）もその中のひとつである。

すなわち、1877・78（明治10・11）年の農産物生産量を国ごとに集計した『全国農産表』[(1)] から、各農産物の構成比を計算すると、讃岐国（香川県）は米43%、麦33%、甘藷22%で、全国統計の米45%、麦21%、甘藷22%と比べると、麦の割合は高いが、米と甘藷の割合は全国総計並である。

他方、『全国農産表』と同じ時期の庶民の日常食材比を国ごとに記載する「人民常食種類比例」[(2)] によれば、讃岐国は日常食材中の米の構成比は34%で、全国平均値52%より18%低いのに対して、ムギの構成比は62%で、全国平均28%の2.2倍ある（第9章150頁図24）。また、米と麦の割合は全日常食材の96%を占め、ほぼ米4麦6の麦飯だけを日常食べていたことになる。

讃岐国の領域は近代以降の香川県と一致する。農業と農産に関わる数値を日本総計と対照すると、香川県は水田率と二毛作田率が高く、米麦生産量中の米の構成比が低い。また、1人当り耕地面積が小さく、耕地利用率は全国合計の1.3～1.5倍、人口密度は2～3倍あった。

したがって、「香川県の農民は、少ない耕地をできうる限り水田にして、水田で夏作のイネと冬作のムギの二毛作をおこない、穫れた米と麦を混ぜて炊く麦飯を日常食べていた」との仮説を立てることができる。

この章では、近代香川県庶民の日常食中で麦が高い割合を占めていたことを、麦飯中の米麦の割合がわかる諸資料を使って説明して、上記の仮説は成立することを記述する。この章で記述する場所の所在地は図 43 に記載してあるので、参照されたい。

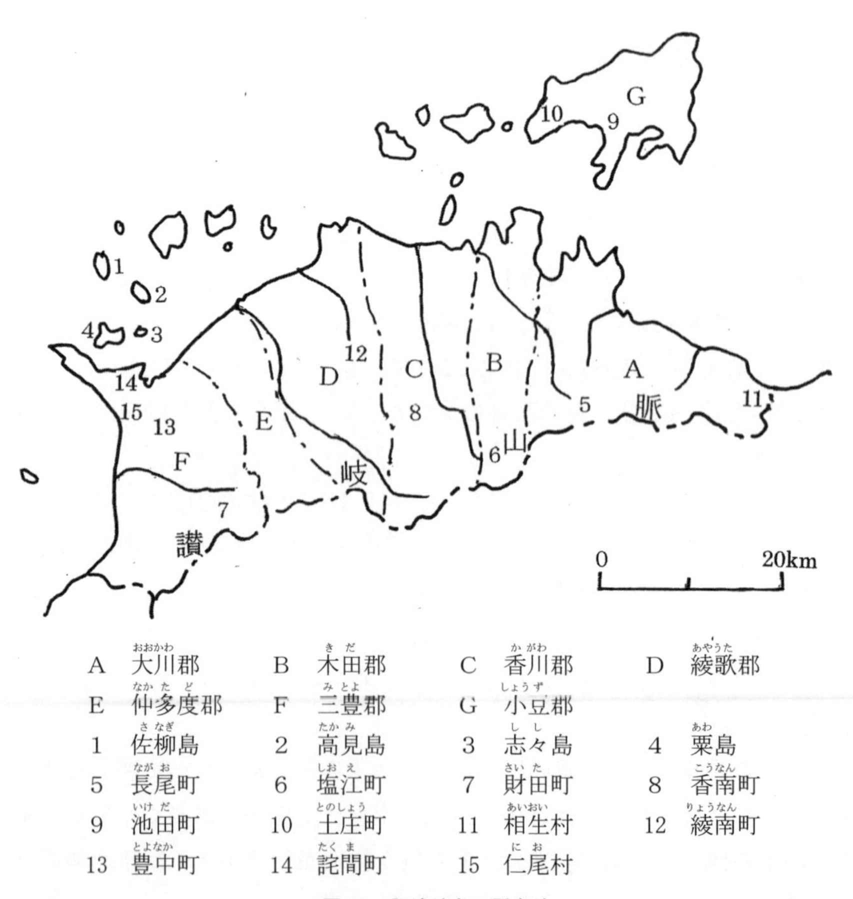

図 43　記述地名の所在地

なお、香川県は小麦を素材にする饂飩（うどん）で知られる領域であるが、饂飩は調理に手間が掛かる「ハレの日の食物」であり、日常の食材ではない。また、『全国農産表』では讃岐国の甘藷の割合は全国平均と同じ22%を占めるが、「人民常食種類比例」では4%で、西日本の他府県と同様、主に間食材の扱いだったので、この章では饂飩と甘藷は記述対象から外すことにする。

第2節　香川県の地形と水田の水利事情

香川県域は丸餅を切った断面のような形をしている。餅の底辺は東西方向に延びる讃岐山脈で、ここから短い距離で瀬戸内海に向かって低くなるので、いずれの河川も流路延長が短い。

流路延長が短い河川は流域面積が小さいために、洪水時と渇水時の流量の差が大きく、河川水を水源にする水田は水利が安定しない状況に置かれる。

他方、香川県域のほぼ北半分は四国でも最大面積の平坦地で、傾斜地を階段状耕地に造成する労力量と比べると、多くの労力を投下することなく耕作地を作ることができる。

香川県の農民は、水田の不安定な水利事情と耕作地の開発が比較的容易な条件下で、水田の不安定な水利事情を緩和するために、他地域では広くおこなわれていた冬季に水田に水を溜めておく「冬水田んぼ」方式ではなく、多数の溜池を造り、非灌漑期に貯水して灌漑期に配水する溜池灌漑技術を駆使する方法で、平坦地を可能な限り水田にして、稲作をおこなう農耕をおこなってきた。香川県域には多数の溜池があることの一端を、図44の溜池分布で知ることができる。図中の溜池の大半は谷池だが、平坦地には皿池が多数ある。

溜池灌漑をおこなう水田は、秋～春の非灌漑期に水口を閉ざせば畑の状

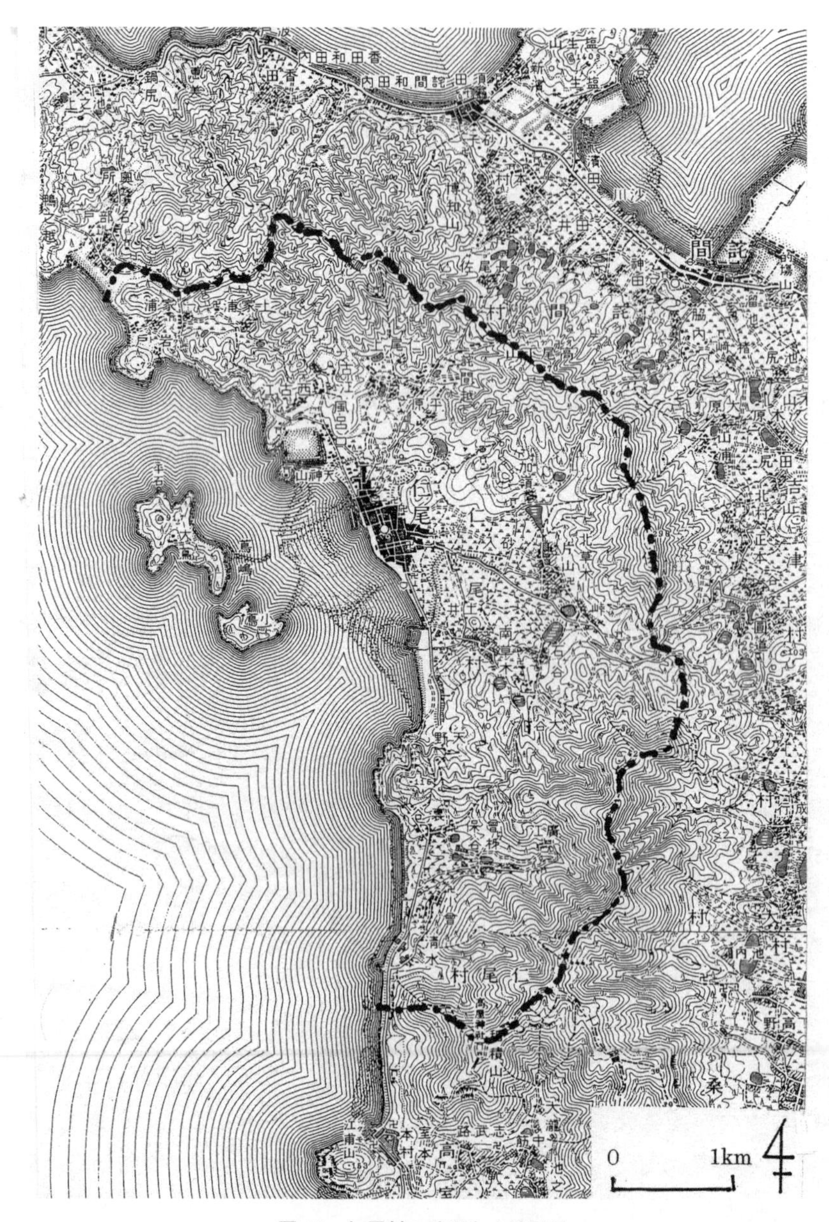

図 44　仁尾村の地形と土地利用

縮尺 5 万分の 1 地形図「仁尾」（明治 30 年及同 39 年測図）と「観音寺」（明治 39 年測図）を 85%に縮小複写した。

態になるので、この期間は畑作物を作付することができる。

このような水利事情の下で、香川県の農民は、夏季は河川と溜池から灌漑する水田に表作のイネを作り、冬季は畑の状態になる田で裏作物のムギやナタネを作ってきた。

香川県ではこのような地形に適応する技術と営農集約化の過程を積み重ねて、水田率と二毛作田率のいずれも高く、その結果として麦の構成比が高い日常食の基本形が形成されたのである。

第 3 節　日本総計と比べた場合の近代香川県庶民の日常主食材

ここでは、20 年ほどの間隔で拾った統計資料 [3] から筆者が作成した表 53 と表 54 の数値を使って、近代香川県庶民が日常の主食材にした米と麦の割合、すなわち麦飯中の米と麦のを推測する。

香川県の水田率はいずれの年度も全国総計より 25%前後高い（A 欄）ので、香川県は水田が多い領域である。

香川県はいずれの年度も米の生産量の 7 ～ 8 割の量の麦類を生産している（B 欄と C 欄）。しかし、畑の面積比は低い（A 欄）ので、麦類の一定部分は水田裏作で生産したことになる。香川県の昭和 35 年の二毛作田率は 85%（H 欄）で、全国総計の約 3 倍であったことと、水田裏作麦面積比は 94%（G 欄）で、全国総計の約 2 倍であったことが、それを裏付けている。

香川県の二毛作田率と水田裏作面積比が高かったのは、人口密度が全国総計の 2 ～ 3 倍（J 欄）あって、1 人当り耕地面積が全国総計の 6 ～ 9 割（F 欄）だったので、足りない耕地面積を冬季に水田で裏作物を作る方法で補完して、日常食材を確保していたからである。

ただし、一定の生産量を維持しつつ二毛作をおこなうには、耕地の肥沃

表53　近代香川県民が食べた麦飯中の米の割合試算

		明治31年（1898）	大正9年（1920）	昭和13年（1938）	昭和35年（1960）
A	田（町歩）　a	39,360	39,604	39,065	37,307
	畑（町歩）　b	10,196	10,792	12,179	12,585
	合計（町歩）a＋b＝c	49,556	50,396	51,244	49,892
	水田率（%）a／c×100	79	79	76	75
B	粳米（石）　d	433,502	930,636	898,061	(d+e)956,667
	糯米（石）　e	39,373	67,333	62,516	
	陸稲（石）　f	912	253	237	800
	合計（石）d＋e＋f＝g	473,787	998,222	960,814	957,467
	粳米と陸稲（石）d＋f＝h	434,414	930,889	898,298	957,467
C	大麦（石）　i	6,236	694	298	－
	裸麦（石）　j	305,813	468,496	395,304	499,333
	小麦（石）　k	86,962	213,710	400,611	244,667
	合計（石）i＋j＋k＝l	399,011	682,900	796,213	744,000
	大麦と裸麦（石）i＋j＝m	312,049	469,190	395,602	499,333
D	米の生産量比（%）g／（g+l）×100＝n	54	59	55	56
E	麦飯中の米の割合（%）h／（h＋m）×100＝0	58	66	69	66
F	人口（人）　p	700,402	685,500	758,400	918,867
	1人当り田の面積（畝）a／p＝q	5.6	5.8	5.2	4.1
	1人当り畑の面積（畝）b／p＝r	1.5	1.6	1.6	1.4
	1人当り耕地面積（畝）c／p＝s	7.1	7.4	6.8	5.4
G	麦類作付面積（町歩）　t	－	－	－	9,530
	水田裏作麦面積（町歩）u	－	－	－	9,000
	水田裏作麦面積比（%）v u／t×100＝v	－	－	－	94
H	二毛作田面積（町歩）　w	－	－	－	31,857
	二毛作田率（%）　x w／a×100＝x	－	－	－	85
I	耕地利用率（%）	179	199	186	173
J	人口密度（人／1 km^2）	373	365	389	490

『日本帝国統計年鑑』（第18・30・38回）、『日本統計年鑑』（第12回）、『農業センサス累年統計書』から作成した。

表 54　近代日本国民が食べた麦飯中の米の割合試算

		明治 31 年（1898）	大正 9 年（1920）	昭和 13 年（1938）	昭和 35 年（1960）
A	田（町歩）　a	2,734,786	2,922,576	3,208,254	3,017,247
	畑（町歩）　b	2,257,126	2,501,785	2,870,028	2,684,433
	合計（町歩）a＋b＝c	4,991,912	5,424,361	6,078,282	5,701,680
	水田率（%）a／c×100	55	54	53	53
B	粳米（石）　d	35,541,637	54,469,164	62,015,000	(d+e)83,593,333
	糯米（石）　e	3,497,209	4,775,852	4,999,000	
	陸稲（石）　f	551,476	1,573,147	1,949,000	2,132,667
	合計（石）d＋e＋f＝g	39,590,322	60,818,163	68,963,000	85,726,000
	粳米と陸稲（石）d＋f＝h	36,093,113	56,042,311	63,964,000	85,726,000
C	大麦（石）　i	8,407,263	9,835,075	7,764,000	8,040,000
	裸麦（石）　j	6,606,277	7,620,695	6,730,000	7,300,000
	小麦（石）　k	4,057,670	6,360,847	12,113,000	10,206,667
	合計（石）i＋j＋k＝l	19,071,210	23,816,617	26,607,000	25,546,667
	大麦と裸麦（石）i＋j＝m	15,013,540	17,455,770	14,494,000	15,340,000
D	米の生産量比（%） g／（g＋l）×100＝n	67	72	72	77
E	麦飯中の米の割合（%） h／（h＋m）×100＝0	71	76	82	85
F	人口（人）　p	43,760,815	56,861,600	73,114,308	93,418,501
	1 人当り田の面積（畝） a／p＝q	6.2	5.1	4.4	3.2
	1 人当り畑の面積（畝） b／p＝r	5.2	4.4	3.9	2.9
	1 人当り耕地面積（畝） c／p＝s	11.4	9.5	8.3	6.1
G	麦類作付面積（町歩）　t	－	－	－	332,400
	水田裏作麦面積（町歩）u	－	－	－	147,300
	水田裏作麦面積比（%）v u／t×100＝v	－	－	－	44
H	二毛作田面積（町歩）　w	－	－	－	903,677
	二毛作田率（%）　x w／a×100＝x	－	－	－	30
I	耕地利用率（%）	121	132	133	133
J	人口密度（人／1 km^2）	116	150	193	247

『日本帝国統計年鑑』（第 18・30・38 回）、『日本統計年鑑』（第 12 回）、『農業センサス累年統計書』から作成した。

度を保っておく要がある。高い人口密度は、下肥の素材である人糞尿が他地域よりも大量に排泄されることを意味する。嵐嘉一らは、『日本農業発達史　別巻下』(4) で讃岐平野西端の香川県仲多度郡竜川村（現在の善通寺市竜川）の稲作技術を解説する中で、人糞尿が大量に施用されていたことを記述している。

> 古くより自給肥料として重きをなして来た人糞尿は、明治時代には稲作肥料の基幹肥料として反当四百～五百貫を基肥追肥に二分して使用し、（中略）より安価な人糞尿の使用は農家経済上欠くことができなかった。（中略）人糞尿は昭和二十五年頃までの長い期間にわたって稲作肥料として盛んに使用されてきた。（前掲（4）423 頁）

香川県では、単位面積当り全国平均の 2 倍以上排泄されていた人糞尿が、二毛作をおこなっていた水田の肥沃度を保つ役割の一端をを担っていたのである。

これらのことが組み合わさった結果が、米の生産量比と麦飯中の米の割合に表れている。香川県における米麦生産量中の米の生産量比は全国総計の 7 ～ 8 割ほど（D 欄）である。また穫れた米麦を生産地で全て食べたと仮定して計算した麦飯中の米の割合は、全国総計より 1 ～ 2 割低い（E 欄）。

以上のことから、近代の香川県は水田率は高かったのに、香川県民は麦の割合が高い「麦飯」を日常食べていたことが明らかになった。

また、第 13 章で記述した名古屋など、近世～近代の都市住民は米だけを炊いた飯を日常食べていた (5)。香川県の都市住民も同様であったと考えられるので、都市住民が食べた米の量を差し引くと、農民が日常食べた麦飯中の米の割合は、表 53 の「麦飯中の米の割合」6 ～ 7 割（E 欄）よりも 2 割前後低い 4 ～ 5 割程度であったと考えられる。

次の第 4 節で、近代香川県民の日常食に関する記述を刊行年の古い文献から順に拾い、この節で統計数値から想定した姿と対照する作業をおこなう。

第 4 節　諸文献が記述する近代香川県庶民の日常食

香川県師範学校と女子師範学校が編集して 1939（昭和 14）年に刊行した『香川県綜合郷土研究』[(6)] は、「食物の地域的特色」中の「主食物」の項目で近年の状況を記述し、それを裏付ける資料として、香川県下 120 の小学校で調査した麦飯中の米麦の割合を記載している（表 55)。

『香川県綜合郷土研究』は麦飯の米麦の割合を、次のように記述している。

比較的富裕なる農家は米七、麦三、中産以下の百姓では米三、麦七より米五麦五くらゐの割合である。（前掲（6）567 頁）

地域的に之を見れば、大体に山間部では麦の割合多く、海岸に近い平坦部では麦の割合は減少してゐる。島嶼部は米麦の割合に於て麦の増加を示し、一方茶粥或は芋粥等を摂ることが多い。（同 567-568 頁）

大正を経て昭和の今日にては、其米麦の割合は（中略）米三分の二、麦三分の一となり、（中略）この割合を郡別に見ると、次の如くである。（同 568 頁）

すなわち、土地条件の相違によって米麦の割合は異なるが、当時はおよそ米 3 分の 2 麦 3 分の 1 であった。表 55 では、米 5 麦 5 が総数 120 校の

表 55　昭和 10 年頃の香川県小学校でおこなった麦飯中の米麦の割合調査結果表

	大川郡	木田郡	香川郡	綾歌郡	仲多度郡	三豊郡	小豆郡	合計
米 8 麦 2	0	1	0	1	0	1	0	3（ 2%）
米 7 麦 3	3	1	1	4	8	6	2	25（21%）
米 6 麦 4	3	2	2	1	3	10	4	25（21%）
米 5 麦 5	6	6	5	9	5	7	5	43（36%）
米 4 麦 6	3	2	2	2	1	5	2	17（14%）
米 3 麦 7	2	1	1	0	1	1	1	7（ 6%）

各郡の数値は小学校数である。『香川県綜合郷土研究』568 ページの表を転写し、合計欄の百分率は筆者が計算して記載した。

約3分の1を占めるが、米5以上の学校数は約8割を占め、米4以下の学校数がもっとも多い郡はない。表55の数値は、前節で記述した生産量から見た麦飯中の米麦の割合とほぼ一致するので、記述および表ともに妥当な資料である。

1971年に刊行された『日本の民俗　香川』(7) は、明治期から近年までの主食材について、次のように記述している。

> 明治の末ごろから大正の初めまでは（中略）米三分丸麦七分くらいのところが多かった。（中略）しだいに米の割合が多くなり、現在では、もはや混食の家庭はほとんどなくなってしまった。（前掲（7）41-42頁）
>
> （朝に食べる）茶粥は、佐柳島・高見島・志々島・粟島などで常食にしている。これらの島々では、今もほとんど米がとれないので、茶粥の中には、麦や芋、小麦粉だんごを入れたが、現在では、米を用いている。（同43頁）

1974年に刊行された『四国の衣と食』(8) は、聞きとった場所を明記して、麦飯中の米麦の割合を記述している。

> 長尾町多和地方は山村であるところから水田が少ないため、米の生産は少なく、（中略）割合は麦七、米三というのが普通である。（前掲（8）76頁）
>
> 麦と米の割合は家庭によって違った。一般には麦七、米三の割合だった（塩江町、財田町）。（同81頁）
>
> 大正初年ごろ（中略）水田が増加するに従って、農家でも米、麦飯が半々になるところが多くなった。（同102頁）

ただし、表53によれば、香川県では大正初年には水田面積は増えていない。

「地方史研究」24巻1号に掲載された「生活史と民俗調査－香川県香南町の衣食住の変遷－」(9) は、麦が主食で、大麦は碾（ひ）き割って炊いたと記述している。碾き割り麦は1度の炊事で食べることができる。また、サツマイモは間食材であったことも記述している。

> 主食はコメ、ムギ、アワ、イモなどであった。ムギは代表的な主食で、大麦はヒキワリにし、小麦は小麦粉にして食べた。（中略）サツマイモは主食の代用として、副食、間食として食べた。（前掲（9）37頁）
>
> 麦と米との割合は一般には麦七、米三が普通。西庄あたりで小作の家では昭和七～八年まで麦八～九、米二～一の割合だったという。地主やだんなさんの家では米の割合は多かった。米と麦とのハンハンは上等の方であった。（同38頁）

1982年に刊行された『新編　香川叢書　民俗篇』[(10)]は、水田率が低い小豆島における明治・大正期の麦飯の米麦混合比を、次のように記述している。

> 貧富の差や季節によっても異なるが、昔の村の暮らしでは米麦混食が普通で、明治の末から大正の初めまでは、米と丸麦との混合であった。（中略）よまして打ちあげた丸麦七から九に、米三から一ほどの割合で加えてご飯に炊く（小豆郡池田町神の浦・土庄町長浜）。（前掲（10）217頁）

『聞き書　香川の食事』[(11)]は、大正末～昭和初期の香川県内6地区における麦飯の米麦の割合を記述している。地区ごとに、立地と麦飯中の米麦の割合に関する記述を拾う。

(1)　大川郡相生（あいおい）村

> 大川郡相生（あいおい）村は、徳島との県境に連なる阿讃（あさん）山脈の東端に位置する。山が播磨（はりま）灘に落ちこむかたちで背後に迫り、平地は少ない。このため、水田といっても小さい棚田が多く、耕地面積の少ない農家が大部分である。（中略）ふだんは麦飯がほとんどである。ふだん食べる麦飯は、よました丸麦五と米五の割合で炊いたものである。（前掲（11）31頁）

(2)　小豆（しょうず）郡土庄（とのしょう）町小江（おえ）

> 田んぼの少ないこの地方では、たいていの家で米を買っている。（中

略）ふだんは、麦七、米三の割合の麦飯を食べているが、男衆は船での労働がはげしいので、昼飯は船上で米飯を炊いて食べる。（前掲（11）78 頁）

（3）綾歌（あやうた）郡綾南（りょうなん）町小野

さぬき平野は一戸当りの耕作面積が少なく、昔から五反百姓といわれ、小作も多い。（中略）麦作には乾燥適地で全国でも一番収量が多い。麦こそは農家の助け人の神さまである。（中略）日常は麦飯がおもで、米三、麦七がふつうである。（前掲（11）173 頁）

麦と米の割合は各家により異なるが、ふつう丸麦一升に米三～五合で炊く。（同 175 頁）

（4）三豊（みとよ）郡豊中町笠田

西さぬき地方は温暖な気候に恵まれて早くから人が住みつき、水田が開かれているが、年間の降水量が少ないため、ため池に頼る米作で、収量は不安定である。（中略）日常のごはんは麦七、米三の割合の麦飯であるが、といもがとれればいも飯、豆類がとれると豆飯を炊く。（前掲（11）230 頁）

（5）三豊郡詫間町高谷（こうや）

瀬戸内に突き出た三崎半島のつけ根の小さな高谷（こうや）半島は、半農半漁といっても、耕地は斜面ばかり。米はすべて買ってまかなう。（前掲（11）258 頁）

家族の多い家では丸麦の半麦飯を炊くが、三人家族の尾崎さんの家では、ひしぎ麦と米を同量にした半麦飯を炊く。（同 285 頁）

前節で設定した「麦飯」中の米麦の割合と、この節で拾った 6 つの文献資料の値を対比すると、師範学校の報告書の記述は適切であり、民俗関係の 4 文献は米の割合がやや低く、『聞き書 香川の食事』の記述は両者の中間に位置する。民俗関係の 4 文献は村の中の低い階層からの聞きとりを拾って記載したと、筆者は考える。

第5節　『香川県三豊郡仁尾村是』にみる庶民の日常食

三豊郡仁尾村は村域の東側を300 m程の山地で囲われた、燧灘（ひうちなだ）に面する領域で、集落は海岸に、水田は緩傾斜地の低位部に、畑は緩傾斜地の高位部にある（図44）。

表56は1916（大正5）年に作成された『香川県三豊郡仁尾村是』[(12)]が記述する諸事象の数値と、それらから計算した、農耕と日常食材に関わる数値の一覧である。

仁尾村の水田率42%は香川県の約半分であるが、ほぼ全ての田で二毛作をおこなっており、畑もほぼ1年に2度使っているので、耕地利用率は

表56　仁尾村民の日常食材に関する諸数値

	粳米	糯米	裸麦	小麦	雑穀	甘藷	里芋	合計
食材の1人当り								
年間消費量（石）	0.584	0.05	0.55	0.045	0.05	0.325	0.029	1.633
構成比（%）	36	3	34	2	3	20	2	100
生産量（石）	2,961	319	6,015	467	420	—	—	10,182
消費量（石）	4,917	420	2,475	374	420	—	—	8,606
過不足量（石）	-2,376	-101	3,540	93	0	—	—	1,156

	田	畑	合計	二毛作田
耕地面積（畝）	15,827	21,630	37,457	15,632
水田率（%）	42			
二毛作田率（%）	99			
総作付面積（畝）	70,150			
耕地利用率（%）	187			

『香川県三豊郡仁尾村是』が記述する数値にもとづいて算出した。

香川県と同じ水準であった。

このような水田率と耕地利用率の下で生産された主食材の構成比を、『全国農産表』を使って計算した讃岐国の主食材生産量比と対比すると、米は讃岐国の半数で、麦はやや高い（表 57）。

他方、仁尾村民 1 人当り主食材の消費総量は 1 石 6 斗 3 升 3 合で、妥当な量である。また、その内訳は粳米 36%裸麦 34%甘藷 20%（表 56）で、主食に米麦半々の麦飯を食べ、甘藷を間食していた村民の日常の食生活が復原できる。

次に、仁尾村民 1 人当り各食材の生産量と消費量を対比すると、粳米の自給率は 6 割で不足分は購入していたのに対して、裸麦は生産量が消費量の 2.4 倍あって、余剰は売却していた。

上記の諸数値を踏まえて、「人民常食種類比例」（1880 年頃）が記載する讃岐国と、『香川県三豊郡仁尾村是』（1916 年）から計算した主食材の消費量比を対照すると、讃岐国の米と麦の割合は米 3.5 麦 6.5、仁尾村は米と麦がほぼ半々で、仁尾村は米の構成比が 2 割近く高かったとの結果に

表 57　讃岐国と仁尾村の食材生産量比と消費量比

	米	麦	雑穀	甘藷	里芋
生産量比（%）					
讃岐国	43	33	1	22	—
仁尾村	20	40	3	35	1
消費量比（%）					
讃岐国	34	62	0	4	0
仁尾村	39	37	3	21	1

讃岐国の生産量比は『全国農産表』から算出した。
讃岐国の消費量比は「人民常食種類比例」から算出した。
仁尾村の値は『香川県三豊郡仁尾村是』から算出した

至った。『香川県三豊郡仁尾村是』は、香川県内でも地区ごとの違いがあったことの一端が伺える資料である。

第6節　まとめ

以上記述したように、この章の「問題の所在」で提示した「香川県の農民は、少ない耕地をできうる限り水田にして、水田でイネとムギの二毛作をおこない、穫れた米と麦を混ぜて炊く麦飯を日常食べていた」との仮説は成立する。

近代香川県庶民は、少ない耕地をできる限り水田にしたうえで、多数の人口を養うために、水田でイネとムギの二毛作をおこない、穫れた米と麦に畑で穫れた麦も加えて炊く麦飯を日常食べていたのである。

麦飯中の米の割合は、1880年頃の「人民常食種類比例」では4割弱、1936年頃の師範学校の調査ではほぼ5割であったが、その割合は地区ごとに異なっていたであろうことが、1916年の『香川県三豊郡仁尾村是』から推測できる。

また、筆者が拾った諸文献の中で、民俗関係の文献が記述する「麦飯」中の米の割合は、実情よりもやや低いことも明らかになった。複数の分野の文献を対照して、実情を復原する作業をおこなうことが肝要である。

注

(1) 内務省勧農局（1877・78）『明治十年全国普通農産表』『明治十一年全国農産表』（藤原正人編，1966，『明治前期産業発達史資料』別冊2・3所収，明治文献資料刊行会）.

(2) 豊川裕之・金子俊（1988）『日本近代の食事調査資料 第一巻明治篇 日本の食文化』全国食糧振興会，20-21頁．この文献は素資料を「人民常食種類調査」と表記しているが、筆者は「人民常食種類比例」と表記することにする。その理由は注（5）の17～18頁に記述した。

(3) 内閣統計局（1900）『第 19 回 日本帝国統計年鑑』東京統計協会出版部，1175 頁.
　国勢院（1921）『第 31 回 日本帝国統計年鑑』東京統計協会，720 頁.
　内閣統計局（1941）『第 59 回 大日本帝国統計年鑑』東京統計協会，246 頁.
　総理府統計局（1962）『第 12 回 日本統計年鑑』日本統計協会，557 頁.

(4) 嵐嘉一・香川俊一・野中修（1959）「香川県における農業生産力の展開－水稲の栽培技術を中心として－」（農業発達史調査会編『日本農業発達史 別巻下』）中央公論社，371-427 頁.

(5) 有薗正一郎（2007）『近世庶民の日常食－百姓は米を食べられなかったか－』海青社，112-114 頁.

(6) 香川県師範学校・香川県女子師範学校（1939）『香川県綜合郷土研究』香川県師範学校・香川県女子師範学校，882 頁.

(7) 武田明（1971）『日本の民俗 香川』第一法規出版，268 頁.

(8) 藤丸昭・秋田忠俊・市原輝士・坂本正夫（1974）『四国の衣と食』明玄書房，205 頁.

(9) 市原輝士（1974）「生活史と民俗調査－香川県香南町の衣食住の変遷－」地方史研究 24-1，35-41 頁.

(10) 香川県教育委員会（1982）『新編 香川叢書 民俗篇』新編香川叢書刊行企画委員会，938 頁.

(11)「日本の食生活全集 香川」編集委員会（1990）『聞き書 香川の食事』（『日本の食生活全集』37）農山漁村文化協会，357 頁.

(12) 香川県三豊郡仁尾村役場（1916）『香川県三豊郡仁尾村是』香川県三豊郡仁尾村役場，頁欠.

第16章

近代出雲国庶民の日常食

第1節　問題の所在

1880（明治13）年頃の庶民が食べた日常食材の構成比を表示する資料である「人民常食種類比例」[(1)]（第9章150頁の図24）から読みとれることのひとつは、西南日本（山陰道・山陽道・南海道・西海道）では米と麦の比率がほぼ等しいことであり、この領域の庶民の多くは米麦半々の麦飯を日常食べていたと考えられる。

しかし、この領域に含まれる出雲国は米の構成比が他の諸国より高い（図24）。また、農産物生産量から日常食材の国別構成比が推定できる1877･78（明治10･11）年の『全国農産表』[(2)]でも、出雲国の米の比率は「人民常食種類比例」とほぼ同じである（表58）。

表58　近代初期の資料に見る出雲国の主食材の生産量と消費量の構成比

主食材名	『全国農産表』生産量の構成比（%）	「人民常食種類比例」消費量の構成比（%）
米	75	74
麦	14	20
粟	1	2
稗	0	0
雑穀	1	3
甘藷	9	1

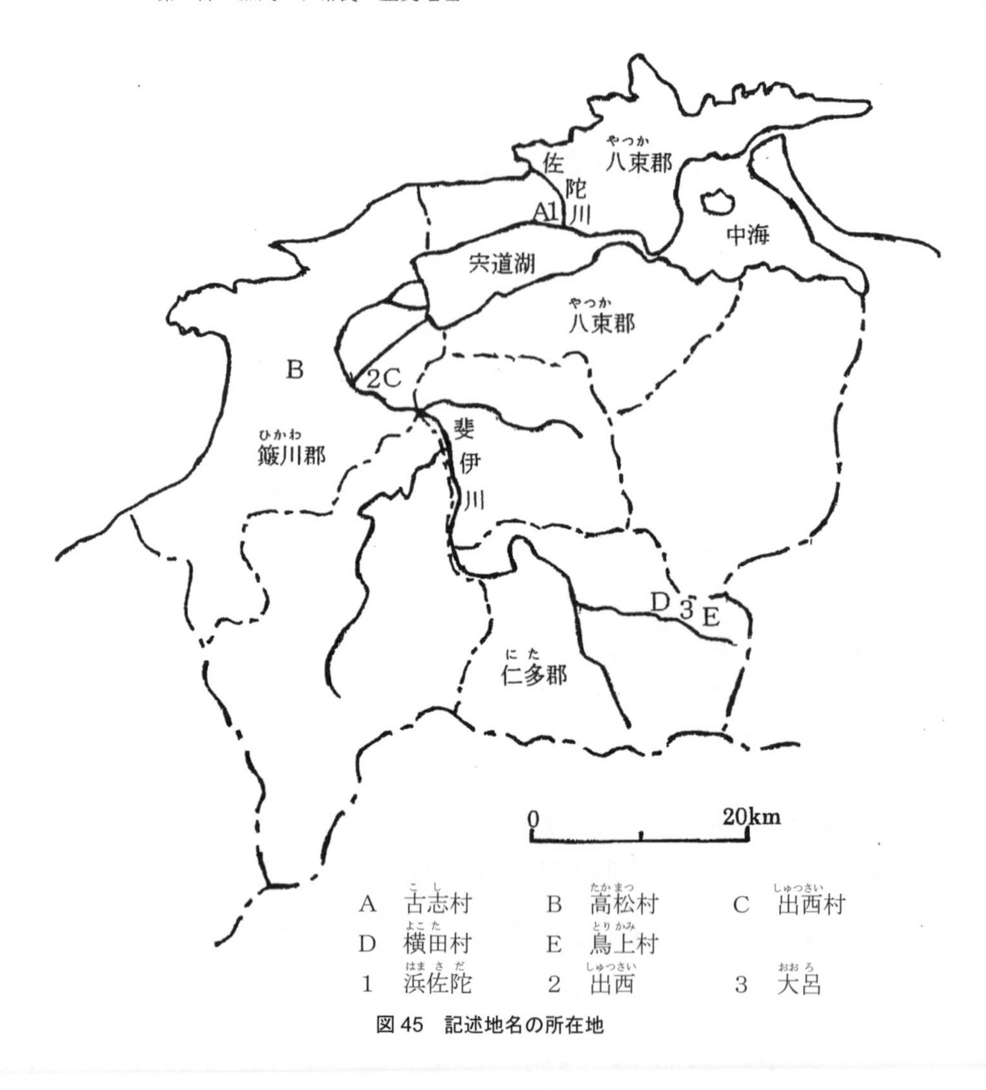

図 45　記述地名の所在地

すなわち、上記 2 種類の資料によれば、出雲国は生産量比・消費量比のいずれも、西南日本の中では米の構成比が高い領域であった。

この章では、20 世紀初頭に島根県農会が作成した「農事調査報告書」と、1920 年代島根県庶民の食に関わる記憶と体験を聞き書きした『聞き書　島根の食事』を使って、近代出雲国庶民の日常食の内容を記述する。採りあげる場所の所在地を図45に示すので、参照されたい。

第2節　出雲国の3領域と土地利用

『聞き書 島根の食事』[3]は、地形と土地利用を指標にして、出雲国を「宍道湖（しんじこ）・中海（なかうみ）沿岸」、「出雲平野」、「奥出雲」の3領域に区分して、各領域の「大正の終わりから昭和の初めころ」（前掲（3）3頁）の食事の内容を記述している。宍道湖北岸の島根半島には丘陵地があって、ここは地形から見ると「宍道湖・中海沿岸」とは異なる領域であるが、『聞き書 島根の食事』は領域設定していないので、これに従う。

『聞き書 島根の食事』が設定した3領域の地形と土地利用の概要を、次に記述する。

(1) 宍道湖・中海沿岸

宍道湖と中海をとりまく領域の平坦地の大半は水田である。宍道湖と中海、中海と日本海を結ぶ水道の幅が狭いために、宍道湖と中海の水位が高い時には、ここは沿岸の平坦地に余水が流入して冠水する場所であった。1899（明治32）年測図縮尺5万分の1地形図が表示する宍道湖北岸の八束（やつか）郡古志（こし）村の地形と土地利用は、宍道湖・中海沿岸域の代表例であり、図中の佐陀（さだ）川は、日本海へ余水を排出するために掘削された人工水路である（図46）。

(2) 出雲平野

斐伊（ひい）川が土砂を堆積して形成された出雲平野は低平で、斐伊川が山地を出る地形変換点から河口まで水田が展開している。また、斐伊川の上流域では風化した花崗岩から砂鉄を採取していたので、大量の土砂が川床に堆

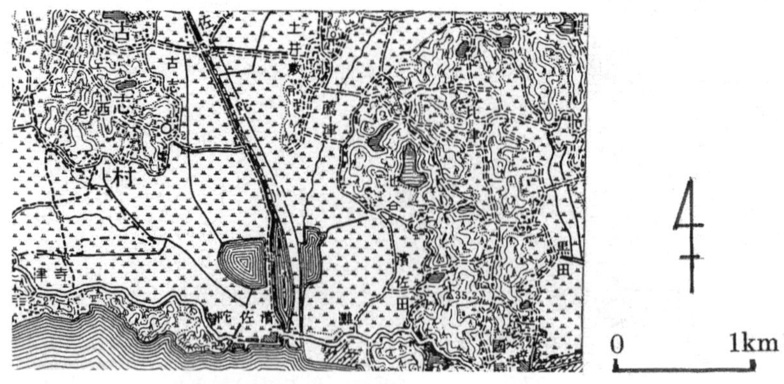

八束郡古志村と浜佐陀集落
縮尺 5 万分の 1 地形図「松江」（明治 32 年測図）を複写した。

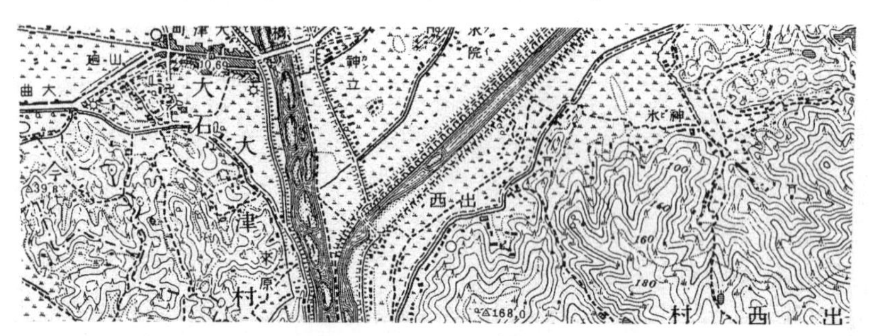

簸川郡出西村と出西集落
縮尺 5 万分の 1 地形図「今市」（明治 32 年測図）を複写した。

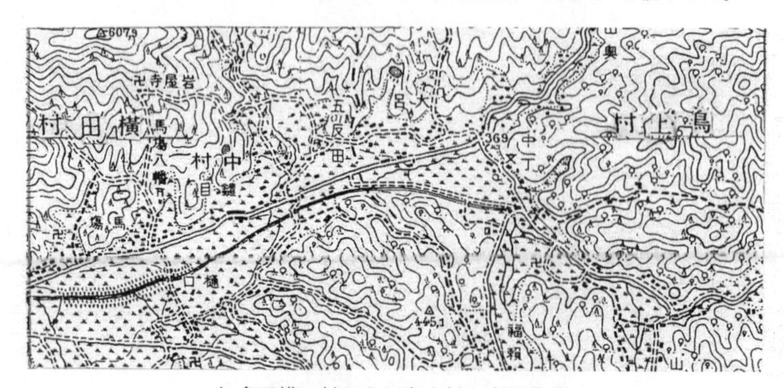

仁多郡横田村および鳥上村と大呂集落
縮尺 5 万分の 1 地形図「横田」（明治 32 年測図）を複写した。

図 46　出雲国 3 領域事例地の地形と土地利用

積し、増水時に出雲平野へ流下して、洪水が頻繁に起こっていた。このように洪水が頻発する低湿地である出雲平野で育つ作物はイネしかない。斐伊川が平野に出る場所に位置する簸川（ひかわ）郡出西（しゅつさい）村の地形と土地利用を 1899（明治 32）年測図縮尺 5 万分の 1 地形図で見ると、山地から平野へ出る地形変換点で流水の速度が遅くなり、平水時は河川敷内に土砂が堆積して州が形成され、陸域の大半は水田であることが読みとれる。なお、この図中の北東方向へ向かう河道は近世に掘削された排水路である（図 46）。

(3) 奥出雲

奥出雲には中国山地から日本海へ流出する諸河川が形成した河谷に村落と水田が立地する。ここは冬季の低温と積雪で、冬作物の作付が困難な場所である。斐伊川の上流域に立地する仁多（にた）郡横田（よこた）村と鳥上（とりかみ）村の 1899（明治 32）測図縮尺 5 万分の 1 地形図を見ると、河谷底の大半は水田であり、畑はほとんどないことが読みとれる（図 46）。

これら 3 領域の庶民の日常主食材は 20 世紀初頭に島根県農会が作成した『農事調査報告書』を使い、日常食の内容は『聞き書 島根の食事』を使って、次節で記述する。

第 3 節　近代出雲国庶民の日常食材と日常食

(1) 宍道湖畔庶民の日常食

島根県農会が 1906（明治 39）年におこなった調査にもとづく『島根県八束郡古志村農事調査報告書』(4) によれば、古志村は耕地の 8 割が水田で（水田率 82%）、水田では二毛作はおこなっておらず（二毛作田率 1%）、畑を加えても二毛作は耕地 10 枚のうち 1 枚ほどで（耕地利用率 113%）、水田でほぼ稲作のみをおこなう村であった（表 59）。

『島根県八束郡古志村農事調査報告書』には、古志村の人口と村民が 1

表 59　出雲国 3 村の主食材に関わる諸数値

地域類型 村　名 調査年	宍道湖畔 八束郡古志村 1906（明治 39）年	出雲平野 簸川郡高松村 1901（明治 34）年	奥出雲 仁多郡横田村 1902（明治 35）年
耕地面積（町歩）	257	661	394
水田　（町歩）	211	552	334
水田率（%）	82	84	85
二毛作田面積（町歩）	2	184	44
二毛作田率（%）	1	33	13
総作付面積（町歩）	290	828	460
耕地利用率（%）	113	125	117
村人 1 人当り主食材の消費量と構成比	石 斗 升	石 斗 升 合	石 斗 升 合
米	1 4 6（73%）	1 0 6 2（69%）	1 5 0 6（93%）
大麦	4 3（21%）	3 4 9（23%）	1 1 6（ 7%）
甘藷	1 2（ 6%）	1 2 1（ 8%）	1（ 0%）
合計	2 0 1	1 5 3 2	1 6 2 3

古志村・高松村・横田村の『農事調査報告書』（島根県農会報）から作成した。
水田率は（水田面積／耕地面積）×100、二毛作田率は（二毛作田面積／水田面積）×100、耕地利用率は（総作付面積／耕地面積）×100 の式で算出した。

年間に消費した食材の量が記述されている。これらの数値から、古志村の村民 1 人当り主食材の消費量と構成比を計算した。

古志村では村民 1 人当り 1 年間に米 1 石 4 斗 6 升（主食材総量の 73%）、大麦 4 斗 3 升（21%）、甘藷 1 斗 2 升（6%）、合計 2 石 1 升の主食材を消費していた（表 59）。これは慶弔日を含めた数値なので、日常は米 7 割、麦 3 割ほどの麦飯を食べていたと考えられる。

1 年間の主食材消費量 2 石 1 升は 1 日当り 5 合 5 勺、飯椀で 11 杯分ほどになる。朝・昼・晩に 3 杯ずつ、間食に 2 杯の量である。当時は副食の量が少なかったので、1 日 5 合 5 勺は妥当な量である。

上記の推測が適切であることは、『聞き書 島根の食事』が「宍道湖・中海沿岸」の事例地にした、八束郡古志村浜佐陀（はまさだ）（図45・46）でおこなった聞きとりで証明できる。

（宍道湖北東岸の古志村浜佐陀では）ふだんのごはんは米一升に丸麦二合の麦飯だが、水田地帯であるから白米ごはんもかなり食べている。（中略）ふだんはくず米を洗って乾燥し、石臼でひいて粉にしたただ米（うるち米）粉をよく使う。一口大に丸めて平たくして味噌汁に入れただんご汁や、熱湯でこね、三寸ほどの大きさに丸めて平たくして、両面を焼いた焼きもちをごはんがわりにする。（前掲（3）37頁）

浜佐陀の井原家は（中略）四人家族で年間一〇俵ぐらいを食べ、（中略）ふだんは二割の麦を混ぜた麦飯にする。くず米は粉にして、だんごや焼きもちをつくり、ごはんの補いにし、米を大切にする。（同38頁）

4人家族の井原家で1年に食べた粳米10俵は、1人当り1石の量であり、『古志村農事調査報告書』の1人当り1石4斗6升から慶弔日と糯米の消費量を差し引けば、妥当な量である。また、粉にしたくず米を多様な方法で調理して食べる「粉もの食」は、出雲国3領域のいずれにも記述されている。

（2）出雲平野庶民の日常食

島根県農会が1901（明治34）年におこなった調査にもとづく『島根県簸川郡高松村農事調査報告書』によれば、高松村（たかまつ）（図45）では耕地20枚中の17枚が水田で（水田率84%）、水田3枚に1枚の割合で二毛作をおこない（二毛作田率33%）、畑を加えても二毛作は耕地4枚のうち1枚ほどで（耕地利用率125%）、高松村は水田一毛作主体の村であった（表59）。

『島根県簸川郡高松村農事調査報告書』(5)には、高松村の人口と、村民が1年間に消費した食材の量が記述されている。これらの数値から、高松村の村民1人当り主食材の消費量と構成比を計算した。

高松村では村民１人当り１年間に米１石６升２合（総量の69%）、大麦３斗４升９合（23%）、甘藷１斗２升１合（8%）、合計１石５斗３升２合の主食材を消費していた（表59）。これは慶弔日を含めた数値なので、日常は米７割、麦３割ほどの麦飯を食べていたと考えられる。

１年間の主食材消費量１石５斗３升２合は１日当り４合２勺、飯椀で８杯分余ほどになる。朝・昼・晩におよそ３杯ずつの量である。

上記の推測が妥当であることは、『聞き書　島根の食事』が「出雲平野」の事例にした高松村とは斐伊川を挟んで東岸に位置する、簸川郡出西村出西（図46）でおこなった聞きとりで証明できる。

> どの家も年間を通じて朝飯（あさはん）はくず米粉利用のだんごもの（冬を中心にしてだんご煮またはだんご汁、夏を中心にしてお焼き）であり、昼と晩は麦飯である。（中略）日常は三割から五割も麦を混ぜた麦飯である。（中略）米をつくると、（中略）一割ていどのくず米が出る。（前掲(3) 77頁）
>
> 出西（しゅっさい）の永戸家は（中略）六人家族で、（中略）年間に自家用として確保する米は、うるち米三〇俵、もち米三俵である。米は日常の食料品、雑貨との交換物資にしたり、仁義ごと（交際）にも利用されているため、実際に食べる量よりかなり多めに見積もって保有している。（同79頁）
>
> 水田の少ない砂丘浜地帯では、さつまいもは、いも飯、いもぞうすい、ふかいしもなどにして、麦とともに重要な基本食糧となっている。さつまいもを作付けできない湿田単作地帯では、米やくず米との物々交換によって手に入れる。ふかしいもなどが主体だが、米との混ぜ炊きにも広く利用されている。（同85頁）

出雲平野でもくず米を素材にする「粉もの食」が日常食中の一定割合を占めていたことが読みとれる。また、宍道湖湖畔と出雲平野の食材の１割弱を占めていた甘藷は、出雲半島西端の砂丘地で作り、水田卓越地の庶民はこれを購入して食べていたことがわかる。

6人家族の永戸家で1年に食べた粳米30俵は1人当り2石の量であり、『高松村農事調査報告書』の1人当り米1石6升2合から慶弔日と糯米の消費量を差し引いた量の1.5倍ほどになる。永戸家は、慶弔日に食べたり諸物資と交換するために、米を多めに保有していたようである。

(3) 奥出雲庶民の日常食

島根県農会が1902（明治35）年におこなった調査にもとづく『島根県仁多郡横田村農事調査報告書』[6]によれば、横田村（図45）の耕地の大半は河谷底にあり、耕地20枚中の17枚が水田で（水田率85%）、水田10枚に1枚の割合で二毛作をおこない（二毛作田率13%）、畑を加えても二毛作は耕地5枚のうち1枚ほどで（耕地利用率117%）、横田村も水田でほぼ稲作のみをおこなう村であった（図46・表59）。

『島根県仁多郡横田村農事調査報告書』には、横田村の人口と村民が1年間に消費した食材の量が記述されている。これらの数値から、横田村の村民1人当り主食材の消費量と構成比を計算した。

横田村では村民1人当り1年間に米1石5斗6合（総量の93%）、大麦1斗1升6合（7%）、甘藷1合（0%）、合計1石6斗2升3合の主食材を消費していた（表59）。これは慶弔日を含めた数値なので、日常は米9割、麦1割ほどの麦飯を食べていたと考えられる。出雲国では山間地の庶民のほうが米の割合が高い麦飯を食べていたのである。

1年間の主食材消費量1石6斗2升3合は、1日当り4合5勺、飯椀で9杯分ほどで、朝・昼・晩に3杯ずつの配分になる。

『聞き書 島根の食事』は、横田村の東隣に位置する仁多郡鳥上村大呂（おおろ）（図46）を事例にして、「奥出雲」の食を記述している。

> 冬は雪が多く、水田での裏作はできない。麦類は畑でつくるが、大麦は毎日のごはんに入れるほどの量はない。（中略）毎日のご飯は白米である。（前掲（3）123頁）
>
> 米の粉は、味噌汁に入れるだんごになるほか、（中略）利用範囲は広

い。（同 124 頁）

『聞き書　島根の食事』の記述は、『仁多郡横田村農事報告書』が記載する数値から計算した主食材の構成比とほぼ一致する。また、奥出雲でもくず米を素材にする「粉もの食」が日常食の一部を占めていたことがわかる。

第 4 節　まとめ

この章では、20 世紀初頭に島根県農会が作成した 3 村の『農事調査報告書』と、1920 年代の記憶と体験を聞き書きした『聞き書　島根の食事』を使って、近代出雲国庶民の日常食の内容を検討した。

第 3 節で採りあげた 3 村では、気候条件（冬季の積雪）と土地条件（低湿な平野または河谷）に適応して、これらの条件の枠内でほぼ水稲作のみをおこない、生産した米に小面積の畑で生産した麦を加えた麦飯を食べていた。

穫れた米は飯に炊くほか、くず米は石臼で粉にして調理する方法もおこなわれていた。すなわち、出雲国庶民は「粒食」と「粉もの食」の 2 つの方法で、主食材の米を食べていたのである。ここに出雲国庶民の日常食への「こだわり」が感じとれる。

日本海沿岸域には、日常食材中の米の割合が高い諸国が、北から南西方向に並んでいた（図 24・表 31）。日本海沿岸域は冬季の積雪で麦類の作付が困難なためであり、出雲国はこの領域の南西縁に位置付けることができる。

近代出雲国庶民の日常食は、それぞれの土地に適応して生産した作物を日常の食材にする、「地産地消」の典型例である。

注

(1) 豊川裕之・金子俊（1988）『日本近代の食事調査資料　第一巻明治篇　日本の食文化』

全国食糧振興会，20-21 頁．この文献は素資料を「人民常食種類調査」と表記しているが、筆者は「人民常食種類比例」と表記することにする。その理由は拙著『近世庶民の日常食－百姓は米を食べられなかったか－』(海青社) の 17 ～ 18 頁に記述してある。

(2) 内務省勧農局（1877･78)『明治十年全国普通農産表』『明治十一年全国農産表』(藤原正人編，1966,『明治前期産業発達史資料』別冊 2･3 所収，明治文献資料刊行会).

(3)「日本の食生活全集　島根」編集委員会（1991)『聞き書　島根の食事』(『日本の食生活全集』32）農山漁村文化協会，355 頁.

(4) 島根県農会（1908)『島根県八束郡古志村農事調査報告書』5 頁，47-48 頁（一橋大学経済研究所附属日本経済統計情報センター（1999)『郡是・町村是資料マイクロ版集成』所収，丸善出版事業部).

(5) 島根県農会（1903)『島根県簸川郡高松村農事調査報告書』4 頁，19 頁（一橋大学経済研究所附属日本経済統計情報センター（1999)『郡是・町村是資料マイクロ版集成』所収，丸善出版事業部).

(6) 島根県農会（1904)『島根県仁多郡横田村農事調査報告書』4 頁，26-27 頁（一橋大学経済研究所附属日本経済統計情報センター（1999)『郡是・町村是資料マイクロ版集成』所収，丸善出版事業部).

第17章

16世紀後半～20世紀前半に日本を訪れた外国人が記述する日本庶民の日常食

第1節　はじめに

筆者は四半世紀にわたって、近世から近代を生きた庶民の日常食材に関わる資料を集めて､その実状を明らかにする作業をおこない､明らかになったことを、『近世庶民の日常食－百姓は米を食べられなかったか－』[(1)]に記述した。

近世は庶民人口のほぼ9割が農民であった。支配する側が出した通達の類を見るかぎり、米を作りながら米を食べられなかった農民の姿しかイメージできないが、これまで筆者がおこなった近世庶民の日常食を明らかにする作業から見えてきたのは、結構米を食べていた農民の姿である。ただし、地域の性格を反映して、庶民の主食材は「地産地消」されていたことも事実である。

渡辺京二は『逝きし世の面影』[(2)]で、「古い日本の文明の奇妙な特性がいきいきと浮かんで来る」「ひとつの滅んだ文明の諸相を追体験する」ために、19世紀に日本を訪れた「外国人のあるいは感激や錯覚で歪んでいるかもしれぬ記録」（前掲（2）52頁）を拾って、近代日本を生きた庶民の風俗を記述している。

この渡辺の著書は、近世庶民の環境に適応する暮らしぶりを研究し、多数の著作を世に発信している石川英輔[(3)]に、「私は、以前から外国人の書いた日本見聞記に関心を持って資料を集めていたが、最近になって中止した。圧倒的に大量の資料を使った優れた研究書が刊行されたため、これ以上の仕事は私にはできないし、する必要もないと思ったからである。その本は渡辺京二著『逝きし世の面影』で、外国人による幕末から明治初期の膨大な記録の内容をきわめて冷静かつ客観的に整理、分類、解説した大著である。」（前掲（3）142頁）と言わしめた、労作である。

しかし、全体で14章からなる渡辺の著書には、近世〜近代を生きた庶民の「食」を表題にする章がない。したがって、異なる食習慣を持つ外国人たちが、日本庶民の日常食を観察して、どのように解釈していたかは、渡辺の著書からはわからない。

この章では、日本を訪れて日本庶民の日常食について記述した外国人の記録を拾って列挙し、日本庶民の日常食をどのように観察し解釈したかを記述する。この章が渡辺の著書にもう1章を加える役割を果たせれば、さいわいである。

筆者は、『新異国叢書』（雄松堂）・『東洋文庫』（平凡社）・『講談社学術文庫』（講談社）・『岩波文庫』（岩波書店）・『有隣新書』（有隣堂）・新人物往来社の日本語訳刊行物などから、16世紀後半から20世紀前半を生きた日本庶民の日常食について記述する外国人30人を拾った。これらの中で、筆者が日本語訳したのは、チェンバレン（Basil Hall Chamberlain）が琉球住民の暮らしを記述した報告だけである。

なお、記述者名の読み方は翻訳者に従い、記述者の国籍は、現在の通称国名で表記する。次節からの各項目では、日本を訪れた年が古い人物から新しい人物の順に記載する。

第2節　主食材に関する記述

(1) 主食材は米であると記述した人々

筆者が拾った日常食に関する外国人の記録の大半は、日本庶民の主食材は米であると記述している。9例を挙げよう。

ポルトガル人の宣教師フロイス（Luis Frois）[(4)]は、1565年の書簡で「（日本人は）食事は節制し、常食は米及び野菜にして、海辺に住む者は魚を食す。」（前掲（4）179頁）と記述し、ポルトガル人の宣教師メシヤ（Rorenz Messiah）[(5)]は、1584年の書簡で「大多数の人は米と各種野の草や貝類を沢山に食ひ、野の草と貝類及び塩をもって養を取る者が多い。」（前掲（5）97頁）と記述している。

スペイン人のロドリゴ（Don Rodrigo de Vivero y Velasco）[(6)]は1609年に上総国夷隅郡岩和田村住民の「常食は米及び大根茄子等の野菜と稀には魚類なり。」（前掲（6）6頁）と記述している。

スウェーデン人のトウンベリ（Carl Peter Thumberg、1775年来日）[(7)]は、次のように記述している。

> 米は真っ白でおいしい。日本人にとって、それは我々のパンに当たるものであり、炊いて他のすべての食物と一緒に食べる。一般大衆は魚や葱を入れて煮た味噌汁を、しばしば一日三度すなわち食事のたびに食べる。（前掲（7）271-272頁）

ロシア人のゴロウニン（Wasilij Mikhajlovich Golovnin、1811年来日）[(8)]は、日本人はいずれの階層の人も米を食べ、米から酒を造っていると記述している。

> 米は日本人にとって必要欠くべからざる穀物である。（中略）日本では君主から下は乞食にいたるまでみんな米を食べている。（中略）日本人はまた米から火酒の一種を蒸留し、またサギと称する弱い飲料を作っている。（前掲（8）114頁）

オランダ人のフィッセル（J. F. van Overmeer Fisscher、1820年来日）[(9)]の記述は、米が日本人の主食であるとする記述の典型的な例である。

> 米は主食であり、農業では最も重要な栽培の対象となっている。（前掲（9）95頁）
>
> 米は日本人の主食である。彼らは日に三度米の飯をたべるが、それは

いつも簡素なものであって、できるだけ水分がなくなるように炊いてあるので、粒がばらばらになっている。（中略）米は結局はあらゆる食物のうちでも最も好ましい、また最も害の少い食物と言うことができる。（同 113-114 頁）

オランダ人のポンペ（Johannes Lidius Catharinus Pompe、1857 年来日）[(10)]は、日本人には決まった食事の時間はなく、空腹になった時に米の飯を食べると記述している。

日本人を決まった時間に食事するように慣れさせることはなかなか困難なことであった。彼らは習性として物が食べたくなると、すぐ食べる習慣を持っている。米飯をほとんどいつでも用意している。（前掲（10）321 頁）

ドイツ人のリンダウ（Rudolfph Lindau、1859 年に来日）[(11)]は、「貧乏人は、米と野菜しか食べない。彼等はこのやや不味い食物を強い山葵や芥子を振り掛けて味を良くする。」（前掲（11）202 頁）と記述し、同じくドイツ人のマーロン（Hermann Maron、1860 年来日）[(12)]は、次のように記述している。

極貧の家庭の食卓でも、毎日、魚、米、豆、大根などがのぼる。金持ちの食卓もほぼこれと同じである。生活必需品が豊富で、べらぼうに安いから、皆腹いっぱい食べられる。（前掲（12）28 頁）

いずれの記録からも、炊いた米飯を毎日大量に食べる日本庶民の姿が読みとれる。また、リンダウとマーロンが、貧しい人々の主食材は米である記述していることは、注目すべき情報である。

(2) 米以外の主食材もあると記述した人々

ポルトガル人の宣教師ビレラ（Gaspard Vilera）[(13)]は、1557 年の書簡に肥前国平戸庶民の日常食材について「一般人民の主要食物で最も多きは米なれども、その量多からずして一般には行渡らず、貧民は祭の際のほかこれを食せず。」（前掲（13）140 頁）と記述している。

アメリカ人のジェーンズ（Leroy Lanssing Janes、1871年来日）は、九州白川県の農業振興に供するために作成した草稿を、旧藩主細川家が設立した洋学校の生徒3名に日本語訳させた『生産初歩』[(14)]に、「米ハ古ヨリ肥後ノ大ナル食産物ナリ」（前掲（14）17丁表）と位置付けたうえで、次のように記述している。

農民自ラ労動キ産シタル米ヲ食フコト稀レニシテ　過半ハ他ノ穀類ヲ耕シ　馬及ヒ家畜ト食物ヲ同フスルガ如シ（前掲（14）18丁表）

米ヲ食トスル者ハ　只富貴ノ人ノミニ有リ（同19丁裏）

人民粟豆類大根等ヲ以テ日々ノ食トナシ（同24丁裏）

1877・78年の各食材の国別生産量比がわかる『全国農産表』、1879・80年の庶民が食べた各食材の国別消費量比がわかる「人民常食種類比例」ともに、肥後国は米が約4分の1を占め、「人民常食種類比例」では粟が35%を占めるので（前掲（1）22-25頁）、ジェーンズは適確な観察をしている。

イギリス人のチェンバレン（Basil Hall Chamberlain、1873年来日）[(15)]は、『日本事物誌 1』で、次のように記述している。

誰でも余裕のあるものは米食する。しかし、概していえば、農民階級はそれができない。農村地方では、小麦、大麦、特に黍（きび）が真の主食である。米は贅沢品として取り扱われ、祝祭日のときだけに出される。或いは病気のときに用いられる。（中略）日本の南端では甘藷が、1698年［元禄11年］に輸入されて、今ではふつうの人々の主食となっている。（前掲（15）14-15頁）

イギリス人のバード（Isabella L. Bird、1878年来日）[(16)]は、『日本紀行』の「食べ物と料理に関するノート」に、次のように記述している。

最下層の人々の必需品を成しているのは、米、粟、塩魚、大根である。（前掲（16）上288頁）

都市部ではごく一般的な日本人の食事に欠かせない品目は、ごはん、魚、大根の漬物で、内陸部では、ごはんあるいはその代わりの雑穀、

大豆または豌豆、それに大根である。（同 297-298 頁）

アメリカ人のシドモア（Eliza Ruhamah Scidmore、1884 年来日）(17) は「日本の貧しい家庭は窮乏状態ですが（中略）食事の献立は米、粟、魚、海藻で構成されます。」（前掲（17）71 頁）と記述している。

日本に 30 年ほど住んだポルトガル人のモラエス（Wenceslau José de Sousa de Moraes、1898 年来日）(18) は、『日本通信　Ⅲ』の「日本人の食べもの」に、次のように記述している。

すべての文明国の国民で、日本国民が最も粗食だということである。（中略）家庭の大部分が日々の食事で、米飯と漬物だけ摂っていて、ときたま、お祭の日になると炭火で焼いた小魚をご馳走にしている。多くの人にとっては、特に田舎では、米がすでに食べられない贅沢品になっており、もっと安い麦や甘藷を代用にしていて、飲み物には茶や白湯をとっている。（前掲（18）60 頁）

ただし、モラエスが「田舎では（中略）麦や甘藷を代用にして」と記述したのは、畑地率が高い徳島県に 17 年住んでいたことが影響しているように思われる。

以上のように、日本の庶民は米と雑穀を主食材にしているとの記述もあるが、筆者が拾った庶民の日常食に関する外国人 30 人の記録の中で、米以外の食材も主食に供すると記述したのは、この 6 人だけである。

ちなみに、チェンバレンは（Basil Hall Chamberlain）(19) は 1894 年に琉球を訪れて、住民の暮らしを観察しており、その中で住民の食材について、次のように記述している。

琉球の人々の主食は甘藷である。富民は米と豚肉と牛肉と魚などの食材を中国式に調理して食べる場合が多い。貧民、とりわけ食物を満足に食べられない人々は、甘藷を食べ尽くすと、ソテツの芯を晒（さら）して採るデンプンを食べる。（前掲（19）455 頁）

(3) 庶民が食べた飯の量を記述した人々

庶民が1日にどの程度の量の飯を食べたかがわかる記述は、今のところ次の2例だけである。

アメリカ人のマクドナルド（Ranald MacDonald、1848年来日）[20]は、「（下級役人と兵士たち）各人が一回の食事で食べる平均的な量は、スープをふくめて重さにして三ポンド［1,360グラム］くらいだろうと思う。彼らは一日四食だった。」（前掲（20）122-123頁）と記述している。飯を2ポンドとすると、1度の食事で茶碗3杯の量である。

イギリス人のバード（Lsabella L. Bird、1878年来日）は、『日本紀行』の「食べ物と料理に関するノート」に、「労働者の一日当たりの米の平均消費量は二ポンド」（前掲（16）上298頁）と記述している。2ポンドは約900グラム、体積に換算すると6合、普通の茶碗12杯ほどの量である。三食の間に間食もしたので、1度の食事で茶碗2～3杯になる。

マクドナルドとバードは、旅の同行者たちの行動を数十日にわたって観察しているので、飯の量も適確に記述していると、筆者は考える。

これだけの量の飯を食べても、近世には肥満者はほとんどいなかったようである。外国人が近世末に撮影した庶民の写真や素描画を見ると、老若男女を問わず、ほぼ全員が引き締まった体格をしている[21]。摂取した飯の量と同量のエネルギーが必要な労働に従事していたからであろう。

第3節　庶民の食事風景

スイス人のアンベール（Aimé Humbert、1863年に来日）[22]は、日本人が食事する風景を次のように記述している。

> 飯を盛る道具［杓子］を手に取り、大きな瀬戸物の茶碗に山盛にし、それを口まで運んで食べる。（前掲（22）15頁）

ドイツ人のシュリーマン（Heinrich Schliemann、1865年来日）[(23)]は、次のように記述している。

> 日本人は（中略）各々に茶碗をとり、二本の細い棒を使って米［ご飯］や魚をとる。そして、慣れた手つきでその棒を上手に操りながら、それらの食物を極めて早く食べるのである。（前掲（23）54頁）

フランス人のギメ（Emile Guimet、1876年来日）[(24)]は、横浜で見た人力車夫たちの食事の様子を、次のように記述している。

> 私たちの人力車夫は（中略）彼らに出される飯の茶碗に気負って飛びつく。初めて私は、片手で持った二本の小さな棒で食べるのを見る。そして操る速さに、あっけにとられる。茶碗はまたたく間に空になり、会食者たちがあまりにも烈しく突撃をくり返すので、彼らを満腹させられるかどうかと怪しむ。（前掲（24）69頁）

イギリス人のバード（Lsabella L. Bird、1878年来日）は、栃木県日光から福島県田島へ至る街道筋で見た農民の食材と食事風景を、次のように記述している。

> 農民の食料の多くは生か半生の塩漬けにした魚と、粗雑な漬物にして消化しにくくなった野菜で、あたかも食事を極力短時間ですませるのは人生の目的のひとつだとでも言わんばかりに、すべてがあっという間におなかのなかに納められます。（前掲（16）上216頁）

ドイツ人のリース（Ludwig Rieß、1887年来日）[(25)]は、「ある日本家庭での一日」に、上流階級と思われる家族の食事風景を、次のように記述している。

> 女中がご飯（ライス）を大きなお櫃（ひつ）に入れてもってきて、皆が差し出すお碗に杓子のようなもの［しゃもじ］で数回ねばねばした白い米粒を盛りつけると、食べたり飲んだり噛んだりする音、箸のカチャカチャいう音が羨ましいほど速いテンポで始まる。箸を運ぶ順序はまったくランダムで、つねにあちこちと味噌汁（ミソ・スープ）（豆を調製したもので、熱くて塩辛い）、

玉子焼き、魚、貝、海草、そしてご飯（これが「主食」である）のあいだを動く。最後に、空になったお碗が女中の盆に差し出され、ご飯のかわりに茶が要求される。（前掲（25）147頁）

イギリス外交官の妻サンソム（Katharine Sansom、1928年来日）[(26)]は、『東京に暮らす』の中で、日本庶民の飯の食べ方を次のように記述している。

お百姓さんがご飯をかき込む姿は、戸を一杯に開いた納屋に三叉で穀物を押し込む時のようで、大きく開けた口もとに飯茶碗を添えて、箸をせわしく動かしながら音をたててご飯をかき込みます。これがご飯をおいしく食べる唯一の方法なのです。ご飯というのは体中の隙間を埋めつくす位たくさん食べておかないとまたすぐお腹がすいてしまいます。労働者とそれ以外の日本人との間に食べ方の違いはありません。誰でも同じように食べます。（前掲（26）36頁）

1900年前後に長崎郊外で幼少期の数年を過ごしたバック（Pearl S. Buck, 1960年に日本再訪）[(27)]は、『私の見た日本人』に、日本料理の「ご飯」について次のように記述している。

欧米人は（日本料理の）生魚とご飯の量が多いことを嫌がります。でも、魚はとりたてで新鮮です。（中略）ご飯も上手に炊かれ、香りもよく見た目にも美しくとても軽いのです。（前掲（27）222頁）

いずれも大量の飯を腹に詰め込んで、エネルギーと栄養の大半を摂取していた庶民の食事風景がよくわかる、適切な記述である。

第4節　飲酒と喫煙に関する記述

筆者が食に関わる記述を拾った外国人のほとんどが、「日本人は老若男女を問わず酒を飲み、タバコを吸う」と、日本庶民が飲酒と喫煙を楽しむ姿を記述している。彼らの出身国では見られない、よほど印象に残る光景だったようである。ここでは9人の記録を列挙する。

イタリア人のカルレッティ（Francesco Carletti、1597年長崎来航）[28]は、日本人の酒の飲み方と、醸造法を次のように記述している。

この国には酒も豊富にある。それは米から造られる。あらかじめ火にかけて、生温かいというよりも少し熱くして飲んだり他人にすすめたりする。（前掲（28）85-86頁）

酒は米から造られる。それは蒸気で蒸され、（中略）純粋の灰が混入され、黴が生じるまでそのままに寝かせておく。これには長い時間はかからない。同じ方法で灰も加えないし黴も生じていない煮いた米をそれに加える。これらすべてが樽の中で水と混ぜられ、それは二、三日中に発酵する。それからそれは濾布で濾されるのである。このような方法で酷のある美味い酒が得られる。（同86頁）

人びとは夏であろうと冬であろうと、酒を常に温めて飲む。その時に彼らは酒を、ちびりちびりと楽しみ、（中略）しばしば酔っぱらう。（同87頁）

カルレッティが言う「純粋の灰」とは種麹のことであろう。また、カルレッティは薬草で芳香を付けた醸造酒を「フラスコのようなものに入れて蒸留すると、非常に強い一種のアクアヴィトができる」（前掲（28）86頁）と、蒸留酒も造っていたことを記述している。

ドイツ人のケンペル（Engelbert Kaempher、1691年江戸へ行く）[29]は、次のように記述している。

休み茶屋では、茶の他に酒はいつでも、いくらでも飲むことができる。（前掲（29）754頁）

日本人達は、食後に酒を飲みながら歌ったり、碁や将棋をしたり、または謎々合せをしたりして打ち興じて時を過ごし、負けた者は罰として一杯飲まされる。（同780頁）

イギリス人のフォーチュン（Robert Fortune、1860年来日）[30]は、江戸と長崎の住民は酒好きだと記述している。

このごろでは、「江戸中は日没以後は酔っぱらいの天下！」と言うのが常識になっている。（中略）長崎でオランダ医師のポンペ博士からも、毎晩九時頃までに、成人の半分は多かれ少なかれ酒を飲んでいると聞かされた。（前掲（30）131頁）

また、イギリス人のオールコック（Rutherford Alcock、1859年来日）[(31)]は「日本では、ほとんど全部の男女が喫煙する。」（前掲（31）51頁）、デンマーク人のスエンソン（Edouard Suenson、1866年来日）[(32)]は「男も女も日本では狂信的な喫煙者だが、（中略）のんびり快適に時間をつぶす一手段として吸われている。」（前掲（32）42頁）と記述している。

イギリス人のクロウ（Arthur H. Crow、1881年来日）[(33)]は、滋賀県大津から彦根へ向かう船の中で、煙管で煙草を吸う人々の姿を記述している。

日本では男も女も子供もだれでも煙草を吸う。一息入れる時にはいつでも小さな煙管を取り出し、この国の軽い煙草を少々詰めて、炭火を入れた小さい火入れで火をつける。六回ほどすぱすぱやると、もうおしまいだ。（前掲（33）77頁）

ドイツ人のムンチンガー（Carl Munzinger、1889年来日）[(34)]は、日本人の食事風景を、次のように記述している。

食事の間お酒も飲むが、これは米から作るアルコール飲料でシェリー酒のようなシャープな味がする。食後タバコを吸うが、これは男も女も若い娘も年取ったお婆さんも、である。（前掲（34）29頁）

イギリス人のチェンバレン（Basil Hall Camberlain、1894年琉球滞在）は、琉球の蒸留酒について記述している。

中国のsam酒に似た、米と粟から作る泡盛と呼ばれる酒がある。（前掲（19）456頁）

アメリカ人のシュワルツ（Henry B. Schwartz、1907年鹿児島滞在）[(35)]は、薩摩国の人々は酒好きで、毎晩家族が揃って酒を飲み、男は焼酎を飲むと記述している。

薩摩の人々はよく酒を飲むし、（中略）薩摩では酒を飲むのは男にとどまらず、女や子供たちまで飲むのである。多くの家庭で毎晩、その家の主人とともに家族一同が酒を一〜二杯飲むのは、ごく当たり前のことである。（中略）大抵の薩摩の男子は、せいぜい10%か12%しかアルコール分のない弱い酒では満足せず、アルコール分が30%から50%もある「焼酎（しょうちゅう）」と呼ばれる蒸留酒を好んで常用する。（前掲（35）33-34頁）

第5節　おわりに

この章では、16世紀後半から20世紀前半に日本を訪れた外国人たちが見て解釈した、日本庶民の日常食の記述を拾う作業をおこなった。

大きく言えば、外国人たちが見た日本庶民は米を主食材にして、炊いた大量の飯を口にかき込むように腹の中へ詰め込んでいた。また男女を問わず酒を飲み、仕事の合間に喫煙を楽しんでいた。これがこの章の結論である。

この章の「はじめに」の項目で紹介した渡辺京二は、『逝きし世の面影』の第二章「陽気な人びと」の冒頭に、「十九世紀中葉、日本の地を初めて踏んだ欧米人が最初に抱いたのは、他の点はどうあろうと、この国民はたしかに満足しており幸福であるという印象だった。」（前掲（2）59頁）と記述している。この章で筆者が得た16世紀後半から20世紀前半を生きた日本庶民の日常食の結論も、膨大な数の文献を使って検証する過程で渡辺が得た印象と一致する。

筆者自身が記憶を整理するために、この章で拾った外国人による日本庶民の日常食に関する記述の要点を、時期が古い事例から順に並べた表60を作成した。また、表60に示す29事例のうち、記述した場所がわかる5事例は、図47の該当地に文献番号を記載した。ご覧いただければさいわいである。

表60　日本庶民の日常食に関わる外国人の記述項目

人名	国名	来日年	文献番号	米食	米と雑穀食	酒	煙草	茶
ビレラ Vilera	ポルトガル人	1557 1565	13 4		○140	○307		
フロイス Frois	ポルトガル人	1565	4	○179				
メシヤ Messiah	ポルトガル人	1584	5	○97		○97		
カルレッティ Carletti	イタリア人	1597	28	○88		○85		○81
ロドリゴ Rodrigo	スペイン人	1609	6	○6		○71		
ケンペル Kaempher	ドイツ人	1690	29			○780	○779	○754
トウンベリ Thunberg	スウェーデン人	1775	7	○271		○273	○276	○273
ゴロウニン Golovnin	ロシア人	1811	8	○114		○115	○116	○116
フイッセル Fisscher	オランダ人	1820	9	○113		○95	○113	○114
マクドナルド MacDonald	アメリカ人	1848	20			○123		○122
ポンペ Pompe	オランダ人	1857	10	○321				
リンダウ Rindau	ドイツ人	1859	11	○202		○202	○203	○203
オールコック Alcock	イギリス人	1859	31	○50			○51	
マーロン Maron	ドイツ人	1860	12	○28		○343	○25	○25
フォーチュン Fortune	イギリス人	1860	30			○131		○85
アンベール Humbert	スイス人	1863	22	○14		○15	○15	○15
シュリーマン Schliemann	ドイツ人	1865	23	○54				○77
スエンソン Suenson	デンマーク人	1866	32	○40		○40		[illegible]
ジェーンズ Janes	アメリカ人	1871	14		○18			
チェンバレン Chemberlain	イギリス人	1873 1894	15 19		○1-14 ○455	○1-229 ○456	○2-270	[illegible]
ギメ Guimet	フランス人	1876	24	○69		○70	○86	○70
バード Bird	イギリス人	1878	16		○297	○297	○291	○297
クロウ Crow	イギリス人	1881	33			○58	○77	○296
シドモア Scidmore	アメリカ人	1884	17		○71	○111	○318	○184
リース Rieß	ドイツ人	1887	25	○147		○179	○175	○147
ムンチンガー Munzinger	ドイツ人	1889	34	○29		○29	○29	○29
シュワルツ Schwarts	アメリカ人	1893	35				○33	
モラエス Moraes	ポルトガル人	1898	18		○60	○60		○60
サンソム Sansom	イギリス人	1928	26					○39

○印右の数字は引用文献の記載ページである。

チェンバレン○印右の数字 1- は引用文献の第 1 巻、2- は第 2 巻である。

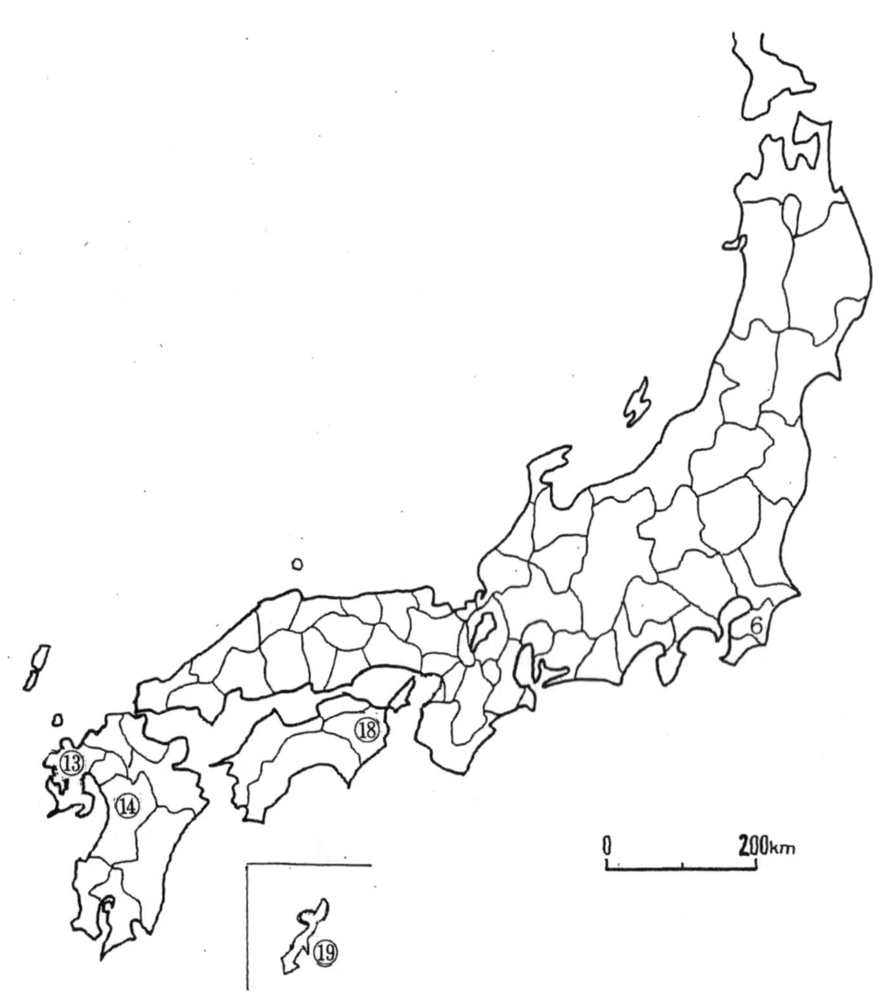

図 47　外国人が日本庶民の日常食に関する記述をおこなった場所
この図の番号は表 60 に記載した文献番号である。
記述した場所がわかる場合のみ、該当地に番号を記載してある。
上記のうち、庶民は米食していると記述する文献は番号のみを記載した。
上記のうち、庶民は米と雑穀を食べていると記述する文献は番号を○で囲って記載した。

注

(1) 有薗正一郎（2007）『近世庶民の日常食－百姓は米を食べられなかったか－』海青社，219頁.

(2) 渡辺京二（1998）『逝きし世の面影』葦書房，487頁.

(3) 石川英輔（2003）『大江戸えころじー事情』講談社，361頁.

(4) 村上直次郎訳（1927）『耶蘇会士日本通信　上』聚芳閣（異国叢書），461頁.

(5) 村上直次郎訳（1969）『イエズス会日本年報　下』雄松堂書店（新異国叢書 4），297頁.

(6) 村上直次郎訳（1929）『ドン・ロドリゴ　日本見聞録』駿南社（異国叢書），1-174頁.

(7) 高橋文訳（1994）『江戸参府随行記』平凡社（東洋文庫 583），406頁．原著は Carl Peter Thumberg; Resa uti Europa, Afrika, Asia, förrättad åren 1770-1779, del1-4, Upsala, 1788-1793. 中の第3巻（1791）の全部と第4巻（1793）の126頁までである。

(8) 徳力真太郎訳（1985）『ロシア士官の見た徳川日本』講談社（講談社学術文庫），345頁．原著は Wasilij Mikhajlovich Golovnin;『1811年1812年および1813年日本人の捕虜となったワシーリィ・ミハイロヴィチ・ゴロウニンの手記』の第三部「日本国および日本人論」.（原語の題名は記載されていない）である。

(9) 庄司三男・沼田次郎訳注（1978）『日本風俗備考』平凡社（東洋文庫 341），266頁．原著は J. F. van Overmeer Fisscher; Bijdrage tot de Kennis van het Japansche Rijk, Amsterdam, 1883. である。

(10) 沼田次郎・荒瀬進訳（1968）『ポンペ 日本滞在見聞記』雄松堂書店（新異国叢書 10），470頁．原著は Jhr. Johannes Lijdius Catharinus Pompe van Meerdervoort; Viff Jaren in Japan (1857-1863). である。

(11) 森本英夫訳（1986）『スイス領事の見た幕末日本』新人物往来社，231頁．原著は Rudolph Lindau; Un voyage autour du Japan, 1864. である。

(12) 眞田収一郎訳（2002）『マーロン 日本と中国』雄松堂出版（新異国叢書 第Ⅲ輯 2），360頁．原著は Hermann Maron; Japan und China: Reiseskizzen, entworfen während der Preußischen Expedition nach Ost-Asien von dem Mitgliede derselben Dr. Hermann Maron. [2 Bände] Berlin, 1863. Druck und Verlag von Otto Janke. である。

(13) 村上直次郎訳（1968）『イエズス会日本通信　上』雄松堂書店（新異国叢書 1），426頁.

(14) 山崎為徳・松村元兒・市原武正訳（1873）『生産初歩』白川県洋学校，29丁．この日本語訳にはジェーンズ（Leroy Lanssing Janes）の草稿の題名が記載されていない。
(15) 高梨健吉訳（1969）『日本事物誌 1』平凡社（東洋文庫 131），362頁．『同 2』，337頁．原著は Basil Hall Chamberlain; Things Japanese, Being Notes on various subjects connected with Japan, For the use of travellers and others, Sixth Edition Revised, London and Japan, 1939. である。
(16) 時岡敬子訳（2008）『イザベラバードの日本紀行 上・下』講談社（講談社学術文庫），上493頁，下416頁．原著は Isabella L. Bird; Unbeaten Tracks in Japan, 1880. である。バード原著の日本語訳は、ほかにもある。
　高梨健吉訳（2000）『日本奥地紀行』平凡社（平凡社ライブラリ 329），529頁．
　楠家重敏・橋本かほる・宮崎路子訳（2002）『バード 日本紀行』雄松堂出版（新異国叢書 第Ⅲ輯 3），376頁．
　金坂清則訳（2012-13）『完訳　日本奥地紀行 1～4』平凡社（東洋文庫 819, 823, 828, 833）．
(17) 外崎克久訳（2002）『シドモア 日本紀行ー明治の人力車ツアーー』講談社（講談社学術文庫），476頁．原著は Eliza Ruhamah Scidmore; Jinrikisha Days in Japan, 1902. である。
(18) 花野富蔵訳（1969）『日本通信 Ⅲ 日本生活』集英社（『定本モラエス全集 Ⅲ』），7-85頁．原著は Wenceslau José de Sousa de Moraes; A Vida Japoneza. Terceira serie de cartas do Japão (1905-1906). Livraria Chardron, de Lello e Irmão, Porto, 1906. である。
(19) Basil Hall Chamberlain (1895); The Luchu Islands and their Inhabitants. The Geographical Journal 5-4 (pp.289-319), 5-5 (pp.446-462), 5-6 (pp.534-545).
(20) 富田虎男訳訂（1979）『マクドナルド「日本回想記」』刀水書房（刀水歴史全書 5），288頁．原著は Ranald MacDonald; Japan, Story of Adventure of Ranald MacDonald, First Teacher of English in Japan, A.D. 1848-49. である。
(21) 石黒敬七（1990）『写された幕末』明石書店，307頁．
　小沢健志監修（1990）『写真で見る幕末・明治』世界文化社，255頁．
　須藤功編著（1995）『【図集】幕末・明治の生活風景ー外国人のみたニッポンー』東方総合研究所，351頁．
　岩下哲典・塚越俊志（2011）『レンズが撮らえた幕末の日本』山川出版社，207頁．
(22) 高橋邦太郎訳（1969-70）『アンベール幕末日本図絵 下』雄松堂書店（新異国叢

書 15)，400 頁．原著は Aimé Humbert; Le Japon Illustré, Paris, 1870. である。

(23) 藤川徹訳（1982）『シュリーマン　日本中国旅行記』雄松堂書店（新異国叢書　第Ⅱ輯　6)，1-132 頁．原著は Heinrich Schliemann; La Chine et le Japon au temps présent de Saint-Pétersbourg, Paris, Librairie Centrale, 1867. である。

(24) 青木啓輔訳（1977）『ボンジュールかながわ』有隣堂（有隣新書)，209 頁．原著は Emile Guimet; Promnades Japonaises, 1878, Jalpanche. である。

(25) 原潔・永岡敦訳（1988）『ドイツ歴史学者の天皇国家観』新人物往来社，195 頁．原著は Ludwig Rieß; Allerlei aus Japan, 1905. である。

(26) 大久保美春訳（1994）『東京に暮す』岩波書店（岩波文庫　青　466-1)，269 頁．原著は Katharine Sansom; Living in Tokyo, 1937. である。

(27) 小林政子訳（2013）『私の見た日本人』国書刊行会，262 頁．原著は Pearl S. Buck; The People of Japan, 1966. である。

(28) エンゲルベルト ヨリッセン（1987）『カルレッティ氏の東洋見聞録－あるイタリア商人が見た秀吉時代の世界と日本－』（谷進・志田裕朗訳）PHP 研究所，193 頁．原著は M. ギリエルミネッティがトリノで刊行した翻刻本である。

(29) 今井正編訳（2001）『新版改訂・増補　日本誌－日本の歴史と紀行－』［第 6 分冊］霞ヶ関出版，705-1104 頁．原著は Engelbert Kaempher; Geschite und Beschreibung von Japan. である。

(30) 三宅馨訳（1997）『幕末日本探訪記－江戸と北京－』講談社（講談社学術文庫)，363 頁．原著は Robert Fortune; Yedo and Peking, 1863. である。

(31) 山口光朔訳（1962）『大君の都　中』岩波書店（岩波文庫　青　424-2)，433 頁．原著は Sir Rutherford Alcock; The Capital of the Tycoon: a Narrative of a Three Years' Residence in Japan, 2 vols, New York, 1863. である。

(32) 長島洋一訳（1989）『江戸幕末滞在記』新人物往来社，205 頁．原著は Edouard Suenson; Skitser fra Japan, 1869-70. である。

(33) 岡田章雄・武田万里子訳（1984）『クロウ　日本内陸紀行』雄松堂出版（新異国叢書　第Ⅱ輯　10)，336 頁．原著は Arther H Crow; Highways and byways in Japan: The experiences of two pedestrian tourists, 1883. である。

(34) 生熊文訳（1987）『ドイツ宣教師の見た明治社会』新人物往来社，207 頁．原著は Carl Munzinger; Die Japaner, Berlin, 1898. である。

(35) 島津久大・長岡祥三訳（1984）『薩摩国滞在記－宣教師の見た明治の日本－』新

人物往来社，180 頁．原著は Henry B. Schwartz; In Togo's Country, 1908. である。

初出一覧

既刊論文類を再録した章の掲載紙名と論題を記載します。ただし、どの章も加筆または記述内容が重複する場合は削除するなどの修正をおこなっています。

第 2 章　「愛大史学－日本史学・世界史学・地理学－」第 22 号（2013 年）
第 3 章　「愛大史学－日本史学・世界史学・地理学－」第 21 号（2012 年）
話の小箱 2　「崋山会報」第 28 号（2012 年）
第 8 章　「愛大史学－日本史学・世界史学・地理学－」第 19 号（2010 年）
第 12 章　「愛知大学綜合郷土研究所紀要」第 54 輯（2009 年）
第 13 章　「愛知大学綜合郷土研究所紀要」第 56 輯（2011 年）
第 17 章　「愛大史学－日本史学・世界史学・地理学－」第 25 号（2016 年）

あとがき

私の「こだわり」にもとづく、「地産地消」すなわち「地域の性格に適応する技術で農作物を作り、その地域で食べること」の視点で、地域性（地域が固有に持つ性格）を明らかにすべく著作したこの本におつきあいいただき、ありがとうございました。

私は、近世の農書類が記述する農耕技術から地域の性格を拾う作業を40年余り、ヒガンバナが日本列島へ持ち込まれた時期を証明する作業を30年近く、近世～近代の農民が日常何を食べていたかを明らかにする作業を20年余りおこなってきました。いずれもほぼ満足できる段階まで行けたと考えています。これからは体力と気力と相談しながら、拾遺作業をおこなうつもりです。これまで私が刊行した著書類に目を通されて、抜けている所に気付かれたら、ご教示くださるようお願い申し上げます。

私が40年余りにわたって研究の道を歩めたのは、恩師の谷岡武雄先生と、率直な議論をかわしてきた関西農業史研究会および愛知大学綜合郷土研究所の構成員諸氏のおかげです。

私は1986年の『近世農書の地理学的研究』以降、ほぼ10年に1冊の間隔で、古今書院から4冊の学術書を刊行してきました。この本の編集を担当された原光一さんなど、古今書院の各位にお礼申し上げます。

私の父親はごく普通の勤め人でしたが、歴史を好む粋人でもありました。この本を含めて、これまで刊行した10冊ほどの単行本は、浄土と現世を40年ほど往来しつつ、私の調査・研究・執筆・校正作業などに気長くつきあってくれた父親との共著です。この本の編修作業を終えた今、父親へ感謝合掌です。

2016年　清明

さくいん

【事項名・人名・地名】

【資料名・史料名・文献名】

［タ　行］

［ナ　行］

［ハ　行］

［マ　行］

［ヤ　行］

［ラ　行］

著者紹介

有薗　正一郎　ありぞの　しょういちろう

1948 年　鹿児島市生まれ
1976 年　立命館大学大学院文学研究科博士課程を単位取得退学
1989 年　文学博士（立命館大学）
近世の農耕技術と近世〜近代庶民の日常食を尺度にして、地域の性格を明らかにする作業を 40 年余り続けてきた。
現在、愛知大学文学部教授（地理学を担当）

主な著書等
『近世農書の地理学的研究』（古今書院）、『在来農耕の地域研究』（古今書院）
『ヒガンバナが日本に来た道』（海青社）、『ヒガンバナの履歴書』（あるむ）
『近世東海地域の農耕技術』（岩田書院）、『農耕技術の歴史地理』（古今書院）
『近世庶民の日常食－百姓は米を食べられなかったか－』（海青社）
『喰いもの恨み節』（あるむ）、『薩摩藩領の農民に生活はなかったか』（あるむ）

翻刻・現代語訳・解題
『農業時の栞』（日本農書全集 40、農山漁村文化協会）、『江見農書』（あるむ）

本書は 2016 年度愛知大学学術図書出版助成金による刊行図書である。

書　名	地産地消の歴史地理
コード	ISBN978-4-7722-5292-8 C3061
発行日	2016 年 8 月 19 日　初版第 1 刷発行
著　者	有薗 正一郎
	Copyright ©2016 ARIZONO Shoichiro
発行者	株式会社古今書院　橋本寿資
印刷所	株式会社太平印刷社
発行所	古今書院
	〒 101-0062　東京都千代田区神田駿河台 2-10
電　話	03-3291-2757
ＦＡＸ	03-3233-0303
振　替	00100-8-35340
ﾎｰﾑﾍﾟｰｼﾞ	http://www.kokon.co.jp/
	検印省略・Printed in Japan